食品仪器分析

李　杨　主编

科学出版社

北京

内 容 简 介

本书介绍了在研究食品组分结构功能中常用仪器分析的原理、特点、技术与应用，主要分为光分析、分离分析、电化学分析及显微镜学四个部分，形成了较为完整的食品组分结构与功能研究分析体系。第一部分光分析法主要包括原子发射光谱法及原子吸收光谱法、紫外-可见吸收光谱法、红外吸收光谱法、分子荧光分析法、核磁共振波谱法、拉曼光谱法及其他光分析法和相应的实验技术；第二部分分离分析法主要包括气相色谱法、高效液相色谱法、离子交换色谱法、薄层色谱法、柱色谱法、纸色谱法及其他色谱法；第三部分电化学分析方法包括质谱分析法、电位分析及离子选择性电极分析方法及其他电化学分析法；第四部分显微镜学的相关研究。本书补充了近期食品仪器分析的新成果和发展趋势，指出了各类方法的优势和不足。

本书适合作为高等院校食品现代仪器分析技术的基础教材，也可供相关领域的分析工作者参考使用。

图书在版编目（CIP）数据

食品仪器分析 / 李杨主编. —北京：科学出版社，2017.7
ISBN 978-7-03-053395-1

Ⅰ. ①食… Ⅱ. ①李… Ⅲ. ①食品-仪器分析 Ⅳ. ①Q51

中国版本图书馆 CIP 数据核字（2017）第 125750 号

责任编辑：贾　超 / 责任校对：杜子昂
责任印制：吴兆东 / 封面设计：华路天然

科学出版社 出版
北京东黄城根北街 16 号
邮政编码：100717
http://www.sciencep.com

北京中石油彩色印刷有限责任公司 印刷
科学出版社发行　各地新华书店经销

*

2017 年 7 月第 一 版　开本：720×1000 B5
2022 年 6 月第四次印刷　印张：18
字数：350 000

定价：88.00 元
（如有印装质量问题，我社负责调换）

本书编委会

主　编　李　杨（东北农业大学）

副主编　黄雨洋（黑龙江广播电视大学）

　　　　隋晓楠（东北农业大学）

　　　　齐宝坤（东北农业大学）

　　　　王中江（东北农业大学）

参　编（按姓氏笔画排序）

　　　　王　欢（东北农业大学）

　　　　王立峰（南京财经大学）

　　　　王胜男（渤海大学）

　　　　冯红霞（贵阳学院）

　　　　朱　颖（东北农业大学）

　　　　朱华平（天津科技大学）

　　　　李　超（天津科技大学）

　　　　李秋慧（东北农业大学）

　　　　杨　勇（齐齐哈尔大学）

　　　　吴隆坤（沈阳师范大学）

　　　　佟晓红（东北农业大学）

　　　　张雅娜（绥化学院）

　　　　陈　思（东北农业大学）

　　　　范大明（江南大学）

　　　　赵城彬（吉林农业大学）

　　　　韩天翔（哈尔滨市食品产业研究院）

　　　　綦玉曼（东北农业大学）

主　审　江连洲（东北农业大学）

前　言

　　食品仪器分析是一门发展比较迅速的学科，随着其研究方法和手段的不断更新，对食品组分研究的不断进步和发展，有力地带动了食品工业及生命科学的研究。蛋白质、淀粉、脂肪和糖类是食品工业的四大基础材料，广泛地应用于各种食品中。为满足人们生活水平不断提高的需要，从保持营养平衡、改善人体健康、提高在工业中应用的角度出发，合理开发食品组分，进一步了解食品中各组分的结构、功能，以及在食品工业应用中的物理化学性质的变化，已经成为食品工业迫切需要解决的问题。食品体系在加工、储藏、制备和消费过程中，不同组分均会对食品产生一些物理、化学反应。为进一步了解食品加工过程中的各组分功能性质及结构的变化，传统的分析手段及方法已经不能完全满足现代食品加工业的需要，因此现代仪器分析技术已经成为食品分析中不可缺少的重要分析手段。遗憾的是，国内关于现代仪器分析在食品中应用方面的书籍并不多见，作者在多年的食品专业的教学及科研实践中发现很有必要编写这方面的著作或教材，以适应粮食油脂、植物蛋白工程及相关学科的需要，这是出版本书的目的和初衷。

　　本书是东北农业大学食品学院有关粮食油脂与植物蛋白工程的专业教师在多年的教学和科研实践的基础上编写而成的。主要介绍应用于食品各组分的现代仪器分析技术的方法原理、分析仪器结构和在食品加工中的应用，包括四部分：一是光分析法，包括原子发射光谱法、原子吸收光谱法、紫外-可见吸收光谱法、红外吸收光谱法、分子荧光分析法、核磁共振波谱法、拉曼光谱等；二是分离分析法，包括气相色谱法、高效液相色谱法、离子交换色谱法、薄层色谱法、柱色谱法及纸色谱法等；三是电化学分析方法，包括质谱分析法、电位分析及离子选择性电极分析方法等；四是显微镜学。本书主要作为生物工程、食品科学与工程及粮食油脂与植物蛋白工程专业的本科生和研究生的教材，也可供科研单位的分析工作人员参考阅读。

　　全书共有四部分，每部分又各自分为几章，每章在介绍分析技术的原理上，介绍了该分析技术在食品组分分析中的应用。本书编写内容层次分明，条理清晰，既适用于教学也便于自学。本书由李杨主编负责编写第一部分第 1 章及全书统稿、校对；黄雨洋负责编写第一部分第 2～5 章；隋晓楠负责编写第一部分第 6～8 章和第二部分第 9 章；齐宝坤、王中江负责编写第二部分第 10 章；王欢、赵城彬负责编写第二部分第 11 章；张雅娜、王立峰负责编写第二部分第 12 章；王胜男、冯红霞负责编写第二部分第 13 章；朱颖、朱华平负责编写第二部分第 14 章；李超、李秋慧负责编写第三部分第 15 章；吴隆坤、陈思负责编写第三部分第 16 章；范大明、杨勇负责编写第三部分第 17 章；佟晓红、韩天翔、綦玉曼负责编写第四部分第 18 章。

　　在本书的编写过程中参阅了大量的文献资料和相关著作，感谢李佳妮、徐靓、王立敏、董济萱、孙红波、邹晓霜、张潇元、李红、吴长玲、胡淼、刘英杰、寻崇荣、陈惠惠、刘宝华等为本书的编写收集资料、协助绘图及排版等，谨在此表示感谢。

　　由于作者水平有限，编写过程中难免存在不妥之处，望读者在阅读过程中批评指正。

作　者

2017 年 2 月

目　　录

第一部分　光　分　析　法

第1章　光分析法导论 ……………………………………………………………… 3
  1.1　光的性质 …………………………………………………………………… 3
    1.1.1　光的波动性 ……………………………………………………………… 4
    1.1.2　光的粒子性 ……………………………………………………………… 5
    1.1.3　电磁波谱 ………………………………………………………………… 5
  1.2　光与物质的相互作用 ……………………………………………………… 7
    1.2.1　光的吸收 ………………………………………………………………… 7
    1.2.2　光的发射 ………………………………………………………………… 8
    1.2.3　光的透射 ………………………………………………………………… 8
    1.2.4　光的反射 ………………………………………………………………… 8
    1.2.5　光的折射 ………………………………………………………………… 9
    1.2.6　光的散射 ………………………………………………………………… 9
  1.3　光的分析法分类 …………………………………………………………… 10
    1.3.1　分子光谱 ………………………………………………………………… 10
    1.3.2　原子光谱 ………………………………………………………………… 10
    1.3.3　吸收光谱法 ……………………………………………………………… 11
    1.3.4　发射光谱法 ……………………………………………………………… 11
  参考文献 ………………………………………………………………………… 12
第2章　原子发射光谱法 …………………………………………………………… 13
  2.1　原子发射光谱法及其基本原理 …………………………………………… 13
    2.1.1　概述 ……………………………………………………………………… 13
    2.1.2　基本原理 ………………………………………………………………… 14
  2.2　原子发射光谱仪 …………………………………………………………… 15
    2.2.1　激发光源 ………………………………………………………………… 15
    2.2.2　分光系统 ………………………………………………………………… 19
  2.3　原子发射光谱定性及定量分析 …………………………………………… 20
    2.3.1　原子发射光谱的分析线、灵敏线、最后线和共振线 ………… 20

　　　2.3.2　光谱定性分析 ··· 20

　　　2.3.3　光谱半定量分析 ··· 21

　　　2.3.4　光谱定量分析 ··· 22

　　2.4　原子发射光谱法的应用 ··· 24

　　　2.4.1　在环境分析领域的应用 ····································· 24

　　　2.4.2　在金属冶炼领域的应用 ····································· 24

　　　2.4.3　在矿石开发中的应用 ··· 24

　　　2.4.4　在材料分析中的应用 ··· 25

　　参考文献 ·· 25

第 3 章　原子吸收光谱法 ··· 26

　　3.1　原子吸收光谱法及其基本原理 ···································· 26

　　　3.1.1　概述 ··· 26

　　　3.1.2　基本原理 ·· 27

　　3.2　原子吸收光谱仪 ·· 30

　　　3.2.1　仪器类型 ·· 30

　　　3.2.2　锐线光源 ·· 31

　　　3.2.3　原子化器 ·· 32

　　　3.2.4　分光系统 ·· 35

　　　3.2.5　检测系统 ·· 36

　　3.3　原子吸收光谱法的分析方法 ······································· 36

　　　3.3.1　原子吸收分析条件的选择 ··································· 36

　　　3.3.2　原子吸收光谱法的定量分析方法 ························· 37

　　3.4　原子吸收光谱法的应用 ··· 38

　　　3.4.1　在土壤成分测定中的应用 ··································· 38

　　　3.4.2　在植株中微量元素测定中的应用 ························· 39

　　　3.4.3　在环境生态分析中的应用 ··································· 39

　　参考文献 ·· 40

第 4 章　紫外-可见吸收光谱法 ··· 42

　　4.1　概述 ··· 42

　　　4.1.1　定义 ··· 42

　　　4.1.2　分光光度法 ··· 42

　　　4.1.3　基本原理 ·· 43

　　　4.1.4　紫外-可见吸收光谱法的特点 ······························ 44

　　4.2　紫外-可见分光光度计 ··· 45

　　　4.2.1　定义与基本原理 ·· 45

4.2.2　紫外-可见分光光度计的结构 ……………………………… 46

4.2.3　紫外-可见分光光度计的分类 ……………………………… 49

4.2.4　紫外-可见分光光度计的使用注意事项 …………………… 50

4.2.5　紫外-可见分光光度计附件 ………………………………… 50

4.3　紫外-可见吸收光谱法的误差和测量条件的选择 ……………… 51

4.3.1　紫外-可见分光光度计仪器操作 …………………………… 51

4.3.2　误差来源 ……………………………………………………… 52

4.3.3　测量条件的选择 ……………………………………………… 52

4.4　紫外-可见吸收光谱法的应用 …………………………………… 55

4.4.1　定性分析应用 ………………………………………………… 55

4.4.2　定量分析应用 ………………………………………………… 57

参考文献 …………………………………………………………………… 58

第5章　红外吸收光谱法 ……………………………………………………… 59

5.1　概述 ………………………………………………………………… 59

5.1.1　定义 …………………………………………………………… 59

5.1.2　与紫外-可见吸收光谱法的比较 …………………………… 59

5.1.3　红外波谱区的划分 …………………………………………… 60

5.1.4　红外吸收光谱法的基本原理 ………………………………… 60

5.2　红外吸收光谱与分子结构的关系 ……………………………… 63

5.2.1　基团的吸收峰及官能团鉴定 ………………………………… 63

5.2.2　影响基团频率的因素 ………………………………………… 64

5.2.3　常见化合物的特征基团频率 ………………………………… 65

5.3　红外吸收光谱仪及测定技术 …………………………………… 67

5.3.1　色散型红外光谱仪 …………………………………………… 67

5.3.2　傅里叶变换红外光谱仪 ……………………………………… 69

5.4　定性与定量分析 ………………………………………………… 70

5.4.1　红外光谱法对试样的要求和制样方法 …………………… 70

5.4.2　定性分析 ……………………………………………………… 71

5.4.3　定量分析 ……………………………………………………… 72

参考文献 …………………………………………………………………… 74

第6章　分子荧光分析法 …………………………………………………… 76

6.1　分子荧光分析法及其基本原理 ………………………………… 76

6.1.1　概述 …………………………………………………………… 76

6.1.2　基本原理 ……………………………………………………… 76

6.2　荧光分析仪及应注意的问题 …………………………………… 82

6.2.1　荧光分析仪 ··· 82

6.2.2　荧光分析应注意的问题 ·· 83

6.3　分子荧光定量分析方法 ··· 84

6.3.1　荧光强度与荧光物质浓度的关系 ···································· 84

6.3.2　定量分析方法 ··· 85

6.4　分子荧光分析法的应用 ··· 86

6.4.1　定性分析 ··· 86

6.4.2　定量分析 ··· 86

6.4.3　有机化合物的荧光分析 ·· 87

参考文献 ·· 87

第7章　核磁共振波谱法 ·· 89

7.1　核磁共振波谱法及其基本原理 ··· 89

7.1.1　概述 ··· 89

7.1.2　基本原理 ··· 90

7.2　核磁共振波谱仪 ··· 93

7.2.1　连续波扫描核磁共振谱仪 ·· 94

7.2.2　脉冲傅里叶变换核磁共振谱仪 ······································ 96

7.3　NMR谱的信息 ·· 97

7.3.1　化学位移 ··· 97

7.3.2　自旋偶合 ··· 100

7.3.3　吸收峰面积 ··· 101

7.4　核磁共振氢谱及其应用 ··· 101

7.4.1　简单核磁共振氢谱 ··· 101

7.4.2　复杂核磁共振氢谱及其简化 ··· 102

7.4.3　核磁共振氢谱的解析 ··· 102

参考文献 ·· 103

第8章　拉曼光谱法 ·· 104

8.1　拉曼光谱的基本原理 ··· 104

8.1.1　拉曼散射 ··· 104

8.1.2　红外光谱与拉曼光谱的关系 ··· 105

8.1.3　拉曼光谱的特点 ··· 107

8.2　拉曼光谱仪 ··· 107

8.2.1　拉曼光谱仪的构造 ··· 108

8.2.2　色散型激光拉曼光谱仪 ··· 109

8.2.3　傅里叶变换拉曼光谱仪 ··· 110

8.3　拉曼光谱法的应用 ··· 111
　　8.3.1　有机物的结构分析 ································· 111
　　8.3.2　高聚物分析 ····································· 112
　　8.3.3　医药及生物高分子的研究 ··················· 112
　　8.3.4　无机材料的分析 ································· 113
　　8.3.5　共振拉曼散射 ··································· 113
　　8.3.6　表面增强拉曼散射 ··························· 113
参考文献 ··· 113

第二部分　分离分析法

第9章　色谱法导论 ··· 117
9.1　概述 ··· 117
　　9.1.1　色谱法的定义和发展历史 ··················· 117
　　9.1.2　色谱法的分类 ··································· 117
　　9.1.3　色谱图 ··· 118
9.2　色谱的定性定量分析 ··································· 119
　　9.2.1　色谱的定性分析 ······························· 119
　　9.2.2　色谱的定量分析 ······························· 120
　　9.2.3　定量方法的选择 ······························· 122
9.3　色谱法的选择与应用 ··································· 125
　　9.3.1　气相色谱 ··· 125
　　9.3.2　毛细管色谱柱 ··································· 126
　　9.3.3　液-固吸附色谱 ································· 126
　　9.3.4　液-液色谱 ······································· 127
　　9.3.5　凝胶渗透色谱 ··································· 127
　　9.3.6　毛细管电泳 ······································· 127
　　9.3.7　离子色谱 ··· 127
　　9.3.8　薄层色谱 ··· 128
参考文献 ··· 128
第10章　气相色谱法 ··· 130
10.1　概　　述 ··· 130
　　10.1.1　气相色谱法的定义及基本原理 ············· 130
　　10.1.2　气相色谱法的特点 ··························· 130
　　10.1.3　气相色谱的分类 ······························· 131
10.2　气相色谱基本理论及操作条件选择 ············· 135

　　　10.2.1　色谱图 ……………………………………………………… 135
　　　10.2.2　气相色谱仪 …………………………………………………… 136
　　　10.2.3　气相色谱法的两大理论 …………………………………… 136
　　　10.2.4　操作条件的选择 ……………………………………………… 138
　10.3　气相色谱的定性定量分析 …………………………………………… 140
　　　10.3.1　定性分析 …………………………………………………… 140
　　　10.3.2　定量分析 …………………………………………………… 142
　10.4　气相色谱法的应用 ……………………………………………………… 148
　　　10.4.1　在食品分析中的应用 ……………………………………… 148
　　　10.4.2　在农药残留检测方面的应用 …………………………… 149
　　　10.4.3　在药物和临床分析中的应用 …………………………… 149
　　　10.4.4　在石油和化工分析中的应用 …………………………… 149
　　　10.4.5　在环境污染物分析中的应用 …………………………… 150
　　　10.4.6　在物理化学研究中的应用 ……………………………… 150
　　　10.4.7　其他应用 …………………………………………………… 150
　参考文献 ………………………………………………………………………… 150
第 11 章　高效液相色谱法 …………………………………………………… 152
　11.1　概述 ……………………………………………………………………… 152
　　　11.1.1　高效液相色谱法的发展历史 …………………………… 152
　　　11.1.2　定义 …………………………………………………………… 152
　　　11.1.3　高效液相色谱的基本原理 ……………………………… 153
　　　11.1.4　高效液相色谱法的特点 ………………………………… 155
　11.2　高效液相色谱仪 ………………………………………………………… 156
　　　11.2.1　高效液相色谱仪主要组成部件 ………………………… 156
　　　11.2.2　基本原理 …………………………………………………… 158
　　　11.2.3　色谱柱 ………………………………………………………… 158
　11.3　高效液相色谱法的分类 ……………………………………………… 160
　　　11.3.1　液-固色谱法 ……………………………………………… 160
　　　11.3.2　液-液色谱法 ……………………………………………… 161
　　　11.3.3　化学键合相色谱 …………………………………………… 162
　　　11.3.4　离子交换色谱法 …………………………………………… 164
　　　11.3.5　排阻色谱法 ………………………………………………… 165
　11.4　高效液相色谱法的应用 ……………………………………………… 166
　　　11.4.1　在生物化学和生物工程中的应用 ……………………… 166
　　　11.4.2　在食品分析中的应用 ……………………………………… 167

11.4.3　在环境污染分析中的应用 ……………………………… 168
11.4.4　在精细化工分析中的应用 ……………………………… 169
11.4.5　高效液相色谱的发展前景及展望 ……………………… 169
参考文献 ………………………………………………………… 169

第12章　离子交换色谱法 ……………………………………………… 171
12.1　概述 ………………………………………………………… 171
12.1.1　发展历史 ………………………………………………… 171
12.1.2　定义 ……………………………………………………… 171
12.1.3　有机酸、碱的分析 ……………………………………… 173
12.2　离子交换色谱的基本原理 ………………………………… 173
12.2.1　离子交换色谱的原理 …………………………………… 173
12.2.2　离子交换色谱的分离机理 ……………………………… 173
12.2.3　离子交换色谱的固定相 ………………………………… 175
12.2.4　离子交换色谱的流动相 ………………………………… 176
12.2.5　离子交换色谱的影响因素 ……………………………… 176
12.3　离子交换色谱分类 ………………………………………… 177
12.3.1　阳离子交换柱的色谱分离 ……………………………… 177
12.3.2　阴离子交换柱的色谱分离 ……………………………… 179
12.4　离子交换色谱的应用 ……………………………………… 179
12.4.1　分离与纯化物质 ………………………………………… 180
12.4.2　分析物质 ………………………………………………… 180
12.4.3　在药物和生化分析方面的应用 ………………………… 182
12.4.4　高纯水制备 ……………………………………………… 182
参考文献 ………………………………………………………… 182

第13章　薄层色谱法 …………………………………………………… 184
13.1　概述 ………………………………………………………… 184
13.1.1　定义 ……………………………………………………… 184
13.1.2　薄层色谱与高效液相色谱比较 ………………………… 185
13.2　薄层色谱法的基本原理及特点 …………………………… 186
13.2.1　薄层色谱法的基本原理 ………………………………… 186
13.2.2　薄层色谱法的特点 ……………………………………… 190
13.3　薄层色谱的实验方法和应用 ……………………………… 190
13.3.1　薄层色谱的实验方法 …………………………………… 190
13.3.2　操作步骤 ………………………………………………… 190
13.3.3　薄层色谱法的应用 ……………………………………… 193

　　参考文献 ·· 194
第 14 章　柱色谱法及纸色谱法 ·· 195
　14.1　柱色谱法 ··· 195
　　14.1.1　柱色谱法原理 ··· 195
　　14.1.2　快速柱色谱 ··· 195
　　14.1.3　微量柱色谱 ··· 197
　14.2　柱色谱的应用与影响因素 ·· 198
　　14.2.1　柱色谱的应用 ··· 199
　　14.2.2　柱色谱法的影响因素 ·· 199
　14.3　纸色谱法 ··· 200
　　14.3.1　基本原理 ··· 200
　　14.3.2　基本操作 ··· 202
　14.4　纸色谱的实验方法与应用 ·· 204
　　14.4.1　实验方法 ··· 204
　　14.4.2　应用 ··· 205
　　参考文献 ··· 205

第三部分　电化学分析方法

第 15 章　电化学分析方法导论 ·· 209
　15.1　电化学分析方法及其基本概念 ··· 209
　　15.1.1　电化学电池 ··· 209
　　15.1.2　电化学分析方法分类 ·· 211
　　15.1.3　电极电位 ··· 213
　　15.1.4　电极电位的测定 ··· 213
　15.2　电化学分析基础 ·· 215
　　15.2.1　电位分析法原理 ··· 215
　　15.2.2　离子选择性电极分析法 ·· 216
　　15.2.3　电位分析法的应用 ·· 218
　15.3　电极的分类 ·· 219
　　15.3.1　根据电极反应的机理分类 ··· 219
　　15.3.2　根据电极所起的作用分类 ··· 222
　　15.3.3　根据电极工作性质分类 ·· 223
　　参考文献 ··· 224
第 16 章　质谱分析法 ··· 225
　16.1　质谱分析法的基本原理 ··· 225

16.2　质谱仪 ･･･ 227
　　16.2.1　质谱仪的基本组成 ････････････････････････ 227
　　16.2.2　质谱仪的技术指标 ････････････････････････ 227
　　16.2.3　质谱仪的主要部件 ････････････････････････ 228
16.3　质谱及其离子峰的类型 ････････････････････････ 232
　　16.3.1　分子离子峰 ･･････････････････････････････ 233
　　16.3.2　同位素离子峰 ････････････････････････････ 234
　　16.3.3　碎片离子峰 ･･････････････････････････････ 235
　　16.3.4　重排离子峰 ･･････････････････････････････ 235
　　16.3.5　亚稳离子峰 ･･････････････････････････････ 236
　　16.3.6　多电荷离子峰 ････････････････････････････ 236
16.4　质谱法的应用 ･･････････････････････････････････ 236
　　16.4.1　相对分子质量测定 ････････････････････････ 236
　　16.4.2　有机化合物结构鉴定 ･･････････････････････ 237
　　16.4.3　相对分子质量与分子式的测定 ･･････････････ 237
　　16.4.4　定量分析 ････････････････････････････････ 238
参考文献 ･･ 238

第 17 章　电位分析及离子选择性电极分析方法 ･･････････ 240
17.1　概述 ･･ 240
17.2　离子选择性电极及其主要功能参数 ････････････････ 241
　　17.2.1　电极的基本构造离子 ･･････････････････････ 241
　　17.2.2　膜电位 ･･････････････････････････････････ 241
　　17.2.3　离子选择性电极的主要类型 ････････････････ 242
17.3　离子选择性电极分析仪器 ････････････････････････ 245
　　17.3.1　电池电动势的测量原理 ････････････････････ 245
　　17.3.2　测量仪器 ････････････････････････････････ 246
17.4　选择性电极分析的方法及应用 ････････････････････ 248
　　17.4.1　直接电位法 ･･････････････････････････････ 248
　　17.4.2　电位滴定法 ･･････････････････････････････ 249
　　17.4.3　电位分析法的应用 ････････････････････････ 250
参考文献 ･･ 251

第四部分　显 微 镜 学

第 18 章　显微镜学 ･･･････････････････････････････････ 255
18.1　显微镜基本原理 ････････････････････････････････ 255

　　　18.1.1　折射和折射率 ……………………………………………………… 255

　　　18.1.2　显微镜的成像（几何成像）原理 …………………………………… 257

　　　18.1.3　光学显微镜 ……………………………………………………………… 258

　　　18.1.4　荧光显微镜 ……………………………………………………………… 258

　　　18.1.5　偏光显微镜 ……………………………………………………………… 258

　　　18.1.6　电子显微镜 ……………………………………………………………… 259

　　　18.1.7　扫描电子显微镜 ………………………………………………………… 259

　　　18.1.8　透射电子显微镜 ………………………………………………………… 259

　18.2　显微镜的分类 …………………………………………………………………… 260

　　　18.2.1　光学显微镜 ……………………………………………………………… 260

　　　18.2.2　电子显微镜 ……………………………………………………………… 261

　　　18.2.3　便携式显微镜 …………………………………………………………… 262

　18.3　显微镜仪器简介 ………………………………………………………………… 262

　　　18.3.1　光学显微镜 ……………………………………………………………… 262

　　　18.3.2　电子显微镜 ……………………………………………………………… 265

　18.4　显微镜的应用 …………………………………………………………………… 266

　　　18.4.1　光学显微镜在医学领域的应用 ………………………………………… 266

　　　18.4.2　电子显微镜在农业领域的应用及进展 ………………………………… 267

　　　18.4.3　电子显微镜在肿瘤诊断中的应用 ……………………………………… 268

　　　18.4.4　扫描电子显微镜在刑事案件技术检验中的应用 ……………………… 269

　　　18.4.5　利用透射电子显微镜鉴定爽身粉中的石棉 …………………………… 270

参考文献 ……………………………………………………………………………………… 270

第一部分　光　分　析　法

第1章 光分析法导论

1.1 光 的 性 质

光学分析法是通过光与物质之间的相互作用，引起原子、分子间内部量子化能级间的跃迁所产生的发射、吸收、散射等波长与强度的变化，产生光信号（或光信号的变化），或待测物质受到光的作用后，产生某些分析信号，检测并处理这些信号，从而获得待测物质的定性和定量信息的分析方法。光学分析法已成为现代仪器分析领域中最常见、应用最广的分析方法之一，广泛应用于组分的定性及定量分析中。因此，在分析物质结构时，光学分析法成为必要的分析工具（林树昌，1994）。

光学分析方法包括光谱分析方法和非光谱分析方法两部分。

每种物质都有自己的特征光谱。光谱分析方法的工作原理是以光的发射、吸收及荧光为基础，来确定所测量物质的光谱，再分别由待测物的光谱特征谱线及其特征强度来进行定量与定性分析。光谱分析方法包括紫外-可见吸收光谱法、红外吸收光谱法、原子发射光谱法、原子吸收光谱法、拉曼光谱法、分子荧光分析法、X射线荧光光谱法、核磁共振波谱法及激光态光散射法等（严衍禄，1995）。

非光谱分析方法是一种不以光波长作为特征信号，而是通过测定电磁的辐射、折射、衍射、反射、干涉、偏振等基本性质的变化来分析信息的手段。非光谱分析技术包括折射法、干涉法、电子衍射法、散射浊度法、旋光分析法及X射线衍射法等（曾泳淮，2003）。

光学分析法主要是借助各种光学分析仪器进行分析测定的，虽然各类光学仪器的构造与组成的复杂程度不尽相同，但其基本组成都较为相似，主要由四部分组成：信号发生器、色散器、检测器、信号处理器（北京大学化学系，1997）。近年来，科学新技术及新型材料的不断涌现，有效地促进了光学分析法的发展，提高了光学分析仪器的各项性能，主要表现在如下几个方面：

（1）扩大使用范围

因光学分析法在物质定量、定性及结构分析方面的测定技术十分优越，所以光学分析法所应用的领域更加广泛。近年来，该技术已在生命、食品科学、环境、商品检验、空间探索、化工、医学、医药等领域广泛使用。

（2）丰富检测信息量，提高多组分的检测能力

光电二极管阵列检测系统、电荷耦合阵列检测系统及相关计算机软件的出现为同时检测多元素多组分提供了可能（石杰，1993）。

（3）检测的选择性及灵敏性增强

部分新型技术的光谱数学处理手段和时间分辨技术的产生，极大地提升了光学分析技术的选择性能。迄今，灵敏度最高的荧光光谱已成功实现了单分子水平上的检测（刘约权，2001）。

光谱分析技术是基于物质对光的作用而建立起来的一种检测手段，为了更深入地学习光学分析技术，首先应熟知并掌握光的基本性质及能表征光特性的相关参数。

1.1.1　光的波动性

根据物理学概念，光为一种电磁波（可见光谱），通过磁场强度及振动电场在空间中的传播而形成，光在真空中有恒定不变的传播速度，用 c 表示，约为 3×10^{10} cm·s^{-1}。光是由光子构成的，因此它既具有波动特性，又具有粒子特性，我们称这种特性为"波粒二象性"（陈允魁，1999）。

在描述光的波动特性时，主要参数为：波长（λ）、光速（c）、频率（ν）及波数（σ），其中 $\sigma = 1/\lambda$。λ 和 σ 为光在空间传播时，描述振动状态在空间上的重复性特征参数，是光的空间参数；ν 是光在空间传播时，描述振动状态在时间上的重复性特征参数，是光的时间参数。其中，参数 λ、σ、ν 与光速 c 之间的关系表示如下

$$\nu = c / \lambda = c\sigma \tag{1.1}$$

式（1.1）表示光的时间参数 ν 仅与光源有关，与其他因素无关。光的空间参数 λ、σ 与光源及光的传播介质都相关。光在真空中的传播速度最大，光在介质中的传播速度与介质自身的性质（以介质折射率 n 来表示）有关，但传播速度都不及其在真空中快。当光从真空中射入传播介质时，介质折射率 n 的具体表示如下

$$n = \sin i / \sin r = c / v \tag{1.2}$$

其中，i 表示光的入射角；r 表示光的折射角；v 表示光在介质中的传播速度。

因为光的时间参数 ν 仅与光源有关，而与传播光的介质无关，所以当光由一种介质射入另一种介质时，光的传播速度只随其空间参数 λ、σ 的改变而改变。例如，真空中波长为 600 nm 的光，其折射率为 1，当该束光射入折射率为 1.5 的玻璃时，光速 v 就变为真空中光速 c 的 1/1.5（高鸿，1987）。同时，光的波长也变

成了真空中波长的 1/1.5，即 400 nm。

当一束白光透过一种介质时，它会吸收某一波长的光，并透过或反射另一部分波长的光。因为透过或反射这部分波长的光能到达我们的眼睛，所以我们"看到"的物质即为这些波长光的颜色，通常称为"互补色"。可见光谱和互补色的关系见表 1.1。

表 1.1　可见光谱和互补色

波长/nm	颜色	互补色
400～435	紫	黄～绿
435～480	蓝	黄
480～490	绿～蓝	橙
490～500	蓝～绿	红
500～560	绿	紫红
560～580	黄～绿	紫
580～595	黄	蓝
595～610	橙	绿～蓝
610～750	红	蓝～绿

在光谱分析中，通常将只含一种频率或波长的光称为单色光（monochromatic light）；将含有多种频率或波长的光称为复合光（polychromatic light）；将指定波长外的光称为杂散光（stray light）。一般情况下，将单色光和复合光用作分析光，负载信息；将杂散光用作干扰光，用于干扰负载信息检测（吴谋成，2003）。

1.1.2　光的粒子性

除波动特性外，光还有粒子特性，就是将光视为微粒子流，即光子流。表示微粒特性的参数是能量（E）（邓勃，1991）。光的波动特性参数与微粒特性参数之间的相互关系常以普朗克常量来表示

$$E = h\nu = hc / \lambda \qquad (1.3)$$

其中，$h = 4.14 \times 10^{-15} \text{eV} \cdot \text{s} = 6.626 \times 10^{-34} \text{J} \cdot \text{s}$。

不难看出，光的能量取决于光的波长，波长越长（波数、频率越低），光子的能量越低；反之，波长越短，光子的能量越高（吴谋成，2003）。

1.1.3　电磁波谱

电磁辐射按照波长的长短排列起来，称为电磁波谱，由于电磁波波长的差异，可以将其分成不同的波谱区或辐射类型。电磁波谱的分类见表 1.2。

表 1.2　电磁波谱的分类

波谱区（辐射类型）	波长 λ/nm	频率 f/Hz	波数 σ/cm^{-1}	能量 E/eV
γ 射线	0.01～0.1	3×10^{20}～3×10^{18}	1×10^{11}～1×10^{10}	1.2×10^{6}～1.2×10^{4}
α 射线	0.1～10	3×10^{18}～3×10^{16}	1×10^{10}～1×10^{6}	1.2×10^{4}～1.2×10^{2}
远紫外光（真空紫外光）	10～200	3×10^{16}～1.5×10^{15}	1×10^{6}～5×10^{4}	1.2×10^{2}～6.2×10
近紫外光	200～400	1.5×10^{15}～7.5×10^{14}	5×10^{4}～2.5×10^{4}	6.2×10～3.1×10
可见光	400～780	7.5×10^{14}～3.8×10^{14}	2.5×10^{4}～1.3×10^{4}	3×10～1.5×10
近红外光	7.8×10^{2}～2.5×10^{3}	3.8×10^{14}～1.2×10^{14}	1.3×10^{4}～4×10^{3}	1.5×10～5.0×10^{-1}
中红外光	2.5×10^{3}～5×10^{4}	1.2×10^{14}～6×10^{12}	4×10^{3}～2×10^{2}	5.0×10^{-1}～2.5×10^{-2}
远红外光	5×10^{4}～1	6×10^{12}～1×10^{12}	2×10^{2}～1×10	2.5×10^{-2}～4.1×10^{-3}
微波	1×10^{7}～1×10^{9}	1×10^{12}～3×10^{8}	1×10～1×10^{-2}	4.1×10^{-3}～1.2×10^{-6}
无线电波	1×10^{9}～1×10^{11}	3×10^{8}～3×10^{5}	1×10^{-2}～2×10^{-5}	1.2×10^{-6}～1.2×10^{-9}

对于波长较短（<10 nm），能量大于 1×10^{2} cV（如 γ 射线与 X 射线）的电磁波谱，其粒子性较明显，称为能谱，以此建立的分析方法，称为能谱分析法，如 γ 射线或 X 射线分析。射线仪器是分析能谱的主要仪器（柳仁民，2009）。

对于波长大于 1 mm，能量不足 1×10^{-3} eV（如无线电波或微波）的电磁波谱，其波动性较为明显，称为波谱，以此建立的分析方法，称为波谱分析法，其中，电子元件是检测波谱产生的主要工具。

介于能谱与波谱之间的电磁波谱，称为光谱，一般要通过高精密度的光学仪器测得，以此建立的分析方法，称为光谱分析法。它的工作原理是从某种待测物质的光谱中获得信息，从而鉴定出该物质的组分、含量与构造。该谱区是现阶段应用频率最高的谱区；该谱区包括肉眼可以感受到的波长在 400～780 nm 范围内的可见光谱区（倪坤仪，2003）。可见光谱区中波长由短到长的光依次呈现出的光色为蓝紫色、青色、绿色、黄色、橙色及红色。肉眼对不同波长光的感应程度不同，对波长在 555 nm 的绿光感应灵敏度最高，对波长在 580 nm 左右的黄色光分辨能力最强。

波长小于可见光谱区的谱区称为紫外谱区。因空气中的氧气分子吸收波长低于 180 nm 的短紫外光，所以在紫外谱区范围内进行操作的设备必须在真空下进行。通常使用的紫外光谱区为 200～400 nm，研究表明，石英材料的光学元件可以很好地透射紫外光，所以该区也被称为石英紫外区（奚长生，1999）。

波长大于可见光谱区的谱区称为红外谱区。波长在 780～2500 nm 范围内的光称为近红外光，近红外光谱可用作植物特别是植物种子品质的鉴定。例如，可以利用该光谱对种子中的蛋白质、淀粉、纤维及水分等组分进行定量分析。波长在 2.5～50 μm 范围内的谱区称为中红外光谱区。可利用分子的中红外光谱得知分子振动的状态，该谱区是用于分析物质结构的主要谱区之一。

在光谱分析时，普遍利用某些特定方法来获取仅含有单一频率成分的光（即单色光）作为主要分析手段。事实上，一般分析方法得到的单色光不仅含有某一种单一频率的成分。单色光的单色性普遍采用光谱的宽度（或半宽度）来表示。光谱谱线的宽度越宽，光谱所含有的频率范围越宽，表示光的单色性越差。例如，日光中红光的波长范围在 640～680 nm，而金属钠蒸气所发出的黄光的波长范围在 589.0～589.6 nm，其光谱的宽度只有 0.6 nm，所以可推断出，钠所发出黄光的单色性优于日光中的红光。但是，与日光不同的是，普通的氦氖激光器所发射出的波长为 632.8 nm 的红光，谱线的宽度仅 10^{-6} nm，因此，氦氖激光是十分理想的单色光源（刘约权，2001）。

1.2　光与物质的相互作用

在光和某种物质接触时，会同这种物质的原子或分子发生相互作用，由于光的波长 λ 和接触物性质的不同，产生相互作用的性质也不同。常见的现象包括光的散射、透射、折射、吸收、发射、反射及偏振等。当光作用于物质时，光的能量会在物质内部发生转移，使组成物质的原子或分子由一个能级转移至另一个能级，这种能量的转移称为能级跃迁。能级跃迁过程中会以光的形式发射或吸收部分的能量，进而产生了发射或吸收光谱。物质的能级数目与能级间的能量差有差异，导致它们发射或吸收光的频率不同，从而在反映物体性质的特征光谱中表现出来。

1.2.1　光的吸收

在光透过透明物质时，物质会选择性吸收某些特定频率的光波，光的能量就会转移至物质的原子或分子中，这种现象称为物质对光的吸收现象。因离子、原子或分子都具备不连续的、数量有限的量子化能级，所以物质只吸收与两个能级差相同或为能级差整数倍的能量，换言之，物质只会吸收某种特定频率的光。因物质所具有的能级数目与能级间能量有差别，物质吸收光的情况不尽相同，所以，物质自身特性便可以用吸收光谱来表征。光的波长、激发状态及吸收物质的组分和物质状态决定了吸收光谱的类型。吸收光谱的类型主要包括分子吸收、原子吸收与磁场诱导吸收。

当吸收物质处于基态原子时，只能吸收某一特定频率的光，由此产生的吸收光谱称为原子吸收光谱。原子吸收光谱一般由有限数目的较窄的吸收峰构成，光谱的结构也不复杂。与原子吸收光谱不同，分子吸收光谱是由分子产生的一类吸收光谱,该光谱的结构更复杂,这是因为分子内有很多的振动、转动及电子能级,这些能级的改变尤为复杂,使得分子吸收光谱也更加复杂。当物质吸收光后,伴随光谱的形成还会产生一些其他的现象。一种现象是通过热的形式释放能量,但某些热量太小不易被觉察。另一种是以光的形式释放能量,重新发射出光,一般发射光的波长比原来吸收的波长更长,这种现象称为光致发光。磷光及荧光是较为普遍的两种光致发光现象,磷光的寿命在 $10^{-3}\sim10$ s,而荧光的激发态寿命为 $10^{-9}\sim10^{-6}$ s(陈捷光,1989)。

1.2.2　光的发射

当物质受到能量激发时,构成该物质的粒子便会由基态跃迁至更高的能态,而在受激发的粒子由高能态回到低能态或基态时,多余能量则通过光能释放,这种现象称为光的发射。粒子达到不同高能态需要不同的激发能,粒子能级跃迁也不会在任意的能级间发生,而要遵循一定的原则。由式(1.4)可知,发射光频率如下

$$\nu = \frac{E_2 - E_1}{h} = \frac{\Delta E}{h} \tag{1.4}$$

其中,E_1 表示激发态能量的较低能态;E_2 表示激发态能量的基态能量;h 表示普朗克常量(陈捷光,1989)。

1.2.3　光的透射

在光透过介质时,一部分的光会被介质吸收,另一部分则会被散射,余下的光按原传播方向继续前进,由介质射出的光就是透射光。若入射光强度恒定,介质透明度越高,介质吸收的光越少,则透射光越大。若透明介质中的粒子足够小(如分子、原子或离子等),光在透过介质时,就会保持原有方向,不会向其他方向明显传播。但若介质中粒子很大(如胶体微粒与聚合物分子等),那么光在透过介质时,一部分会按原方向传播,另一部分则沿着其他方向传播以形成散射(陈捷光,1989)。

光在透明介质中传播时,它的速度明显小于真空中的传播速度,且传播速度同介质的分子种类、原子种类、离子种类及浓度有关。频率不同的光在介质中传播速度也不同,但当同频率的光透过透明介质时,其频率不会变化,只是会有传播速度的减慢及光强度的减弱。

1.2.4　光的反射

光在透过折射率不同的两种介质界面时,会发生反射。在反射过程中,反射的光通量与入射的光通量之比称为反射系数。反射系数与光的入射角及介质的光

传播特性等因素相关，光垂直射入界面时，其反射系数可表示为

$$\rho = \frac{(n_2 - n_1)^2}{(n_2 + n_1)^2} \tag{1.5}$$

其中，n_1 和 n_2 分别表示两种介质的折射率。由式（1.5）可知，反射系数与两种介质折射率差值相关，折射率差值越小，反射系数也越小。同时，光的反射还与介质的光滑程度密切相关，介质表面越光滑，反射系数越大（陈捷光，1989）。

1.2.5　光的折射

光从一种透明介质进入另一种透明介质时，光束前进的方向突然发生改变，这种现象称为光的折射。光的折射可通过介质折射率表示：

$$n_i = \frac{c}{v_i} \tag{1.6}$$

其中，c 表示光在真空中的传播速度；v_i 表示频率为 i 的光在介质中的传播速度；n_i 表示介质对频率为 i 的光束相对于真空中的折射率。

由式（1.6）可知，折射率大小与入射光频率及透过的介质性质有关。

若一束光，从一种透明介质射入另一种透明介质，由折射定律得

$$\frac{n_2}{n_1} = \frac{\sin \alpha}{\sin \beta} \tag{1.7}$$

其中，n_1、n_2 表示不同介质的折射率；α 表示光束入射角；β 表示光束折射角。

所以，光的折射情况除与介质折射率相关外，还与光束入射角有密切关系（陈捷光，1989）。

1.2.6　光的散射

光通过不均匀介质时部分光会偏离原方向传播的现象称为光的散射，偏离原方向的光称为散射光（王崇尧，1990）。根据散射过程中波长是否发生改变可将散射分为两种形式：散射光波长未改变的散射主要包括分子散射和丁铎尔散射；光波长有变化的散射包括布里渊散射、拉曼散射和康普顿散射等。丁铎尔散射现象是由丁铎尔发现的，是由均匀介质中悬浮液、胶体及悬浮颗粒（如空气中悬浮的烟雾、尘埃物质）所引起的散射。因真溶液不会发生丁铎尔散射现象，所以在化学中一般根据溶液是否具有丁铎尔散射现象来辨别其为真溶液还是胶体。分子散射是分子热运动导致密度涨落而引起的。散射光的波长发生变化的散射与散射物质的微观构造有关（陈捷光，1989）。

1.3 光的分析法分类

根据物质发射的电磁辐射或电磁辐射与物质之间的相互作用而建立起来的一类分析方法称为光学分析法，它包括光谱法及非光谱法两部分。光谱法是基于能量与物质作用时，对物质内部发生量子化能级之间的跃迁而产生的发射、吸收或散射辐射的波长和强度进行测量并且进一步分析的方法，包括分子光谱及原子光谱。

非光谱法是指当物质与辐射相互作用时，测量辐射的某些性质，如折射、散射、干涉、衍射和偏振等变化的分析方法。非光谱法包括干涉法、折射法、衍射法、散射法、旋光法、偏振法等（张永忠，2014）。

1.3.1 分子光谱

分子中的转动能级、振动能级及电子能级的改变产生了分子光谱。液体和气体中的分子，在进行能级跃迁时，其吸收或发射的是某一频率范围的电磁辐射形成的带状光谱，称为分子光谱。红外光谱技术（IR）、紫外-可见吸收光谱技术（UV-vis）、分子荧光光谱技术（MFS）和分子磷光光谱技术（MPS）等都属于分子光谱技术（林树昌，1994）。

分子光谱涵盖了分子能级（电子能级及转动、振动能级）的信息，且分子能级都是量子化的。分子光谱包括三个层次，第一个层次是反映分子纯电子能级跃迁引起的电子能量的变化，这部分光谱称为电子光谱；第二个层次是反映分子纯转动能级跃迁引起的转动能量的变化，这部分光谱称为转动光谱；第三个层次是反映分子纯振动能级跃迁引起的振动能量的变化，这部分光谱称为振动光谱。因电子能量在 $1 \sim 20 \ eV$，相当于紫外光或可见光的能量，所以电子光谱位于紫外光或可见光波段；因转动能量不超过 $0.05 \ eV$，所以转动光谱位于远红外波段；因振动能量在 $0.05 \sim 1 \ eV$，处于转动及电子跃迁能之间，所以振动光谱在中红外波段。

分子的转动能量比分子的振动能量低，所以，在分子的振动能级发生跃迁时，必然会伴随转动能级间的跃迁，且转动能级跃迁是要累加于振动能级跃迁之上的。因此，观测到的振动光谱是带状谱图，而不是线状谱线。同时，分子与两电子能级间跃迁时，必然伴随着转动、振动能级间的跃迁。所以分子的紫外-可见吸收光谱总呈现出带状光谱（刘约权，2006）。

1.3.2 原子光谱

原子内层或外层的电子能级改变产生了原子光谱。气态原子发生能级跃迁时，能发射或吸收一定频率（波长）的电磁辐射，经过光谱仪得到一条条分立的线状光谱，称为原子光谱。原子吸收光谱技术（AAS）、原子发射光谱技术（AES）、X射线荧光光谱技术（XFS）与原子荧光光谱技术（AFS）都属于原子光谱分析手段。

原子光谱的形成是因为存在处于稀薄气体状态的原子，原子不存在转动及振动能级，所以原子光谱的形成主要是电子发生了能级跃迁。纯电子在能级跃迁时，并不会叠加转动及振动能级的跃迁，在此期间会吸收或发射部分频率不连续的辐射波，所以观测到的原子光谱即为彼此分开的线光谱（刘约权，2006）。

另外，根据光谱形成方式的不同，还可以将光谱法分成吸收光谱法及发射光谱法。

1.3.3　吸收光谱法

在光辐射作用于物质时，物质的分子或原子与强磁场中原子核吸收特定的光子后，由低能态（一般为基态）被激发跃迁至高能态（激发态），记录下此时吸收的光辐射，获得的谱图即为吸收光谱。根据吸收光谱形成的本质可将其分为分子吸收光谱（红外吸收光谱、紫外-可见吸收光谱）、原子吸收光谱及核磁共振波谱等（赵藻藩，1990）。

吸收离子只能吸收从基态跃迁至激发态所需能量相当的电磁辐射能量。因为粒子构造有差别，所以粒子间的能级差、粒子吸收线的频率及波长也有所不同。通过分析吸收线的波长、频率及强度，能够测定出该待测物质的性质、构造与含量等情况（张永忠，2014）。部分吸收光谱技术特点见表 1.3。

表 1.3　部分吸收光谱技术的主要特点

方法名称	辐射能	作用物质	检测信号
紫外-可见吸收光谱技术	紫外、可见光	分子外层的电子	吸收后的紫外、可见光
原子吸收光谱技术	紫外、可见光	气态原子外层的电子	吸收后的紫外、可见光
红外光谱技术	红外光	分子的振动	吸收后的红外光
核磁共振波谱技术	射频 $0.1 \sim 100$ Hz	磁性原子核（$I \neq 0$）有机化合物分子的质子	吸收射频频率
X 射线吸收光谱技术	X 射线 放射性同位素辐射	$Z > 10$ 的重元素原子的内层电子	吸收后的 X 射线

1.3.4　发射光谱法

粒子吸收能量后，会由低能态跃迁到高能态，但是高能态的粒子不稳定，在短时间范围内（约 10^{-8} s），又由高能态返回至基态或低能态，返回过程中会释放跃迁时吸收的能量，假如是以光的形式释放，就会得到一个光谱，该光谱则为发射光谱（朱明华，2000）。

因为每种元素的原子构造及化合物的分子构造存在差异，所以各自的能级差便不同，那么发射光谱的特征波长也不同，所以要根据检测物质的发射光谱来分析样品（陈集，2002）。

通过光谱所在的光谱区、不同的激发方式和物质粒子间的差异，可将发射光谱技术分为原子荧光光谱技术、分子荧光光谱技术、原子发射光谱技术、X 射线荧光分析技术、化学发光分析技术及磷光光谱技术，各种发射光谱的特点对比列于表 1.4（曾泳淮，2003）。

表 1.4　各种发射光谱的主要特点

方法名称	激发方式	作用物质或机理	检测信号
原子发射光谱法	电弧、火花、等离子炬等	气态原子的外层电子	紫外、可见光
原子荧光光谱法	高强度紫外、可见光	气态原子的外层电子	原子荧光
分子荧光光谱法	紫外、可见光	分子	荧光（紫外、可见光）
分子磷光光谱法	紫外、可见光	分子	磷光（紫外、可见光）
X 射线荧光分析	X 射线（0.01～2.5 nm）	原子内层电子的逐出，外层能级电子跃入空位（电子跃迁）	特征 X 射线（X 射线荧光）

参 考 文 献

北京大学化学系. 1997. 仪器分析教程. 北京: 北京大学出版社

陈集. 2002. 仪器分析. 重庆: 重庆大学出版社

陈捷光. 1989. 光学仪器分析. 北京: 机械工业出版社

陈允魁. 1999. 仪器分析. 上海: 上海交通大学出版社

邓勃. 1991. 仪器分析. 北京: 清华大学出版社

高鸿. 1987. 仪器分析. 南京: 江苏科学技术出版社

林树昌. 1994. 分析化学. 北京: 高等教育出版社

刘约权. 2001. 现代仪器分析. 北京: 高等教育出版社

刘约权. 2006. 现代仪器分析. 2 版. 北京: 高等教育出版社

柳仁民. 2009. 仪器分析实验. 青岛: 中国海洋大学出版社

倪坤仪. 2003. 仪器分析. 南京: 东南大学出版社

石杰. 1993. 仪器分析. 开封: 河南大学出版社

王崇尧. 1990. 仪器分析. 北京: 兵器工业出版社

吴谋成. 2003. 仪器分析. 北京: 科学出版社

奚长生. 1999. 仪器分析. 广州: 广东高等教育出版社

严衍禄. 1995. 现代仪器分析. 北京: 北京农业大学出版社

曾泳淮. 2003. 仪器分析. 北京: 高等教育出版社

张永忠. 2014. 仪器分析. 北京: 中国农业出版社

赵藻藩. 1990. 仪器分析. 北京: 高等教育出版社

朱明华. 2000. 仪器分析. 北京: 高等教育出版社

第2章　原子发射光谱法

2.1　原子发射光谱法及其基本原理

2.1.1　概述

当元素受到热或电的激发时，一般会由基态跃迁至激发态，然后再返回基态，这时会发射出特征光谱，对特征光谱进行定性、定量的分析方法称为原子发射光谱法（atomic emission spectrometry，AES）。原子发射光谱法是光学分析法中产生和发展最早的一种分析方法（高向阳，1992）。

在建立原子结构理论的过程中，原子发射光谱法提供了大量较为直接的实验数据。通过检测和分析物质的发射光谱，可以对组成物质的原子结构进行深一步的认识。许多元素周期表中的元素，就是利用发射光谱发现或通过光谱鉴定确认的。

在最近各种材料的定性、定量分析中，原子发射光谱法发挥了重要作用。特别是新型光源的开发与电子技术的更新和应用，使原子发射光谱法获得了新的进展，成为仪器分析中最重要的方法之一（戴树桂，1984）。

原子发射光谱过程分析如下：

1）样品经过蒸发、激发产生特征辐射。开始时样品在外界能量的驱动下转变为气态原子，使气态原子的外层电子激发至能量最高状态。当外层电子从较高能级降至较低能级时，原子会释放出多余的能量并发射出特征谱线。样品的蒸发和激发过程都是在光源状态下实现的，所需要的能量都由光源发生器提供。

2）色散分光形成光谱。对之前产生的辐射光通过摄谱仪器进行色散分光分析，以波长的顺序依次记录在感光板上，呈现的有规则谱线条，称为光谱图。该过程是由分光系统实现的，分光系统的主要仪器是光栅（或棱镜），其主要起到分光作用。

3）检测谱线的波长和强度。通过检测器检测光谱中谱线的波长和强度。由于样品元素原子能级结构差异，发射出的谱线波长不同，据此可对该样品进行定性分析；根据待测元素原子的浓度不同，定量测量出元素的含量（陈庆榆，2010）。

原子发射光谱法具有以下特点：

1）应用广泛。无论气体、固体，还是液体样品，都可以直接激发出光谱线。

2）多元素同时检测能力。原子发射光谱法可以同时测定待测样品中的多种元素。每一个待测样品一经激发，不同元素都会发射出各自的特征光谱，这样可以同时测定多种元素。

3）选择性好。每种元素因原子结构的差异，各原子发射的特征光谱也不同。在分析化学中，这种性质上的不同，对于一些化学性质相似的元素有相当重要的作用，如铌和钽、锆和铪等。在元素周期表中，十几种稀土元素用其他的分析方法检测有一定的难度，但是通过发射光谱可以简便地将它们区分开来，并加以分析。

4）限制较低。一般可以达到 0.1～10 μg·g^{-1}，通过电感耦合等离子体光源（inductive coupled plasma，ICP）检出限可以达到 ng·g^{-1}（刘约权，2001）。

5）准确度较高。一般普通光源的相对误差为 5%～10%，而 ICP 的相对误差低于 1%。

6）待测样品消耗少。每次实验中，消耗的待测样为几毫克至几十毫克。

7）分析速度快。通过光电直读光谱仪，可在几分钟内对几十种元素同时进行定量分析。同时，进行分析的待测样品无需化学处理，固体、液体样品都可以直接进行测定。

8）有一定缺点。ICP 一般只用于确定物质的元素组成及分析总量，但无法确定物质的空间结构和官能团组成，元素的价态和形态也无法分析，因此不适合用于有机物的分析。对于质量分数超过 10%的高含量元素，这种定量分析方法会产生较大误差，所以较适合于低含量的元素定量分析（陈新坤，1991）。

2.1.2 基本原理

当原子的外层电子由高能级向低能级跃迁时，多余能量会以电磁辐射的形式发射出去，得到发射光谱。原子发射光谱是一种线状光谱。原子处于基态能级时，在激发光源作用下，原子可以获得足够的能量，这时，外层电子由基态跃迁到较高的能态（即激发态）（刘约权，2001）。激发态的原子处于不稳定状态，其寿命极短（小于 10^{-8} s），这时外层电子从高能级向较低能级或基态跃迁，多余能量的发射就得到了一条光谱线。谱线波长与能量的关系式为

$$\Delta E = E_2 - E_1 = h\nu = h\frac{c}{\lambda} \tag{2.1}$$

其中，E_2、E_1 分别表示高能级、低能级的能量，通常以电子伏特（eV）为单位（1 eV=1.602×10^{-19} J）；h 为普朗克常量（6.626×10^{-34} J·s）；c 为光在真空中的传播速度（2.997×10^{-8} m·s^{-1}）；λ 为发射谱线的特征波长（李晓燕，2008）。

每一条发射谱线的波长，取决于跃迁前后两个能级的能量差（李岩峰和郝晓

剑, 2013)。由于原子与原子之间的能级有很多, 因此原子在被激发后, 其外层的电子会产生多种跃迁, 但这些跃迁都遵循一定的规律。所以, 某些元素的原子可能会产生很多不同波长的特征光谱线, 这些光谱线会按一定的顺序排列, 同时保持着一定的强度。

根据谱线发射的波长对元素进行定性分析, 根据谱线的强度对元素进行定量分析。每一种特定元素, 其原子都有自己特征的电子构型, 因此它们具有各自的特征能级。各特征元素的原子只产生与自己特征能级相符波长的光辐射, 从而形成自己的特征谱线(何金兰, 2002)。

当温度确定时, 谱线强度 I 与基态原子数 N_0 成正比, 在某些条件下, 基态原子数 N_0 与该元素浓度成正比, 因此, 谱线强度与被测元素浓度 c 成正比, 即

$$I = ac \tag{2.2}$$

其中, a 表示比例系数。当考虑到谱线自吸时, 式(2.2)也可以表达为

$$I = ac^b \tag{2.3}$$

其中, b 表示自吸系数, 它的值随被测元素浓度增加呈现减小的趋势, 当元素浓度很小而无自吸时, $b=1$。式(2.3)也是 AES 定量分析的基本关系式(陈庆榆, 2010)。

为了补偿因实验条件波动而引起的谱线强度变化, 通常用分析线和内标线强度比对元素含量的关系进行光谱定量分析, 称为内标法。常用的定量分析方法是标准曲线法和标准加入法。

2.2 原子发射光谱仪

原子发射光谱仪是根据待测样中被测元素的原子或离子在光源中被激发而产生特征辐射, 通过判断这种特征辐射波长和强度的大小, 对各元素进行定性、定量分析的仪器。原子发射光谱仪主要是由三大部分组成, 即激发光源(也称发射光源)、分光系统和检测系统。它的分析过程主要有三个阶段: 第一, 将样品引入激发光源中, 使待测样获得足够的能量, 经过蒸发、解离、原子化后, 气态原子被激发产生特征辐射; 第二, 利用分光系统将这些原子激发产生的特征辐射按波长顺序排列, 获得便于观察和测量的光谱; 第三, 利用检测系统对光谱谱线进行波长及强度的测量测定, 从而实现对样品进行定性定量分析(石杰, 2003)。

2.2.1 激发光源

激发光源主要起到为样品提供蒸发、原子化和激发的能量, 使其发射特征光谱的作用。激发光源是原子发射光谱分析很重要的一点, 对分析过程中的灵敏度及准

确性产生重要的影响，所以要求激发光源稳定性好，重现性好及高温、安全、光谱背景小等。在发射光谱分析中常用到的激发光源有直流电弧光源、低压交流电弧光源、高压火花光源、电感耦合高频等离子体光源。选择光源时应根据样品的性质、含量大小及不同类型。目前应用较为广泛的光源有电感耦合高频等离子体光源（朱明华，2000）。

1. 直流电弧光源

直流电弧光源一般用直流发电机供能，也可以用硒或硅整流器提供能量，常用电压为 220～380 V，电流为 5～30 A。镇流电阻 R 的主要作用是调节与稳定电流大小；分析间隙 G 以两个碳电极作为阴阳两极，上面的电极为阴极，下面的电极为阳极，阳极是工作电极。实验时一般将固体待测样放在阳极的凹孔中，由于直流电不能击穿分析间隙，所以在接通电源后，需将两个电极短暂接触然后使其通电，之后再将其分开。一般情况下两极之间相距 4～6 mm。分析间隙的气体放电，这时得到直流电弧光源，光源的弧焰温度很高（可达 4000～7000 K），可使待测样品充分蒸发并激发光源，因此产生的谱线主要为原子谱线（朱明华，2000）。

直流电弧光源的优点：电极温度高，有利于难熔化合物的蒸发；辐射光强度大；分析过程中灵敏度较高，特别适用于痕量元素的分析；操作过程中安全且设备简单。直流电弧也有缺点：稳定性差；重现性不好；不适合定量分析（钱沙华，2004）。

2. 低压交流电弧光源

低压交流电弧采用的是交流电弧发生器，其工作电压一般为 220 V。因为交流电以正弦波形式随时间发生周期性变化，由于低压交流电弧不像直流电弧那样经点燃后可持续放电，所以低压交流电弧必须使用高频引燃装置，不断地"击穿"电极间的气体，引起电离，并维持导电。但是，对频率为 50 Hz 的交流电，每秒必须"点火"100 次，才能维持电弧不灭。

低压交流电弧由于间歇性的放电，电流具有脉冲性，其瞬时电流要强于直流电弧，因此，它的弧温比直流电弧高，产生的离子谱线也比直流电弧多。但其电极温度稍低，这是放电的间隙性所致，蒸发能力略低，灵敏度稍差。这种光源的最大优点是：稳定性较好，重现性较高，操作安全简单，分析结果比直流电弧准确性好，适用于光谱定性定量分析（吕九如，1993）。

3. 高压火花

采用 10～25 kV 的高压交流电然后通过电极间隙放电的方式称为火花放电。高压火花的发生器是由 220 V 交流电压经变压器 B 升压至 10～25 kV，通过扼流线圈 D 向电容 C 充电。当电容 C 两端的充电电压达到分析间隙 G 的击穿电压时，通过电感 L 向分析间隙 G 放电，G 被击穿产生火花放电。在交流下半周时，电容

C 又重新充电与放电。通过电容和电感的不断充电放电，维持火花放电而不熄灭。

高压火花的放电时间较短，瞬间通过分析间隙的电流密度较高，因弧焰的瞬时温度很高，可达到 10 000 K 以上，激发能力强，所以产生的谱线主要是离子谱线（寿曼立，1985）。高压火花的优点是其稳定性好，待测样品用量少，适用于较难激发的元素分析。但是这种光源每次放电后间隙时间较长，电极头温度较低，待测样蒸发的能力较弱，因此较适合低熔点的样品分析。由于其灵敏度低，不适合痕量分析（严衍禄，1995）。

4. 电感耦合高频等离子体

电感耦合高频等离子体（inductive coupled high frequency plasma）光源是目前发射光谱分析中发展迅速、优点突出且应用最广泛的一种新型光源。电感耦合高频等离子体是指高频电能通过电感耦合到等离子体所得到的外观上类似火焰的高频放电光源。它是利用等离子体放电产生高温激发光源，等离子体是一种由自由电子、离子和未发生的中性原子与分子组成的电离度大于 0.1%，但是在宏观上呈电中性的气体。等离子体较普通气体不同之处在于，其中包含带电离子，因此等离子体能导电。等离子体光源主要是由高频发生器、感应圈等离子体炬管与供气系统和进样系统三部分组成，具体结构见图 2.1。高频发生器主要起到产生高频磁场的作用，给等离子体提供能量，频率大多为 27.12 MHz，最大输出功率一般为 2～4 kW。感应线圈一般为 2～5 匝水冷线圈，用圆形或方形铜管绕成。

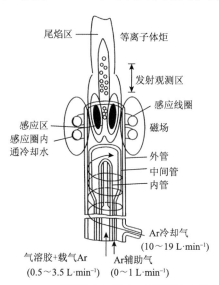

图 2.1 电感耦合高频等离子体装置示意图

等离子体炬管由 3 层同心石英管组成。三股气流从三层石英管中进入。其中最外层石英管中通冷却氩气气流，使等离子体与外层石英管内壁分开，防止石英管烧坏。从切线方向导入氩气气流，目的是利用离心原理在炬管中心产生低气压通道，让样品溶液更容易通过。中层石英管做成喇叭形，通入氩气来维持等离子体。其中内层石英管中通入的氩气气流称为载气，待测样品的气溶胶注入等离子体内。待测样品的气溶胶是由雾化器生成的。由于氩气是惰性气体，不易与待测样品发生反应，因此经常使用氩气，由于其自身组分简单，产生的光谱也简单，它对大多数元素都有较高的分析灵敏度（邓勃，1991）。

雾化器的主要作用是使液体试样雾化，同时与载气充分混合形成气溶胶，然后伴随着载气进入等离子体炬管的内管中。雾化器雾化待测样程度的好坏对测量结果有显著影响，要求雾化器稳定喷雾，所产生的雾滴状态小且分布均匀。那些没有进入内管的大雾滴经废液管后被排除。对于固体待测样，可以先使其液化，然后再由雾化器进行雾化，也可不经过雾化器，经过电热蒸发，再通过氩气气流将蒸发后的待测样带入等离子体光源中。

当高频电流通过线圈时，在炬管的轴线方向上会形成一个高频磁场，管外的磁场方向如椭圆形。这时，如果向炬管内通入氩气气流，同时使用感应圈产生电火花引燃，则会产生少量气体电离，产生的离子与电子在高频交变电磁场的作用下获得动能发生高速运动，气体原子之间的高速碰撞，由于速度较大会大部分发生电离，产生较多的离子和电子，随着带电粒子的富集达到足够的电导率时，在垂直管轴方向的截面上会感应出环形的涡电流。这股几百安培的感应电流可以瞬间将气体加热，并在管口形成一个火炬状较稳定的等离子体焰炬，温度较高（可达 10 000 K）。当载气载带着待测样品的气溶胶通过等离子体炬时，被后者迅速加热至 6000～7000 K 进行蒸发，这时会发生原子化和激发，产生光谱（奚长生，1999）。

等离子体光源的优点为：原子化效率高；谱线的强度大；灵敏度好；背景小；检出限低（10^{-9}～10^{-11} $g\cdot L^{-1}$）；重现性好；精确度高；因为不使用电极，不会产生电极对试样的污染。并且是由温度高的外围向中央通道中的气溶胶加热，不会发生光谱分析中常见的自吸现象。这就为光谱分析提供了一个理想的光源。其缺点是不能用于测定卤素等非金属元素。另外，仪器的价格较昂贵，运输费用高（严衍禄，1995）。常见光源性能比较见表 2.1。

表 2.1　常见光源性能比较

光源	蒸发温度	激发温度/K	放电稳定性	应用范围
直流电弧	高	4 000～7 000	稍差	定性、半定量分析；矿石中难熔微量元素的定量分析
交流电弧	中	4 000～7 000	很好	金属、合金中低含量元素的定量分析
高压电火花	低	瞬间 10 000	好	难激发、低熔点金属合金分析；高含量定量分析
ICP	很高	6 000～8 000	很好	溶液定量分析

2.2.2　分光系统

分光系统是光谱仪中能把复合光分解为单色光的部分。常见的分光仪器有棱镜分光系统和光栅分光系统。

1. 棱镜分光系统

棱镜分光系统是利用棱镜作色散元件,通过对光的折射作用达到分光的目的。棱镜分光系统根据棱镜色散能力的强弱,分为大、中、小三种类型。大型的色散力较强,可适用于分析复杂元素;中型的适用于分析一般元素;小型的适用于分析一些较为简单的元素。按棱镜材料不同,又可分为玻璃棱镜摄谱仪(适用于可见光区)、石英棱镜摄谱仪(适用于紫外区)、萤石棱镜光电直读式光谱仪(适用于远紫外区)等。无论哪种棱镜分光系统,其组成都包括四部分:照明系统、准光系统、色散系统和记录系统。

棱镜分光系统的光学原理是通过色散率、分辨率和集光能力三个方面来体现的。色散率是将不同波长的光分散开。分辨率是分光系统的光学系统能够正确分辨出相邻两条谱线的能力。集光能力是摄谱仪所能获得的有效光强的大小,这一性能对光谱分析的灵敏度有直接影响。棱镜分光的特点是疏密不均匀,长波区密集,短波区疏松(李晓燕,2008)。

2. 光栅分光系统

光栅分光系统是用光栅作色散元件,通过光在光栅上的衍射和干涉原理实现分光。在原子发射光谱分析中,最常用的是平面光栅摄谱仪。光栅分光系统与棱镜分光系统相比,具有以下特点:波长使用范围广,色散和分辨能力大。随着光栅刻画技术的迅速发展,光栅应用越来越广泛(李晓燕,2008)。

3. 记录和检测系统

原子发射光谱仪的检测常采用摄谱法(照相法)和光电检测法。摄谱法是用感光板记录谱线,光电检测法是以光电倍增管或电荷耦合器件(CCD)接收、记录光谱的主要部件。

(1)摄谱法

摄谱法常使用光谱投影仪和测微光度计。光谱投影仪又称为光谱放大仪或映摄仪。在观察谱线时,可将摄得的谱片进行放大,投影在屏上,可以对光谱进行定性分析和半定量分析。在对原子发射光谱进行定量分析时,用测微光度计测量感光板上所记录的谱线的黑度。照射到感光板上的光线越强,时间越长,则呈现在感光板上的谱线越黑。常用黑度 S 表示谱线在感光板上的变黑程度。摄谱法的定量分析是根据测量谱线的黑度,计算待测元素的含量(刘文钦,1994)。

（2）光电检测法

光电检测法的光谱检测器主要是利用光电倍增管，实现光电信号的转换和分析结果的光电直读。最近出现了光电检测的新方法，它利用电荷耦合器件检测器，具有固体多通道，是当前数字化图形图像设备中应用最广的感光元件，如数码相机和扫描仪等。其输入面上密布着敏像元点阵，可以实现对光谱信息进行光电转换、传输和储存。光电检测系统的优点是检测速度快、精确度高、适用波长范围广，并且线性响应范围广，可以同时分析待测样品中多种含量范围差别较大的元素（李晓燕，2008）。

2.3 原子发射光谱定性及定量分析

2.3.1 原子发射光谱的分析线、灵敏线、最后线和共振线

由于不同元素原子结构不同，在光源的激发作用下，会产生不同的特征谱线，不同的元素会产生自己特有的特征谱线。在对元素光谱进行定性分析时，较复杂的元素可能包含数千条谱线，但是不必将所有谱线一一进行鉴别，一般只需要选几条合适的谱线检测就可以确定其中存在的元素种类，这种用于定性或定量分析的谱线称为分析线。灵敏线和最后线是最常用的分析线，有时还会用到原子线和离子线等特征线。

灵敏线是指元素中激发电位较低的谱线，也就是说最容易激发的谱线，其强度较大。如果把含有某元素的待测样品不断稀释，其产生谱线的数目会减少，一般来说灵敏线消失得较晚。当稀释到浓度较低时，最后消失的谱线称为最后线（朱明华，2000）。

共振线是指激发态跃迁至基态时产生的谱线，由第一激发态到基态的跃迁所产生的谱线称为第一共振线。通常来说，灵敏线多是共振线，第一共振线一般也是最灵敏线。当元素含量较低时，最后一条共振线就是最灵敏线。

2.3.2 光谱定性分析

1. 标准试样光谱比较法

标准试样光谱比较法适用范围较窄，只适合少数指定元素的定性分析，判断样品中是否含有某种或某几种指定元素。在相同条件下将待测样品与纯物质，同时并列摄谱于同一感光板上，在映谱仪上对两者谱线进行比较分析，如果在相同位置试样光谱谱线出现与纯物质相同光谱波长的特征谱线，说明这种试样中存在这些元素（刘兰英，2008）。

2. 标准光谱比较法

最常用的标准光谱比较法，是以铁谱作为标准（波长标尺）。铁的特征谱线较多，光在 210~660 nm 大约有 4600 条谱线，这些谱线之间的距离分配均匀，容易对比，适用范围广，并且对其中每条谱线的波长都进行了测量，所以铁谱起到了标尺的作用。标准谱图就是将各个元素的分析线按波长位置标插在铁光谱图上而制成的。在进行定性分析时，将试样与纯铁在完全相同的条件下摄谱，两谱片在映谱器（放大器）上对齐、放大 20 倍，再逐一进行检查，如果试样中元素谱线与标准谱图中标明某一元素谱线的位置相同，则说明待测样中可能存在这种元素。这种方法可同时对多种元素进行测定（柳仁民，2009）。

2.3.3　光谱半定量分析

在实际的工作中，如在钢材、合金的分类，矿石品级的评定或地质普查中，除了需要知道待测样中存在哪些元素外，还需要快速知道元素的大致含量，这时可以用半定量分析法快捷、方便地解决问题。目前常用的半定量分析法主要有谱线黑度比较法和谱线呈现法（朱世盛，1983）。

1. 谱线黑度比较法

将待测元素配制成一定浓度梯度的标准溶液（如质量分数分别为 1%、0.1%、0.01%、0.001%四个标准），再将这些标准溶液与待测样在相同条件下进行摄谱，在映谱仪上用目视法直接比较试样和标样光谱中元素分析线的黑度，根据黑度估算出待测样中元素含量。如果与某标样黑度相同，则可以知道待测样中元素的含量与标准溶液中该元素含量相近。此法的准确度与待测试样及标样基体组成的相似度有关（夏心泉，1992）。

2. 谱线呈现法（显现法）

谱线的数目与试样中元素的浓度有关，含量较低时，可能出现几条最灵敏的谱线，随着含量的增加，灵敏线、次灵敏线和其他较弱的谱线也会逐渐出现。因此，可预先配制一系列不同浓度的标样，在一定条件下摄谱。根据不同浓度下出现谱线及强度的情况，绘制谱线与元素含量之间关系的表格，即谱线呈现表。铅的谱线呈现表见表 2.2。根据待测样品中某一谱线是否出现，估计样品中该元素的含量。这种方法的优点是不需要每次重新配制标样，操作简便快捷（郭旭明，2014）。

表 2.2　铅的谱线呈现表

w_{Pb}/%	谱线
0.001	283.31 nm 清晰，261.42 nm 和 280.20 nm 谱线很弱
0.003	283.31 nm 和 261.42 nm 谱线增强，280.20 nm 谱线清晰

w_{Pb}/%	谱线
0.01	上述各线均增强，266.32 nm 和 287.33 nm 谱线很弱
0.03	上述各线均增强，266.32 nm 和 287.33 nm 谱线清晰
0.1	上述各线均增强，不出现新谱线
0.3	上述各线均增强，239.38 nm 和 257.73 nm 谱线很弱
1.0	上述各线均增强，240.20 nm、244.38 nm 和 244.62nm 出现，241.17 nm 模糊
3.0	上述各线均增强，322.05 nm、233.24 nm 模糊可见

2.3.4　光谱定量分析

1. 定量分析的基本原理

原子发射光谱在进行定量分析时，根据试样中待测元素谱线强度来确定其含量，元素的谱线强度与待测试样中元素的浓度有关，可用式（2.4）来表示：

$$I = ac^b \tag{2.4}$$

其中，a 表示与试样的蒸发、激发过程和试样组成有关的参数；b 表示与自吸有关的参数，称为自吸系数，b 会随浓度 c 的增加而减小，当浓度很小无自吸现象时，$b=1$。式（2.4）称为塞伯-罗马金公式（李晓燕，2008）。在实验条件一定的情况下，即待测元素在一定范围内，其中，a 和 b 为常数，对式（2.4）求对数可以得到式（2.5）：

$$\lg I = b\lg c + \lg a \tag{2.5}$$

这是光谱分析的一个基本关系式。通过该式可以分析出，$\lg I$ 与 $\lg c$ 呈线性关系，但当待测样浓度升高时，b 值不再是常数（$b<1$），工作曲线会发生弯曲。

由于在实际操作中很难保持待测样蒸发、激发等条件恒定不变，a 和 b 很难为常数。因此一般不采用谱线的绝对强度对试样含量进行分析，而是采用内标法来减少实验不确定因素对结果的影响（陈体清，1990）。

2. 内标法

（1）内标法的基本关系式

内标法是在待测元素谱线中选出一条分析线，在基体元素（样品中的主要元素）或基体中不存在的外加元素中选一条谱线作内标线，分析线和内标线组成分析线对，通过测定分析线和内标线绝对强度的比值，即分析线对的相对强度与浓度的关系来进行定量分析。设待测元素含量为 c_1，分析线绝对强度为 I_1；内标元素含量为 c_2，内标线绝对强度为 I_2（陈允魁，1999）。根据式（2.4）可得

$$I_1 / I_2 = a_1 c_1^{b_1} / a_2 c_2^{b_2} \tag{2.6}$$

当内标元素为含量较高且是较恒定的基体元素时，c_2 为常数；当加入其他元素作为内标元素时，因加入内标元素的量是确定的，c_2 也可看作常数，由于所选内标线无自吸现象，所以内标线强度为常数，即

$$I_2 = a_2 c_2^{b_2} = 常数 \tag{2.7}$$

（2）内标法元素和分析线对的选择

在内标法中，内标元素和分析线对的选择对测定结果的准确性起着决定性的作用，应满足以下几个条件：

1）内标元素与待测元素在光源作用下应有相近的蒸发、激发和电离的性质，以保证两者受操作条件影响基本一致。

2）内标元素若是外加的，必须是试样中不含或含量极少可以忽略不计的，所加内标物中也不应含有待测元素。

3）分析线对的选择需匹配两条原子线或两条离子线。

4）分析线对波长应尽可能接近，强度不应相差太大，分析线对两条谱线应无自吸或自吸很小，不受其他谱线的干扰。

5）内标元素含量应适量且固定（方禹之，1990）。

3. 定量分析方法

在原子发射光谱定量分析中，最常用的定量分析方法有内标标准曲线法、三标准试样法和标准加入法。

（1）内标标准曲线法

根据式 $\lg R = b\lg c + \lg A$，以 $\lg R$ 对 $\lg c$ 作图，绘制标准曲线。在相同条件下，测定待测样中元素的 $\lg R$，即可在标准曲线上求得待测样 $\lg c$。标准曲线法在很大程度上减少了操作条件的影响，准确度较高，在实际应用中也较多（朱世盛，1983）。

（2）三标准试样法

将标准样品与待测样摄谱在同一感光板上，由标准试样分析线对的黑度差（ΔS）对 $\lg c$ 作标准曲线（三个点以上，每个点取三次平均值），再由试样分析线对的黑度差，在标准曲线上求得待测样 $\lg c$。该法称为三标准试样法（柳仁民，2009）。

（3）标准加入法

在测定微量元素时，由于不易找到不含待测元素的物质作为配制标准试样的基体，一般情况下，在试样中加入不同已知量待测元素的标准溶液进行测定，这种方法称为标准加入法（邓勃，1991）。

4. 基体效应的抑制

样品中除待测物以外的其他组分称为基体，基体对干扰的测定较为复杂，在实验过程中，将某些样品中不存在且纯度较高的物质加入待测试样中，在待测物中添加的这些物质称为光谱添加剂或光谱改进剂，如光谱载体和光谱缓冲剂等。这些能改善基体特性，从而减少基体对干扰的测定，提高测定的灵敏度和准确度。光谱载体多是一些化合物或碳粉，其作用包括控制蒸发行为、控制电弧温度等。在待测样和标样中同时加入某些物质，使它们有共同的基体，以减小基体效应，提高光谱分析准确度，这种物质称为缓冲剂。在光电直读法中，基体效应较小，一般不需要光谱添加剂，但为了减少干扰的可能，应尽量保持各标准溶液与试样溶液的基体相同（高鸿，1987）。

2.4　原子发射光谱法的应用

原子发射光谱法可快速同时对多种元素进行定性定量分析，使其在各种领域成为分析元素的重要手段之一，尤其在环境分析、金属冶炼、矿石开发及材料分析等领域应用较为广泛（吴谋成，2003）。

2.4.1　在环境分析领域的应用

电感耦合等离子体原子发射光谱法（ICP-AES）在环境污染分析领域中有着广泛的应用，尤其是对饮用水、天然水、工业废水和城市废水中的铜、汞、铅等重金属元素或有毒有害元素的测定有较为重要的作用。国内已经有很多研究通过应用 ICP-AES 对自来水或废水中的重金属元素进行测定，并取得了有效的成果，为水中各污染物的测定提供了理论和实践的依据（万家亮，1992）。

2.4.2　在金属冶炼领域的应用

在金属冶炼，特别是特种钢的冶炼过程中，钢材质量的一个重要指标就是钢材中添加元素的含量，因此如果能够快速准确地测出钢材中添加元素的含量，其在工业生产中又是一大进步。原子发射光谱法是一个能够对钢材中添加元素的含量进行快速便捷准确控制的方法。

2.4.3　在矿石开发中的应用

随着国家矿产行业的迅速发展，对矿物组成的分析可以了解成矿规律及寻找有价值的矿床，因此对矿石组分及成分的测定与分析是十分重要的，原子发射光谱法具有准确性好、应用范围广、可同时测定多个元素等优点。因此原子发射光谱法已广泛应用于矿产开发的领域，主要用于对矿石中的元素进行测定。

2.4.4　在材料分析中的应用

当今世界，随着科技的不断进步，经济的不断发展，新型材料的发展也越来越快，因此对材料的分析要求也越来越高，由于其良好的特性，原子发射光谱在材料分析中应用越来越广泛，可对各种材料中杂质成分进行测定（邓勃，1991）。

参 考 文 献

陈庆榆. 2010. 分析化学. 合肥: 合肥工业大学出版社

陈体清. 1990. 仪器分析. 上海: 上海科学技术文献出版社

陈新坤. 1991. 原子发射光谱分析原理. 天津: 天津科学技术出版社

陈允魁. 1999. 仪器分析. 上海: 上海交通大学出版社

戴树桂. 1984. 仪器分析. 北京: 高等教育出版社

邓勃. 1991. 仪器分析. 北京: 清华大学出版社

方禹之. 1990. 仪器分析. 上海: 华东师范大学出版社

高鸿. 1987. 仪器分析. 南京: 江苏科学技术出版社

高向阳. 1992. 新编仪器分析. 2 版. 北京: 科学出版社

郭旭明. 2014. 仪器分析. 北京: 化学工业出版社

何金兰. 2002. 仪器分析原理. 北京: 科学出版社

李晓燕. 2008. 现代仪器分析. 北京: 化学工业出版社

刘兰英. 2008. 仪器分析. 北京: 中国商业出版社

刘文钦. 1994. 仪器分析. 东营: 石油大学出版社

刘约权. 2001. 现代仪器分析. 北京: 高等教育出版社

柳仁民. 2009. 仪器分析实验. 青岛: 中国海洋大学出版社

吕九如. 1993. 仪器分析. 西安: 陕西师范大学出版社

钱沙华. 2004. 环境仪器分析. 北京: 中国环境科学出版社

石杰. 2003. 仪器分析. 2 版. 郑州: 郑州大学出版社

寿曼立. 1985. 仪器分析(二): 发射光谱分析. 北京: 地质出版社

万家亮. 1992. 仪器分析. 武汉: 华中师范大学出版社

吴谋成. 2003. 仪器分析. 北京: 科学出版社

奚长生. 1999. 仪器分析. 广州: 广东高等教育出版社

夏心泉. 1992. 仪器分析. 北京: 中央广播电视大学出版社

严衍禄. 1995. 现代仪器分析. 北京: 北京农业大学出版社

朱明华. 2000. 仪器分析. 北京: 高等教育出版社

朱世盛. 1983. 仪器分析. 上海: 复旦大学出版社

第3章 原子吸收光谱法

3.1 原子吸收光谱法及其基本原理

3.1.1 概述

原子吸收光谱法（atomic absorption spectroscopy，AAS）是基于在可见光和紫外光的范围条件下，气态的基态原子对其共振辐射线的吸收强度来定量被测元素含量的一种分析方法，该法对样品中微量或痕量组分的分析效果较好，也称为原子吸收分光光度法或原子吸收法。原子吸收光谱法作为一种分析方法始于 20 世纪 50 年代中期，由于在 20 世纪 60 年代中期原子吸收光谱仪器的出现，原子吸收光谱法随之得到飞速发展，特别是非火焰原子器的发明和使用，又使原子吸收光谱法的灵敏度大幅提高，其应用更加广泛。现阶段，原子吸收光谱法在环境科学、材料科学、地质勘察、冶金技术、机械制造、化工产业、生物医药、农业、林业等多个领域中被广泛应用（李吉学，2000）。

原子吸收光谱法在多个领域被较为广泛地应用，且发展如此迅速，除了经济发展及科技进步的客观推动以外，与其自身特点也是分不开的。概括来说，原子吸收光谱法具有以下特征：

（1）灵敏度高

火焰原子吸收分光光度法测定大多数金属元素的相对灵敏度为 $1.0 \times 10^{-8} \sim 1.0 \times 10^{-10}$ $g \cdot mL^{-1}$，非火焰原子吸收分光光度法的绝对灵敏度为 $1.0 \times 10^{-12} \sim 1.0 \times 10^{-14}$ $g \cdot mL^{-1}$。随着现阶段光源及校正技术的不断改良及半导体传感器件的应用，若使用超高强度的二极管激光器作为光源，将会使灵敏度提高 2～3 个数量级。

（2）精密度好，准确度高

由于温度的变化对测定影响相对较小，该法具有良好的稳定性和重现性，精密度好。一般仪器的相对标准偏差为 1%～2%，一些性能好的仪器可达 0.3%，甚至更好。

（3）选择性好，方法简便

原子吸收光谱法选择性好的根本原因在于不同元素会产生其特有的原子吸收光谱，由光源发出特征性入射光很容易，且基态原子是窄频吸收，元素之间的干扰较小。

（4）应用广泛

原子吸收光谱法可直接用于测量 70 多种微量金属元素,而使用间接法可测量硫、氮、卤素等非金属元素及其化合物。由于原子吸收光谱法测量的适用性较广,所以该法已广泛应用于多个领域（高向阳,1992）。

（5）用样量小

用火焰原子吸收法对样品进行测量时,一般进样量为 3～6 mL·min^{-1},如果采用微量进样时,样品的使用量可少至数十微升。

虽然原子吸收光谱法具有诸多优良特点,但其在应用中也具有一定的局限性,原则上讲,不能同时对多元素进行分析。测定不同元素时,必须更换光源灯,这是其不便之处。虽然,已研制出新型光源——多元素灯,但多元素灯的稳定性和光源强度还存在一些不足,而且原子吸收光谱法对难熔元素、非金属元素的测定较为困难（陈集,2002）。

3.1.2　基本原理

1. 原子吸收光谱的产生

一个原子可以存在多种能级状态,通常情况下,原子处于基态,当有辐射线通过基态原子蒸气时,如果该辐射线的频率或所具有的能量等于该原子从基态跃迁至激发态所需的频率或能量,那么原子会从辐射线中吸收能量,电子从基态跃迁至激发态,同时使辐射减弱,产生原子吸收光谱（石杰,1993）。

电子由基态跃迁至第一激发态所需能量最低,也最容易发生,此时所产生的吸收谱线称为主共振吸收线或第一共振吸收线。由于共振线产生时所需能量最低,发生跃迁概率最大,因此大多数元素的共振线就是其灵敏线,也是主要的分析线（缪征明,1984）。

2. 基态原子与待测元素含量的关系

原子吸收光谱法是利用待测元素的基态原子对其特征谱线的吸收。在原子吸收光谱中,试样一般在 2000～3000 K 条件下进行原子化,试样中化合物被蒸发解离,最终元素变为原子状态,包括基态和激发态原子。根据热力学原理,温度一定条件下,达到热平衡时,激发态原子数与基态原子数符合玻耳兹曼分布定律,在原子光谱中由元素的波长就可以得到相应的 P_i/P_0,由此可以计算出一定温度下的 N_i/N_0 值（陈体清,1990）。

在原子吸收的测定条件下,N_i/N_0 值一般在 10^{-3} 以下,因此可以将基态原子数 N_0 看作吸收光辐射的原子总数,如果待测元素原子化效率不变,则在一定浓度范围内，基态原子数 N_0 与试样中待测元素含量 c 呈线性关系（朱明华，2000）。

3. 原子吸收光谱的性质

（1）原子吸收光谱的波长

原子的能级是量子化的，各种元素的原子结构及外层电子的排布是不同的，其能级结构也不同，因此原子对辐射进行选择性的吸收，在各自特征波长下产生共振线，所以共振线是元素的特征谱线。由于电子跃迁产生共振吸收的能量一般在 $1\sim20\text{ eV}$，且这种电子跃迁所需能量的选择性吸收符合普朗克定律，因此，可以推算出所对应共振线的波长位于紫外-可见光区域（陈允魁，1992）。

（2）原子吸收线的轮廓与变宽

原子吸收光谱线并不是严格几何意义上的线，而是占据有限的频率或波长范围，即有一定的宽度，但其宽度很窄，很难看清形状，因此将其称为线。吸收光谱线可以用吸收系数 K_ν 随频率 ν 的变化情况来表示。原子吸收光谱的轮廓以原子吸收谱线的中心波长（或者中心频率 ν_0）和半宽度 $\Delta\lambda_0$（或 ν_0）表示。中心波长由原子能级决定，指吸收系数最大值 K_0 所对应的波长（或频率）。半宽度是指在极大吸收系数一半（$K_0/2$）处，吸收光谱线轮廓间的波长差 $\Delta\lambda_0$ 或频率差 $\Delta\nu_0$（董慧茹，2000）。图 3.1 为吸收系数 K_ν 随频率 ν 的变化，即原子吸收线的轮廓。

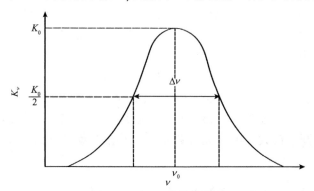

图 3.1　原子吸收线的轮廓

吸收半宽度受到很多因素的影响，其中主要的影响因素如下：

1）自然宽度（natural line width）。在没有外界影响时，吸收谱线的宽度为自然宽度。自然宽度与激发态原子的平均寿命有关，激发态原子寿命越长，谱线越窄，不同元素的吸收谱线具有不同的自然宽度，一般情况下，约为 10^{-5} nm（夏心泉，1992）。

2）多普勒变宽（Doppler broadening）。多普勒变宽是由原子热运动引起的，因此又称为热变宽。由物理学可知，一个运动的原子发出的光，如果运动方向离开观测者，则在观测者看来，其频率较静止原子所发光的频率低；反之，如果原子向着观测者运动，则其频率较静止原子发出光的频率高，这就是多普勒效应（王小如和庄峙厦，1997）。原子吸收分析中，原子处于杂乱无章的运动状态，趋近光源运动时，原子将吸收频率相对较高的光波；当远离光源运动时，又将吸收频率较低的光波，所以检测器接收的频率范围变宽，于是引起谱线的变宽。其范围一般在 $1 \times 10^{-3} \sim 5 \times 10^{-3}$ nm（郭旭明，2014）。

3）碰撞变宽。碰撞变宽在原子吸收区浓度较高时比较明显。因为基态原子是稳定的，其寿命可视为无限长，因此对原子吸收测定所常用的共振吸收线而言，谱线宽度仅与激发态原子的平均寿命有关，平均寿命越长，谱线宽度越窄。然而，当浓度足够高时，原子之间会发生相互碰撞，从而导致激发态原子平均寿命缩短，引起谱线变宽。

碰撞变宽分为两种，即霍尔兹马克（Holtsmark）变宽和洛伦兹（Lorentz）变宽。

霍尔兹马克变宽是指被测元素激发态原子与基态原子相互碰撞引起的变宽（陈集，2002），称为共振变宽，又称压力变宽。在通常的原子吸收测定条件下，被测元素的原子蒸气压力很少超过 10^{-3} mmHg（1mmHg=1.333 22×10² Pa），共振变宽效应可以不予考虑，共振变宽在蒸气压力达到 0.1 mmHg 时显现较为明显。

洛伦兹变宽是指被测元素原子与其他元素的原子相互碰撞引起的变宽，它与原子蒸气压力和温度有关，原子区内蒸气压力越大，温度越宽，变宽越明显（林树昌，1994）。

除上述因素外，场致变宽、自吸效应等也会对谱线宽度产生影响。但在通常的原子吸收分析实验条件下，多普勒变宽和洛伦兹变宽是吸收线轮廓变宽的主要影响因素。在 2000～3000 K 的温度范围内，原子吸收线的宽度为 $10^{-3} \sim 10^{-2}$ nm。

4. 原子吸收线的测量

（1）积分吸收

原子发射线与吸收线本身都是具有一定宽度的谱线，求吸收曲线所包含整个吸收峰的面积可对其进行准确测量。曲线积分 $V\mathrm{d}v$ 可由式（3.1）表示：

$$V\mathrm{d}v = aN_0 \tag{3.1}$$

对于一定的元素，a 为常数，式（3.1）中表明谱线的积分吸收与基态原子数呈线性关系，所以只需测出积分吸收值，就可以计算出待测元素的含量（陈允魁，1992）。但是原子吸收线的半宽度仅为 10^{-3} nm 数量级，若要准确测量，要求对原子吸收线的扫描十分精确，因此就需要分辨率极高的单色仪，而这种单色仪的制造和使用技术目前还存在一定困难，这也是原子吸收现象早在 100 多年前就被发现却一直未被应用于定量分析的原因（董慧茹，2000）。直到澳大利亚物理学家沃尔什（Walsh）在 1955 年提出了采用锐线光源辐射测量峰值吸收的方法，解决了上述方法的难题，使原子吸收光谱得到广泛应用（朱明华，2000）。

（2）峰值吸收

所谓锐线光源就是能辐射出宽度较窄的原子线光源，一般来说，它只有吸收线半宽度的五分之一。为了通过原子蒸气发射线特征频率恰好与吸收线的特征频率一致，通常采用待测元素制成的空心阴极灯作为锐线光源，这样发射的发射线比吸收线宽度小得多且与中心频率一致，可实现峰值吸收。

使用锐线光源进行峰值吸收测量时，光源发射谱线的半宽度 e 小于吸收线的半宽度 a，且中心频率一致，在吸收线中心频率 e 的范围内，测量发射线吸收前后强度的变化，即可求出待测元素的含量。

由此可知，吸光度 A 与待测元素浓度 c 成正比，与多普勒变宽成反比。在测量中，应尽量避免影响谱线变宽因素的影响，以保证测量结果的准确性（朱明华，2000）。

3.2　原子吸收光谱仪

原子吸收光谱法所用的测量仪器称为原子吸收光谱仪或原子吸收分光光度计，根据物质基态原子蒸气对特征辐射吸收的作用来进行金属元素分析（吕九如，1993）。它能够灵敏可靠地测定微量或痕量元素。它是由锐线光源、原子化器、分光系统和检测系统等四个基本部件组成的，如图 3.2 所示（奚治文，1992）。

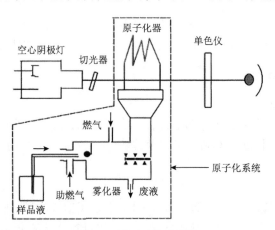

图 3.2　原子吸收光谱仪

3.2.1　仪器类型

在原子吸收分光光度计中，常用的是单道单光束和单道双光束两种类型。

1. 单道单光束原子吸收分光光度计

单道单光束是指仪器只有一个单色器,一束光作为外光路,该仪器结构简单,共振线在外光路损失少,灵敏度较高。缺点是不能消除光源波动引起的基线漂移。因此,空心阴极灯在使用前需充分预热,并在测量时经常校正零吸收。

2. 单道双光束原子吸收分光光度计

单道双光束原子吸收分光光度计的基本构造如图 3.3 所示,它用切光器 1 将空心阴极灯辐射的共振线分成两束光。一束光通过火焰产生共振吸收;另一束光不通过火焰,通过反射镜,两束光在切光器 2 处相会,并分别交替进入单色器和检测器。获得的信号是对两束光进行比较的结果,即两束光的强度比或吸光度之差。因此,可以消除光源和检测器不稳定引起的基线漂移。但它不能消除原子化器不稳定对结果产生的影响(金钦汉,1989)。

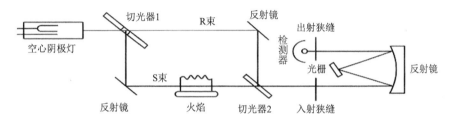

图 3.3 单道双光束原子吸收分光光度计

3.2.2 锐线光源

1. 锐线光源的作用

锐线光源由待测元素制成,其作用是发射待测元素的共振辐射。通常对光源具有以下要求:①发射线的半宽度要明显小于吸收线的半宽度;②辐射强度要足够大,保证有足够高的信噪比;③发出的共振辐射稳定性好;④背景小,使用寿命长(方禹之,1990)。

适合上述的光源有蒸气放电灯、无极放电灯和空心阴极灯等,其中空心阴极灯发光强度大、辐射稳定性好、结构简单,被广泛应用(朱世盛,1983)。

2. 空心阴极灯的构造

空心阴极灯的构造如图 3.4 所示。它是由一个空心圆筒形阴极和一个棒状阳极构成的,其中,阴极由待测元素材料制成,阳极由钨、钛或其他材料制成,较为常用的阳极是由钨制成的。阴极和阳极被密封在带有石英窗口的硬质玻璃壳内,内部充低压惰性气体(氖气或氩气)(朱明华,2000)。

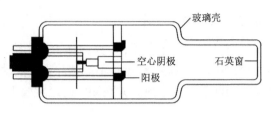

图 3.4　空心阴极灯结构

3. 空心阴极灯的工作原理

当在空心阴极灯的阴极和阳极之间施加 100～400 V 电压时可产生辉光放电。阴极发射出的电子在电场作用下会高速射向阳极，在运动的途中，可与内玻璃壳内的惰性气体原子发生碰撞使之电离产生带正电荷的惰性气体离子，正电荷离子会从电场中获得动能，高速射向阴极表面，可以使阴极表面待测元素的原子获得能量而溅射出来，溅射出来的待测元素的原子，再与电子、惰性气体的原子或离子相互碰撞而获得能量被激发，处于激发态的原子不稳定，很快会返回基态，并以光的形式发射出待测元素的特征谱线（其中也混杂有内充气体及阴极材料中杂质的谱线）（林新花，2002）。

因此，空心阴极灯的阴极材料用不同的待测元素制成，就可用于相应待测元素的测定，发射出各自的特征谱线。同时，在制作阴极时，必须选用纯度很高的金属或合金材料，以免待测元素的共振线附近出现杂质元素的强谱线，可有效避免光谱干扰（郭永，2001）。

3.2.3　原子化器

在进行原子吸收测定时，需要通过提供能量将待测元素变成气态基态原子，这一过程可以通过原子化器实现。样品中待测元素的原子化过程是一个复杂的物理、化学过程，它包括试液的输送、雾化、干燥、蒸发、解离及原子化等过程。

由于待测元素原子化效果直接影响测量结果，因此原子化器必须有足够高的原子化效率、良好的稳定性和重现性及较低的干扰水平。目前较为常用的原子化器有火焰原子化器和非火焰原子化器（金钦汉，1989）。

1. 火焰原子化器

火焰原子化器主要由喷雾器、雾化室和燃烧器三部分组成。

（1）喷雾器

喷雾器的作用是将样品溶液雾化，使之成为微米级细雾。当高压助燃气体由外管高速喷出时，会在内管管口形成负压，随后试液由毛细管吸入并被高速气流分散成雾滴，喷出的雾滴再撞击到撞击球上，进一步分散成细雾（气溶胶）（缪征明，1984）。

（2）雾化室

雾化室的作用是使燃气、助燃气与试液的细雾充分混合，以确保火焰燃烧稳定；同时也使未被撞击的较大雾滴在雾化室内凝结为液珠，沿室壁流入废液管内排走（方禹之，1990）。

（3）燃烧器

燃烧器的作用是形成火焰，使进入火焰的待测元素转变为蒸气原子，在此期间需要经过一系列干燥、融化、蒸发、解离及原子化的过程。火焰温度对原子化程度影响较大。温度过高或过低都会对测量结果有较大影响，因此应选择恰当的火焰温度。火焰温度和性质取决于燃气与助燃气的种类及化学计量比（李吉学，2000），见表3.1。

表 3.1　几种常用火焰的组成及温度

燃气	助燃气	化学反应	燃烧速度/（cm·s^{-1}）	最高温度/℃
乙炔	空气	$C_2H_2 + \frac{5}{2}O_2 = 2CO_2 + H_2O$	160	2300
乙炔	氧气	$C_2H_2 + \frac{5}{2}O_2 = 2CO_2 + H_2O$	1130	3060
乙炔	氧化亚氮	$C_2H_2 + 5N_2O = 2CO_2 + H_2O + 5N_2$	180	2955
氢气	空气	$H_2 + \frac{1}{2}O_2 = H_2O$	320	2050
氢气	氧气	$H_2 + \frac{1}{2}O_2 = H_2O$	900	2700
煤气	空气	$2CO + O_2 = 2CO_2$	55	1840
煤气	氧气	$2CO + O_2 = 2CO_2$	55	2730
丙烷	空气	$C_3H_8 + 5O_2 = 3CO_2 + 4H_2O$	82	2198
丙烷	氧气	$C_3H_8 + 5O_2 = 3CO_2 + 4H_2O$	82	3123

根据燃气与助燃气化学计量比不同，可将火焰分为以下三类：

1）化学计量火焰。化学计量是指燃气与助燃气的比与它们之间化学反应的化学计量关系相近时形成的火焰。它的特点是温度高、稳定性好、干扰少及背景低等，适用于大多数元素的测定。

2）富燃性火焰。富燃性火焰是指燃气与助燃气两者的比例大于化学计量关系时形成的火焰。这种火焰燃烧不完全，火焰呈黄色，温度稍低，并且具有较高的还原性，背景高，干扰较多，不如化学计量火焰稳定。它主要用于易形成难解离氧化物元素的测定。

3）贫燃性火焰。贫燃性火焰是指燃气与助燃气的比例小于化学计量关系时形成的火焰。这种火焰燃烧完全，火焰呈蓝色，但是温度比化学计量焰低，氧化性强。它适用于测定易解离、易电离的元素，如碱金属等（金钦汉，1989）。

2. 非火焰原子化器

在非火焰原子化器中，目前最常用的是管式石墨炉原子化器，它主要由加热电源、炉体和石墨管组成。

（1）加热电源

加热电源可以为样品中待测元素原子化提供所需的能量。一般采用低电压（10 V）、大电流（300～500 A）的供电设备，使石墨管迅速加热，达到2000℃以上的高温，并能根据需要进行调节（张珩，1993）。

（2）炉体

在使用过程中要不断通入惰性气体，原因是以下四个方面：①保护样品和石墨管不被氧化；②保护石墨管不会由于温度过高而被烧蚀；③确保已被原子化的原子不再被氧化；④去除干燥和灰化过程中所产生的基体蒸气。

水冷却外套是为了确保炉体在切断电源后，炉休能迅速降至室温（郭永，2001）。

（3）石墨管

石墨管的内径约为 8 mm，长约 28 mm，两端用铜电极夹住，对石墨管进行通电，管中央部位的小孔为进样孔，样品用微量进样器直接由进样孔注入石墨管中，经过干燥、灰化、原子化和高温除残四个程序升温过程，使样品中待测元素变为基态原子实现蒸气化（王崇尧，1990）。

与火焰原子化器相比，石墨炉原子化器的特点是：①温度较高且较容易控制，原子化效率高达 90%；②气态原子在吸收区的停留时间长，一般可达 0.1～1 s 数量级，是在火焰中的 100～1000 倍；③样品消耗量小，通常液体样品体积为 1～50 μL，固体样品为 0.1～1 mg 数量级；④绝对灵敏度比火焰法高 100～1000 倍，可达 10^{-12}～10^{-9}g，尤其适用于难挥发、难原子化元素和微量样品的分析（朱明华，2000）。表 3.2 对两种原子化器进行了比较。

表 3.2　火焰原子化器与石墨炉原子化器的性能比较

物理参数	火焰原子化器	石墨炉原子化器
原子化原理	火焰热	电热
最高温度	2955℃	3000℃
原子化效率	约 10%	约 90%
试液体积	1～5 mL	5～100 μL
灵敏度	低	高
相对标准偏差	0.5%～1.0%，精密度好	1.5%～5%，精密度差
基体效应	小	大

3. 低温原子化法

（1）氢化物原子化法

氢化物原子化法用来测定易形成氢化物的元素，该法利用这些元素的化合物在酸性溶液中能被强还原剂 NaBH$_4$ 还原成极易挥发的氢化合物的特性。例如，对于测砷，其反应为

$$AsCl_3+4NaBH_4+HCl+8H_2O\!=\!=\!=\!AsH_3+4NaCl+4HBO_2+13H_2 \qquad （3.2）$$

然后利用载气将氢化物导入石英吸收管中，可在较低的温度下（<1000℃）实现原子化。

该法的显著特点为形成氢化物气体的过程是一个分离过程，因此基体干扰和化学干扰较少，并且具有较高的灵敏度，比火焰原子化法高约 3 个数量级（倪坤仪，2003）。

（2）冷原子吸收法测汞

选择适当的还原剂（如 SnCl$_2$），在常温下将样品中的汞离子还原为金属汞，然后利用空气将汞蒸气带入具有石英窗口的气体吸收管中，测量汞蒸气对汞发射线 253.7 nm 的原子吸收。如果样品中含有有机汞，则在还原前先在酸性条件下，用高锰酸钾等强氧化剂将其氧化为汞离子，除去过量的高锰酸钾后，再用 SnCl$_2$ 还原。该法设备简单、操作方便、干扰少，且灵敏度高，是定量分析汞较好的方法（方禹之，1990）。

3.2.4　分光系统

分光系统的作用是将待测元素的共振线与干扰线分开。与其他光学分光系统一样，原子吸收光谱仪中的分光系统也包括出射、入射狭缝、反光镜和色散元件（光栅、棱镜等）。在原子吸收中，光源是锐线光源，单色器不存在分光问题，而且在出光狭缝内只有原子谱线，因此单色器狭缝只用于选出有用的谱线，避免空心阴极灯材料杂质发出的谱线、惰性气体发出的谱线及分析线的邻近线干扰谱线进入检测器。所以引用通带概念，即单色器出光狭缝允许通过的波长范围（方禹之，1990）。

原子吸收单色器的光谱通带按式（3.3）计算：

$$W=DS \qquad （3.3）$$

其中，D 表示倒线色散率，表达式为 $D=\mathrm{d}\lambda/\mathrm{d}l$，其含义是在单色器焦面上每毫米距离内所含的波长（nm）范围，此值越小，色散率越大；S 表示缝宽度（mm）。

在分析中，如果被测元素共振吸收线附近有光谱干扰，则选用较小通带，反之可用较大通带（朱明华，2000）。

3.2.5　检测系统

元素灯发出的光谱线被待测元素的基态原子吸收后，经单色器分选出的特征谱线，送入光电倍增管中，将光信号变成电信号，此信号被放大器放大后，进入解调器进行同步检测，得到一个和输入信号成正比的直流信号，再把直流信号进行对数转换、标尺扩展，最后用读数器读数或记录（倪坤仪，2003）。

3.3　原子吸收光谱法的分析方法

3.3.1　原子吸收分析条件的选择

1. 分析线

原子吸收分析线通常选用主共振线，主要原因是主共振线具有灵敏度高、干扰少、激发能量低的特点。如果有其他谱线对分析线附近进行干扰时，可选用灵敏度稍低的谱线作分析线。

分析线可以通过简单的实验进行筛选，先扫描空心阴极灯的发射光谱，初步筛选出几条灵敏度较高的谱线，接着喷入相应的溶液，观察初步筛选出各条谱线的吸收情况，选取其中吸光度最大的谱线作分析线。常用的分析线可通过查阅手册直接确定（许金生，2002）。

2. 狭缝宽度

选取狭缝宽度的原则主要根据两方面判断：一方面要将共振吸收线与非吸收线分开，另一方面要考虑适宜的光强输出。狭缝宽度的选取原则：一般通过调节不同的狭缝宽度来测定试样的吸光度，在满足上述条件下，在不引起吸光度减小的前提下的最大狭缝宽度，即为最适宜的狭缝宽度（吴谋成，2003）。

3. 空心阴极灯的工作电流

空心阴极灯的工作特性与通过该灯的电流有较为明显的关系。若空心阴极灯工作电流过大，灯寿命变短，放电不稳定，灯内自吸现象增大，谱线变宽，校正曲线弯曲，灵敏度下降；若工作电流过小，光强度弱，输出稳定性较差。因此在实际操作中，应选用适当的电流强度，选取原则是在保证输出光强度和稳定性的前提下，选用较低的工作电流。通常以空心阴极灯上标注的最大工作电流（5～10 mA）的40%～60%为佳（高鸿，1987）。

4. 试样用量

根据朗伯-比尔定律可知，原子吸收的吸光度与待测试样浓度呈正相关关系，但当进样量大到一定程度时，吸光度不但不增加，反而会有所降低，这是由于溶剂的冷却效应和大粒子的散射作用。因此，应通过实验来选取较合适的进样量：在适宜的燃烧器高度下，调节毛细管出口的压力来调整进样速率，当进样量达到最大吸光度时，选取此时的进样量为该实验较为合适的试样用量（陈允魁，1992）。

5. 原子化条件的选择

（1）火焰的种类

在火焰原子化器中，火焰的种类和助燃比对原子化效率影响较大。对于易电离、易挥发的元素可使用较低温度的火焰，如乙炔-空气火焰；对于难挥发或易在火焰中形成难解离的化合物来说，应使用温度较高的火焰，如氧化亚氮-乙炔火焰；对于分析线在 220 nm 以下的元素，可以选用氢气-空气火焰。

火焰种类确定以后，火焰的温度和性质可以通过改变燃助比调节。通常条件下，化学计量焰可用于大多数元素的测定，富燃性火焰适用于难解离氧化物元素的测定，贫燃性火焰适用于测定易解离的元素。

（2）燃烧器的高度

燃烧器可以通过高度的调节使原子发射光束在火焰的不同区域经过，由于火焰在不同区域的温度和性质不同，基态原子不能均匀分布于整个火焰中，而是密集地分布于燃烧完全、温度较高的原子化区。实验时，需要调节燃烧器的高度使空心阴极灯的发射线从基态原子浓度最高的原子化区域通过（林新花，2002）。

3.3.2 原子吸收光谱法的定量分析方法

1. 标准曲线法

配制一系列标准溶液，在给定的实验条件下，分别测得其吸光度，以吸光度为纵坐标，待测元素相应的浓度为横坐标，绘制吸光度-浓度标准曲线。在相同实验条件下，测出待测试样溶液的吸光度，在标准曲线上查出其浓度即可求出待测元素的含量。该法的优点是操作简单、方便快捷，可大批量处理样品，但缺点是对个别特殊样品测定，需另行配制一系列标准溶液，操作较烦琐，特别是测定组成较为复杂的样品时，标准样的组成难以与其相近，基体效应差别较大，严重影响测量结果（朱世盛，1983）。

2. 标准加入法

将试样分为同体积的若干份，除一份留作空白外，向其余各份分别加入不同含量待测元素的标准溶液，稀释、定容至相同体积。假设试样中待测元素的浓度为 c_x，加入标准溶液后的浓度分别为 c_x+c_s、c_x+2c_s、c_x+4c_s，分别测量其吸光度 A_x、A_1、A_2、A_3。以加入待测元素的标准量为横坐标，测得相应的吸光度为纵坐标作图，可得一条直线。将此直线外推至横坐标相交处，此点与原点（O点）的距离即为试样中待测元素的浓度。标准加入法最突出的优点是可最大限度地消除基体影响，但不能消除背景吸收。通常用于测定成分复杂的少量样品低含量成分分析，具有较高的准确度，但对批量样品测定过程太过复杂，所以很少使用（郭永，2001）。

3.4　原子吸收光谱法的应用

　　原子吸收光谱因方便快捷、灵敏度高、准确度高、重现性好等优点在农业生产和科学研究中应用十分广泛，尤其是对土壤、植株中微量元素的测定、环境生态分析、医学卫生方面、食品分析等方面都具有较为广泛的应用。原子吸收光谱法不仅对常见微量元素钠、钾、钙、镁、铜、铁、锌等检测较为精准，对微量元素锰、钼、硼的检测准确度也较高。

　　营造良好的生态环境与土壤环境是当今全球共同关注的话题，而大气环境与土壤环境中所含微量元素与金属元素的多少决定着其品质的好坏，这些元素含量直接影响着人体和动物的健康，因此原子吸收光谱在现实中得到了广泛的应用（万家亮，1992）。

3.4.1　在土壤成分测定中的应用

　　用原子吸收光谱法对土壤中微量元素进行测定时，一般适用于土壤提取液中微量元素的测定，提取液作为被测物的优势是可直接喷雾，干扰少且速度快，适合大批量样品的测定。土壤微量元素测定是指测定土壤全量形态和有效态的微量元素。

　　土壤全量元素分析与分解试样的方法有关，分解试样的最终目的是使试样中待测元素最后都成为酸性溶液中的组分，然后进行原子吸收测定。一般来说，处理土壤试样常用两种方法。一种是碱熔融法，操作方法是先将试样用适当的碱性溶剂（如碳酸钠或氢氧化钠）熔融，熔融后用水对熔块进行浸取，再用酸溶液对其进行中和并过量。另一种是酸溶解法，将试样先用混合酸（高氯酸和氢氯酸）进行分解，蒸干，再用稀酸溶解残渣，但后者存在的不足是在处理过程中大量的硅被除去了。土壤有效态微量元素的测定应根据不同元素采用与之相对应的浸提剂。在特殊情况下，若需要将基体中的痕量待测元素分离出来，此时通常使用溶剂萃取法（吴谋成，2003）。

　　测定土壤提取液中的不同元素所使用的火焰也不同，例如，测定土壤提取液中的铜、锌、铁、锰多用空气-乙炔火焰法。但如铝等较难原子化的元素，用氧化亚氮-乙炔火焰原子化或使用石墨炉原子化法进行测定。对于硼元素，原子吸收法很难直接对其进行测定，但可以用间接原子吸收法用有机溶剂萃取的方法来提高测定硼的灵敏度从而达到测量的要求，一般采用氧化亚氮-乙炔火焰。

3.4.2　在植株中微量元素测定中的应用

利用原子吸收光谱法对植株中微量元素进行测定时，需对待测样品进行前处理，通常采用干灰化法和硝酸-高氯酸湿消化法，处理后的样品可直接用火焰原子化法对其中的微量元素进行测定。两种方法相比，干灰化法具有引入试剂少、空白值低、精度好的优点，而硝酸-高氯酸湿消化法具有操作方便、测定速度快的优点。若采用干灰化法对植株样品进行预处理，样品在灰化前需用硝酸进行预处理，目的在于可以加速样品灰化并增加灰分的溶解度，并且用硝酸处理后，铜和铁元素会以硝酸盐的形式存在，不会形成硅酸盐，使测定更加方便。同样，测定不同元素也需要不同的火焰，测定铜、锌、铁、锰等元素用空气-乙炔火焰进行测定，若元素含量太低时需要对元素进行富集。在分析植株样品中的元素时应注意：测含硼元素的样品时，必须用干法进行前处理，若用湿法，硼会因挥发而损失。测定含铁元素的样品时，叶片必须经过稀酸或去污剂洗涤，否则会因铁污染使分析失去意义（万家亮，1992）。

3.4.3　在环境生态分析中的应用

近年来，随着环境问题日益恶化，环境保护问题已经成为摆在全人类面前的巨大挑战。对大气成分的分析和监控已是环境检测的重要环节，而原子吸收法作为大气分析中一种重要的分析方法也得到了广泛的应用。在对大气成分分析检测时，一般采用的方法是先将一定体积的待测空气用过滤器过滤，然后分析残存在过滤器上的残存物。通常为收集空气中的粒子，大多使用聚合过氯乙烯滤膜或纤维素滤膜对空气进行过滤，大气粒子的浓度决定所需空气的量。一般来讲，污染相对严重的大气取用几立方米即可，而对于高空、海洋上空的空气则需要过滤数百立方米。通常情况下，过滤气体所收集到的物质很少，所以一般采用非火焰原子吸收法进行分析。在一些特殊情况下，如测定空气中的铅和汞时，可以直接分析气态空气样品。

对空气进行过滤后需先将滤膜上的粒子溶解出来，溶解滤膜有两种较为常见的方法，一种方法是在银坩埚中将滤膜灰化后再用氢氧化钠将灰化后的物质熔融，冷却后将浸出物溶于稀硝酸中，定容到一定体积再进行测定。这种方法适用于测定空气中硅、铝、铁、钙和镁等元素粒子。另一种方法是用酸溶法处理滤膜，即滤膜在铂坩埚中灰化后，用氢氟酸和硝酸对其进行处理，蒸干，将硅除去，接下来用稀硝酸溶解残渣，稀释到一定体积，用原子吸收光谱法进行测定。这种方法适用于测定空气中的铜、镍、锰、铅和锌等元素（吴谋成，2003）。

原子吸收光谱法测定大气粒子的分析方法也可用于测定水及水中悬浮沉积物，先用微孔过滤器对待测水进行过滤，然后用上述实验方法对滤膜进行处理，再用原子吸收光谱法进行测定，得到实验结果（邓勃，1991）。原子吸收光谱法在大气中的应用见表3.3。

表 3.3　原子吸收光谱法在大气中的应用

元素	样品	波长/nm	浓度	原子化	样品制备
Pb	空气	217.0	0.5 mg·m^{-3}	空气-乙炔	用 HNO$_3$-H$_2$SO$_4$ 湿法分解残渣
Ca、Cu、Fe、Mg	飘尘	Ca 422.7 Cu 324.7 Fe 248.3 Mg 285.2	1～6 μg·m^{-3} 0.16～1.5 μg·m^{-3} 0.9～4.5 μg·m^{-3} 0.6～2.4 μg·m^{-3}	空气-乙炔	收集在纤维滤膜上，铂坩埚中燃烧，550℃灰化，用碳酸钠熔融，溶于 HCl，测 Ca、Mg 时加 1% La
Pb	空气	—	有机 Pb 0.1～4 μg·m^{-3} Pb 0.4～10 μg·m^{-3}	空气-乙炔	用过滤器收集粒子，用酸浸取；用氯化碘溶剂收集有机铅，用 APDC-MIBK 萃取
Cd	飘尘	228.8	2.5 ng·m^{-3}	空气-乙炔	用玻璃纤维滤膜过滤，HF 处理蒸发，溶于 HNO$_3$，稀释，过滤
痕量元素	飘尘	—	痕量	空气-乙炔	过滤，低温高频氧化处理，溶于酸，直接测定或用 DDTC-MIBK 萃取后测定
Pb	空气	283.3	大于 5 pg	石墨炉	用石墨坩埚过滤，将坩埚置于石墨炉中
Cd、Pb	空气		0～100 μg·m^{-3}	石墨炉	收集在 0.22 μm 微孔过滤膜上，加 H$_3$PO$_4$ 溶液
Hg	空气	253.7	0～20 ng·m^{-3}	冷蒸气	收集在金膜上，在氮气流中 500℃原子化
Hg	空气	253.7	15 ng～10 μg·m^{-3}	冷蒸气	收集在银纤维上，在载气流中 400℃加热原子化
As	飘尘	193.7	—	氢化物	用玻璃纤维滤膜过滤，溶于 HNO$_3$-H$_2$SO$_4$，加 NaBH$_4$，将生成的 AsH$_3$ 通到加热石英管中
Be	空气粒子	234.8	2～20 μg·m^{-3}	石墨炉	用多孔石墨杯过滤，在石墨管中原子化
Cd	空气粒子	228.8	大于 0.2 ng·m^{-3}	石墨炉	用玻璃纤维滤膜过滤，用 HF 处理蒸发，溶于 HNO$_3$，注入石墨管中 95℃干燥，330℃灰化，900℃原子化
Hg	空气	253.7	50～1 500 ng·m^{-3}	冷蒸气	样品通过活性炭，在氮气流中加热通过石英棉和银棉，加热银棉释放汞蒸气到 10 cm 过滤池中

注：1 pg=10^{-12} g

参 考 文 献

陈集. 2002. 仪器分析. 重庆: 重庆大学出版社

陈体清. 1990. 仪器分析. 上海: 上海科学技术文献出版社

陈允魁. 1992. 仪器分析. 上海: 上海交通大学出版社

邓勃. 1991. 仪器分析. 北京: 清华大学出版社

董慧茹. 2000. 仪器分析. 北京: 化学工业出版社

方禹之. 1990. 仪器分析. 上海: 华东师范大学出版社

高鸿. 1987. 仪器分析. 南京: 江苏科学技术出版社

高向阳. 1992. 新编仪器分析. 2 版. 北京: 科学出版社

郭旭明. 2014. 仪器分析. 北京: 化学工业出版社

郭永. 2001. 仪器分析. 北京: 地震出版社

金钦汉. 1989. 仪器分析. 长春: 吉林大学出版社

李吉学. 2000. 仪器分析. 北京: 中国医药科技出版社

林树昌. 1994. 分析化学 (仪器分析部分). 北京: 高等教育出版社

林新花. 2002. 仪器分析. 广州: 华南理工大学出版社

吕九如. 1993. 仪器分析. 西安: 陕西师范大学出版社

缪征明. 1984. 仪器分析. 北京: 机械工业出版社

倪坤仪. 2003. 仪器分析. 南京: 东南大学出版社

石杰. 1993. 仪器分析. 开封: 河南大学出版社

万家亮. 1992. 仪器分析. 武汉: 华中师范大学出版社

王崇尧. 1990. 仪器分析. 北京: 兵器工业出版社

吴谋成. 2003. 仪器分析. 北京: 科学出版社

奚治文. 1992. 仪器分析. 成都: 四川大学出版社

夏心泉. 1992. 仪器分析. 北京: 中央广播电视大学出版社

许金生. 2002. 仪器分析. 南京: 南京大学出版社

张珩. 1993. 仪器分析. 北京: 冶金工业出版社

朱明华. 2000. 仪器分析. 北京: 高等教育出版社

朱世盛. 1983. 仪器分析. 上海: 复旦大学出版社

第 4 章　紫外-可见吸收光谱法

4.1　概　　述

紫外-可见吸收光谱法是一种能有效对自然界多种无机物和有机物进行检测分析的方法。由于紫外-可见吸收光谱法具有方便快捷、测量精准且能对物质进行定量分析等诸多特点，在对物质进行定量分析中应用较为广泛（吴谋成，2003）。

4.1.1　定义

紫外-可见吸收光谱法（ultraviolet-visible absorption spectrometry，UV-vis）又称为紫外分光光度法，是根据物质对不同波长的紫外线吸收程度不同而对物质组成、性质及含量进行分析的方法（郭旭明，2014）。此法所用的仪器为紫外吸收分光光度计或紫外-可见分光光度计（图 4.1）。

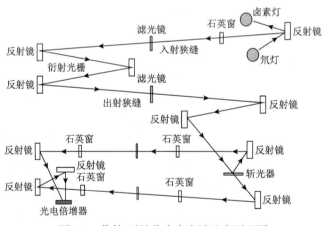

图 4.1　紫外-可见分光光度计基本原理图

4.1.2　分光光度法

分光光度法是利用待测物质在某一特定波长或某一波长范围内光的吸收程度，对待测物质的性质及含量进行测定的一种手段。常见的白光是由不同单色光组成的复合光，当这种光通过分光系统时，分光系统对其进行分光，使其分为不同的单色光，用单色光去照射待测物质（溶液），待测物质（溶液）会吸收其中一部分光，而另一部分未被吸收的光便会穿透该溶液，光电原件接收到穿过待测物质（溶液）的光后，便会自动将它转变成电信号，并记录响应信号（刘约权，2006）。吸光度与待测溶液的浓度呈正相关关系。用吸收光强度作纵坐标，照射波波长作横坐标，绘制出的曲线称为该被测溶液的吸收光谱曲线。通过绘制的曲线对待测物质进行定量及定性的分析方式，即为分光光度法，或称为吸收光谱法。

单色光辐射穿过待测物质溶液时，被该物质吸收的量与该物质的浓度和液层的厚度（光路长度）成正比，其关系如下

$$A = -\lg(I / I_0) = -\lg T = \varepsilon bc \qquad (4.1)$$

其中，A 表示吸光度；I 表示透射的单色光强度；I_0 表示入射的单色光强度；T 表示物质的透光率；ε 表示摩尔吸光系数；b 表示溶液厚度；c 表示溶液的浓度（曾泳淮，2003）。

紫外-可见吸收光谱法的测量范围包括紫外光区和可见光区，波长范围分别为 $200 \sim 380$ nm 和 $380 \sim 780$ nm。在紫外-可见分光光度计中，使用不同的光源可获得不同的发射光谱。因此在测量过程中可采用不同的发光体作为仪器的光源。例如，钨灯发射光谱是使用钨灯作为光源获得的光谱，其发出的光谱光经过三棱镜折射，可得到由红、橙、黄、绿、蓝、靛、紫组成的连续色谱（表4.1）（朱明华，2000）。

表 4.1 各色物质吸收波长

物质颜色	吸收光颜色	吸收光波长/nm
黄绿	紫	400～450
黄	蓝	450～480
橙	绿蓝	480～490
红	蓝绿	490～500
红紫	绿	500～560
紫	黄绿	560～580
蓝	黄	580～610
绿蓝	橙	610～650
蓝绿	红	650～780

4.1.3 基本原理

紫外分光光度法（ultraviolet spectrophotometry）是分光光度法[紫外-可见分

光光度法（UV-vis），红外光谱法（IR），分子荧光光谱法（MFS），分子磷光光谱法（MPS），核磁共振，化学发光]中的一种，可用于不饱和碳氢化合物和具有不对称电子的化合物（包括一些无机化合物），尤其含有共轭体系的化合物的分析和研究，已广泛应用于有机物和无机物的测定。

在有机化合物分子中包含多种电子，有形成单键的 σ 电子、有形成双键的 π 电子、有未成键的孤对 n 电子。当对分子进行一定辐射能处理时，分子中的电子会吸收能量，跃迁到较高的能级，此时吸收能量后产生跃迁的电子所占轨道称为反键轨道。这种电子跃迁同内部的结构性质有密切联系（陈庆榆，2010）。

在紫外吸收光谱中，电子的跃迁一般分为四种，分别为 $\sigma \rightarrow \sigma^*$、$n \rightarrow \sigma^*$、$\pi \rightarrow \pi^*$、$n \rightarrow \pi^*$。

电子产生各种类型跃迁所需能量从高到低依次为 $\sigma \rightarrow \sigma^* > n \rightarrow \sigma^* > \pi \rightarrow \pi^* > n \rightarrow \pi^*$。

由于一般紫外-可见分光光度计只能提供 190～850 nm 的单色光，因此只能对 $n \rightarrow \sigma^*$ 电子跃迁、$n \rightarrow \pi^*$ 电子跃迁和部分 $\pi \rightarrow \pi^*$ 电子跃迁的吸收进行测定，而无法测定只能产生 200 nm 以下吸收的 $\sigma \rightarrow \sigma^*$ 类型电子跃迁。

紫外吸收光谱是带状光谱，其中分子中存在一些吸收带已被确认，如 K 带、R 带、B 带、E1 带和 E2 带等（刘约权，2006）。

K 带是两个或两个以上 π 键共轭时，π 电子向 π^* 反键轨道跃迁的结果，即 $\pi \rightarrow \pi^*$ 类型电子跃迁。

R 带是与双键相连接的杂原子（如 C═O、C═N、S═O 等）上未成键电子的孤对电子向 π^* 反键轨道跃迁的结果，即 $n \rightarrow \pi^*$ 类型电子跃迁。

E1 带和 E2 带是苯环上三个双键共轭体系中的 π 电子向 π^* 反键轨道跃迁的结果，即 $\pi \rightarrow \pi^*$ 类型电子。

B 带也是苯环上三个双键共轭体系中的 $\pi \rightarrow \pi^*$ 跃迁和苯环的振动相重叠引起的，但相对来说，该吸收带强度较弱。

以上各吸收带相对的波长位置由大到小的次序为：R>B>K>E2>E1，但一般 K 带和 E 带常合并成一个吸收带。

紫外-可见吸收光谱的探究，通常使用紫外-可见分光光度计、光栅摄谱仪及棱镜摄谱。随着科技的飞速发展，计算机在仪器分析中使用也越来越广泛，计算机与紫外-可见吸收光谱的联合使用，开发出了部分新型吸收光谱分析手段，促进了紫外-可见吸收光谱法的迅速发展（陆雅琴，1989）。

4.1.4　紫外-可见吸收光谱法的特点

紫外-可见吸收光谱法具有应用范围广、测定物质的浓度范围大、易操作、测定速度快及低成本等诸多优点。

1. 应用范围广

紫外分光光度法是现今用于物质定量分析领域中比较普遍的方法，它的适用范围十分广泛，在一般情况下，可用于测定元素周期表中包含的全部金属元素，同时也可以对化合物进行测定。紫外-可见吸收光谱法不仅可以测定在可见光区及紫外光区有吸收的组分，也可以间接地测定很多非吸收的组分。同时，紫外分光光度法也是很多定性测定、结构测定等方法的有效辅助技术（郭旭明，2014）。

2. 测量物质的浓度范围大

紫外-可见吸收光谱法能够直接或间接地对含量在常量、微量及痕量的物质进行准确的测定。

3. 易操作、测定速度快、低成本

紫外分光光度计由微控制机控制后，可以自动进行多种操作，如筛选波长、调零、设定参数、发现故障及对自身功能进行及时检查等功能，大大提升了操作速度，降低了操作成本。

利用紫外-可见分光光度法进行样品分析时，虽然具有很多优点，但其在定性分析方面，不如红外光谱法精准。因此，应根据不同用途选择不同的测量手段（曾泳淮，2003）。

4.2　紫外-可见分光光度计

紫外-可见分光光度计采用单色器技术，功能强大，操作简便，是研究紫外-可见吸收光谱的常用仪器。

4.2.1　定义与基本原理

1. 光的吸收和光谱

电磁波辐射可以与液体、气体和固体进行作用从而产生各种现象，如散射、吸收或反射。紫外-可见分光光度计是研究可见和紫外范围的辐射与物质产生相互作用的专用仪器。当电磁波辐射作用于分子或原子时，分子或原子吸收特殊波长的电磁波辐射能量，从基态形式转变为高能量激发态形式。相对于原子而言，分子状态具有较为宽泛的能量范围。分子在红外区受到激发时，会产生振动或转动的运动形式，但在紫外和可见区域内受到激发时，通过价电子可观察到特定能级的吸收。

辐射的波长能够用来代表量子的能量。波长越长，量子的能量就越低。紫外分光光度计可以用来测定吸收点的位置及相对吸收值的大小（北京大学化学系仪器分析教学组，1997）。

2. 透射及吸收

当强度为 I_0 的入射光透过厚度为 d 的介质时，不计散射及反射过程的损耗，光自身强度也会随着样品的特征吸收而减弱，设 I 为对应出射光强度（陆雅琴，1989）。

透光率 T 用式（4.2）或式（4.3）表示：

$$T = \frac{I}{I_0} \tag{4.2}$$

$$T(\%) = \frac{I}{I_0} \times 100\% \tag{4.3}$$

样品吸光度 A 用式（4.4）表示：

$$A = -\lg T = \lg \frac{I_0}{I} \tag{4.4}$$

4.2.2　紫外-可见分光光度计的结构

根据光学系统进行分类，紫外-可见分光光度计分为单光束分光光度计和双光束分光光度计两种。由于双光束分光光度计活动部件较多，容易产生故障，现在多偏向于设计单光束紫外-可见分光光度计。

（1）光源

紫外-可见分光光度计采用的是可连续光源，常见的光源有钨灯、氢灯、卤素灯、激光等，不同光源使用范围不同，如钨灯或卤钨灯，通常使用的范围为340～2500 nm，氢灯或氘灯，通常采用 160～360 nm 的范围，当大于 360 nm 时，氢的发射谱线叠加于连续的光谱之上，不宜采用。同时，光源也可以同氘灯（紫外光区）和卤素灯（可见光区）等合并使用（万家亮，1992）。

近年来，也有使用氩离子激光器或者可调染料激光器发射的激光作为紫外-可见分光光度计的光源，这种激光光源具有稳定性好、光强度大、单色性好等优点。

（2）分光器系统

紫外-可见分光光度计常用的分光器有干涉滤光片、全息光栅及棱镜等。分光系统也分为单色器系统和多色器系统。

1）单色器系统。单色器由入射狭缝、准直镜、色散元件、物镜和出射狭缝组成。它可以使复合光分解成平行的单色光，并在出口狭缝处聚焦。出射狭缝的作用是限制光谱的通带宽度。测定不同光区光波需采用不同色散系统，在对紫外光区的光波进行测定时，使用的色散系统为石英棱镜或光栅，对可见光的光波进行测定时，则使用火石玻璃棱镜或光栅。

单色器系统具有测定结果精准的优点，这是由于在单色器系统中，光在到达样品之前就已经被分开，因此通过样品的光为单色光，所以，即使是吸光度很低的样品，测量结果也较为准确（吴谋成，2003）。

单色器光路图（图 4.2）为光源→入射狭缝→分光器→出射狭缝→样品→检测器。

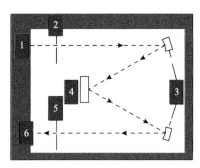

图 4.2　单色器光路示意图

1. 复合光；2. 入射狭缝；3. 聚焦和准直镜；4. 色散元件；5. 出射狭缝；6. 单色光

特点：光谱扫描、线性良好、出射狭缝可调、信噪比高。

2）多色器系统。在多色器系统中，光源分光是在全部光谱通过样品之后，因此，多色器系统适用于快速光谱。

多色器光路图为光源→样品→入射狭缝→固定计量单位分光系统→检测器。

特点是入射狭缝固定、能够快速获得光谱、开放式的样品室、波长重现性良好（陈捷光，1989）。

（3）吸收池

吸收池也称为比色皿，是用来装载待测试样溶液的容器，在材质上有玻璃和石英之分。两者的不同点是，石英材质的比色皿适用于紫外区和可见光区的测定，而玻璃只适用于可见光区的测定。此外，一些透明的有机玻璃也可以作为制作吸收池的材料。吸收池的光学面一定要与光束的方向垂直，这样可以降低测定过程中光的损失（赵藻藩，1990）。

需要注意的是，在测定过程中，盛装待测样品溶液的吸收池与盛装对照溶液的吸收池一定要具有相同的透光性能及厚度。

（4）检测器

检测器是测量单色光透过待测溶液后光强度的变化，并同时将光信号转化为电信号的一种装置，它的作用是检测信号（曾泳淮，2003）。

常用的几种单道光子检测器有光电池、光电管、光电倍增管和二极管阵列等。

1）光电池。光电池可以产生直接推动电流表、检流计的光电流，但是由于会产生疲劳效应，所以只在低档的紫外-可见分光光度计中适用。

2）光电管（即真空光电二极管）。在紫外-可见分光光度计中应用广泛。

3）光电倍增管。它具有较高的灵敏度，其灵敏度要比普通的光电管高出 200 倍，所以可以使用较窄的单色器狭缝，从而在对光谱的精细结构上具有较好的分辨识别能力，因此它在检测较微弱光中应用较为广泛。光电二极管与倍增管差异比较见表 4.2。

表 4.2　光电二极管与倍增管差异比较

特点	光电二极管	光电倍增管
优点	光谱灵敏范围宽（190～1100 nm） 对以下情形低敏感性： 　过度曝光 　外部磁场影响 　外部机械干扰 　运行电压低 　无附加电压或供电装置	灵敏度高，达到 10^6 A·W^{-1} 动态范围宽，约 10^6 噪声低 检测器表面积大，达到 50 mm^2
缺点	灵敏度约为 0.5 A·W^{-1}，需要后置放大 动态范围 10^4～10^5 接收器表面有限（约 10 mm×10 mm）	需要电压分配器将电压调制 1200 V 对过度曝光敏感（有破坏的危险） 对外部机械干扰及磁场影响敏感 光谱灵敏范围有限（180～650 nm, 180～900 nm） 相对昂贵（100～1000 欧元） 附加电源（200 欧元左右）

常见的光学多道检测器有电荷耦合阵列检测器及光电二极管阵列检测器。

1）电荷耦合阵列检测器（charge-coupled device array detector, CCD）。其检测性能更高端、先进、理想，电荷耦合阵列检测器已开始应用于高档的光谱仪器中（郭旭明，2014）。

2）光电二极管阵列检测器（photodiode array detector）。光电二极管阵列是在晶体硅上紧紧地排列的一系列（约几百个）光电二极管检测器，把它放在单色器的聚焦面上，此时，每个光电二极管就相当于一个单色器的出射狭缝，能够同时测出不同波长的光谱线长度。两个光电二极管彼此中心距离的波长单位称为采样间隔。分辨率随光电二极管的数目增加而提高。根据计算机的控制，利用同时并行的数据采集方式，可以在不到 1 s 的时间内，检测出仪器整个波长范围内的所有数据，得到全光光谱。由于其方便快捷的特性，如今越来越多的仪器选择使用光电二极管阵列检测器（戴树桂，1984）。

（5）显示器（即信号指示系统）

显示器的作用是放大信号并使用适当的方式指示或记录下来。通常使用的信号指示装置有电位调节指零装置、直读检流计、自动记录装置及数字显示装置等。如今，很多型号的紫外-可见分光光度计都配有微处理机，它可以处理数据，同时操作控制分光光度计（吕九如，1993）。

4.2.3　紫外-可见分光光度计的分类

分光光度计一般分为以下四种：①单波长单光束分光光度计；②单波长双光束分光光度计；③双波长分光光度计；④多通道分光光度计。

1. 单波长单光束分光光度计

光源发射的光经过单色器分光后，生成的一束特定平行光轮流通过对照溶液及样品溶液，对待测样品进行吸光度（A）测定。这种紫外-可见分光光度计结构简单，使用方便，适用于多种常规分析（赵藻藩，1990）。

常见的单波长单光束可见分光光度计为 721 型分光光度计。

2. 单波长双光束分光光度计

光源发出的光经过单色器分光之后，再经过反射镜分成两束强度相等的光，其中一束通过参比池，另一束通过样品池。分光光度计能够自动比较两束光的强度，试样的透射比就是两者的比值，随后进行对数的变换使其转变成吸光度，作为波长的函数进行记录。

单波长双光束的优点：入射光强度对吸光度的结果不会造成影响，可以有效降低或避免由光源强度不稳定而造成的误差（吴谋成，2003）。

3. 双波长分光光度计

双波长分光光度计（图 4.3）是通过切光器将不同波长的两束光相互交替地通过吸收池，从而测定吸光度的差 ΔA。

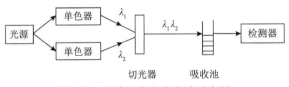

图 4.3　双波长分光光度计示意图

双波长分光光度计灵敏度高、应用范围广，可测多组分试样、浑浊试样，还可做成导数光谱。在测定过程中，不需要空白对照，消除了不同参比池及制备空白溶液而产生的误差（陈集，2002）。

4. 多通道分光光度计

多通道分光光度计使用的是光电二极管阵列检测器，其具有信噪比高、测量速度快等优点，它能检测到整个波长范围中的全部数据，得到全光光谱。

4.2.4 紫外-可见分光光度计的使用注意事项

1）使用前需开机预热 15 min 左右。

2）测定时需注意的事项：参比池与吸收池应是一对规格与材料一致的、经过校正的匹配吸收池。吸收池在使用前后应清洗干净，测量时手不可以接触窗口。比色皿匹配好后，不可用炉子和火焰干燥，也不可加热，以防止光程长度上的改变（董慧茹，2000）。

3）测量条件的选择：

选择适当波长的入射光：有色物质对光的吸收是有选择性的，因此为了使测定结果灵敏度较高，选择的入射光必须为待测溶液最大吸收波长。

控制吸光度 A 的范围：根据朗伯-比尔定律，吸光度在 0.2～0.7 时，测量结果准确度较高（奚治文，1992）。

选择适当对照溶液：对照溶液的作用是调节仪器工作零点。若样品溶液、试剂、显色剂无色，对照溶液可使用蒸馏水；反之，对照溶液应采用不加显色剂的样品。

4）使用结束后应先关程序，再关仪器开关、关电源，最后关闭计算机。

5）使用前正确登记，使用结束后将实验仪器与实验台擦洗干净。

4.2.5 紫外-可见分光光度计附件

在分光光度法中，为满足各种应用需求，通常会使用各种特殊附件，如用于单个样品的简单池架、各种恒温池架、用于高通量样品测定的或自动进样装置等，选择好恰当的附件几乎可以满足使用中的所有要求（柳仁民，2009）。

1）简单池架（表 4.3）。

表 4.3　简单池架一览表

池架	特点
100 mm 池架	长程池，提高测定灵敏度
快速测定池架	适用于简单快速的定量分析
吸收管架	适用于气态样品
带搅拌或不带搅拌的恒温池架	适用于酶动力学，例如，在 37℃，用外置水浴控制温度
用于微量池的可调节池架	适用于少量样品的微量池和超微量池
佩尔捷（Peltier）恒温池架和 PCT 控制单元	适用于少量样品的微量池及超微量池

2）流通池（表 4.4）。

表 4.4　流通池测定

流通池	特点
吸样系统	适用于流通池
APG	自动进样器及吸样系统

3）多联池（表 4.5）。

表 4.5　多联池

多联池	特点
6-联池	有 1 cm、2 cm、5 cm 池；带水浴或不带水浴；佩尔捷温度控制；带搅拌或不带搅拌
转盘式池架	用 15 个 1 cm 比色皿
8-联池	带或不带温度控制（水浴或佩尔捷）；可选择搅拌；可使用双光束测定（2×8 联用）
50-联池	用于 50 个 1 cm 比色皿高通量样品的测定

4）固体样品测定附件（表 4.6）。

表 4.6　固体样品架和反射附件

固体样品架和反射附件	特点
固体样品架	用于固体样品的透射测定
绝对反射	测定平滑表面的反射
可变角度反射附件	测定平滑表面的反射，测量层厚度

5）光纤探头。

4.3　紫外-可见吸收光谱法的误差和测量条件的选择

4.3.1　紫外-可见分光光度计仪器操作

紫外-可见吸收光谱法所测得的实验结果会存在一定的误差，这是实验中不可避免的。但是，正确使用仪器有助于提高测量结果的准确性（石杰，2003）。

使用紫外-可见分光光度计首先应熟读仪器使用说明书，并按照说明书进行正确操作。同时，应对该设备进行定期检查、维修，使精密度、准确度达到仪器要求的性能指标。此外，要准确掌握待测物质测定时对设备性能指标的要求，准确地校正相关参数，这样才能得到相对精准的测定结果。表 4.7 是紫外-可见分光光度计的一些常见性能指标。

表 4.7　紫外-可见分光光度计的常见性能指标

性能指标	普通型（适用于一般定量分析）	一般扫描型	精密扫描型
波长范围	200～1000 nm	190～1000 nm	190～1000 nm
波长准确性	2 nm	+0.5 nm	<±0.3 nm
波长再现性	±0.3 nm	±0.2 nm	<±0.1 nm
带宽	6 nm	任选 0.5 nm、1 nm、2 nm	任选 0.1 nm、0.2 nm、0.5 nm、2 nm
光度准确度	±0.5% T（在 30% T）	±0.005 A（在 1 A）	±0.0015 A（在 1 A）
光度再现性	±0.003 A（在 1 A）	±0.002 A（在 1 A）	±0.0001 A（在 1 A）
杂散光	0.1%（在 340 nm） 0.15%（在 220 nm）	<0.0005%（340 nm）	<0.0005%（220 nm） <0.0001%（340 nm）
基线漂移	0.004 A·h^{-1}	0.002 A·h^{-1}	0.001 A·h^{-1}
光度范围	0～3 A	−3～4.5 A	−3～6.0 A

除了表 4.7 中所指出的几个常见的性能指标外，不同型号的仪器设备在信号输出及数据处理等方面也有一些差别。新型的紫外-可见分光光度计中配有微处理机，即微型计算机，微处理机的加入对设备的测量精确度、稳定程度及灵敏度均有较好的促进作用，使得仪器自动化程度有所提高，操作起来更加方便快捷（邓勃，1991）。微型计算机可以自动控制设备参数同时进行数据处理。计算机同紫外-可见分光光度计的联合使用，更加凸显出仪器的优势，具体表现在以下两方面：①有效改善设备性能，可以校正基线漂移，并降低因所处环境的温度、压力等因素变化所导致的分析误差，还可以降低噪声，有效提高测量准确性；②自动进行数据分析，自动检测仪器工作的状况，在发生故障时及时发出报警信号。因此，微处理机与分析仪器联合使用，是今后仪器的改善和发展的主要方向（石杰，2003）。

4.3.2　误差来源

1）仪器误差（机械系统误差、光学系统误差）。
2）操作误差（如显色条件和测量条件的把握）。
3）溶液偏离朗伯-比尔定律引起的误差（标准曲线直线段）（张永忠，2014）。

4.3.3　测量条件的选择

紫外-可见分光光度计操作便捷、准确度高，但为了保证测量结果具有更高的准确度和灵敏度，确定恰当的测量条件必不可少。

在确定测量条件时，主要侧重于以下几个方面。

1. 狭缝调节

仪器测量时的精确度及校正曲线的线性范围取决于狭缝宽度。狭缝宽度变大，会使单色光纯度降低，从而使某一范围内灵敏度降低，使校正曲线的线性关系被破坏，偏离比尔定律。但如果狭缝宽度过窄，也不利于测定。狭缝宽度的调节遵循以下原则：①根据待测物质在拟波长周围吸收光谱中的斜率变化进行调整，若变化较大，则调小宽度，对于狭缝不可调的仪器，尤其要注意此问题；②根据仪器测量的灵敏度，能确保吸光度不大幅度下降时的最大狭缝宽度就是应选的最适宜的宽度（吴谋成，2003）。

2. 测量波长的选择

根据所需测定组分的吸收光谱，最强吸收带处所对应的最大吸收波长，即为选定的测定波长。这是因为在此波长处，浓度相同的待测组分可以得到最大的吸光度，从而获得最高灵敏度。但是，实践中按上述方式选择波长也未必合适，还需在实验中进行摸索（李晓燕，2008）。

3. 测量误差及适宜吸光度范围的确定

由于设备的光源不稳定、读数的不确定性及杂散光等因素的影响，会对测定结果造成误差。这个误差在测定浓度较高的样品时，会变得更大。通过朗伯-比尔定律可导出设备测量误差对最终浓度测量误差的影响。

$$A = -\lg T = \alpha l \tag{4.5}$$

对式（4.5）进行微分，得

$$d\lg T = 0.434 dT = -\varepsilon l \tag{4.6}$$

将式（4.6）代入式（4.5）得

$$\frac{\Delta c}{c} = \frac{0.434 \Delta c}{T \lg T} \tag{4.7}$$

当相对误差为最小值时，得到 $T=0.368$。读取吸光度的误差会造成浓度测定的误差下降。所以，测定吸光度时最好控制在 0.434 附近。因此，通过调节被测液溶度或改变光程使测量吸光度控制在 0.115～0.70 A 的范围内，可以有效减少测量误差。

4. 反应条件的选择

选择适宜的显色剂将待测组分转化为有色化合物再进行测定，可以有效减少误差。

显色剂选取的原则：显色剂的显色反应灵敏度高、显色剂的选择性好、显色时颜色变化明显、生成的有色化合物稳定性好及化合物的组成恒定等都是显色剂较为重要的选择原则（高向阳，1992）。选择合适的显色剂很重要，控制适宜的显色反应条件不可忽略，适当的显色反应条件可以使被测组分最有效地转变为适于测定的有色化合物。影响显色反应的主要因素如下：

（1）酸度

溶液的酸度对显色反应有很大影响，且影响方面较广。例如，对某些显色剂（如酸碱指示剂作为显色剂时）的颜色变化有影响，对有机弱酸显色剂的络合反应有影响，高价金属离子在酸度较低的条件下容易水解生成沉淀。此外，酸度还会对被测离子存在的状态有影响。通过实验可以确定显色反应的最适宜酸度范围，即在一系列相同浓度待测溶液中，调节溶液的酸度，可得吸光度随溶液酸度变化的曲线，取平直部分（即吸光度恒定）所对应的酸度即为显色剂最适宜的酸度范围。一般测定方法对待测溶液的酸度做了规定，如土壤中有效磷测定，同是钼蓝法，采用钼锑抗体系，最终酸度以 0.35～0.55 mol 较好，而采用氯化亚锡-盐酸体系时，以 0.6～0.7 mol 较为适宜。

（2）显色剂的浓度

显色剂浓度对显色反应也有较大影响，定量分析时，显色剂一般是过量加入的。加入过量的显色剂可以加快显色反应趋于完全，但是，如果显色剂浓度过大，可能对有色化合物的组成产生影响，从而改变化合物的颜色。显色剂的适宜加入量可以通过实验获得，测定溶液吸光度随显色剂浓度之间的变化曲线，在吸光度恒定时所对应显色剂浓度区间确定显色剂加入量，同时还要考虑一定的浓度范围。

（3）显色时间和反应温度

不同显色反应的反应速率不同，需要的显色时间也不同，生成的有色化合物的颜色稳定性也会发生变化。一般放置时间过长，就会产生褪色或变色的现象。所以，显色反应后必须在适当时间范围内进行吸光度测定。此外，显色温度也会影响显色时间，显色反应一般在室温下进行，但是有的反应在室温下进行较慢，而在加热条件下迅速完成，并且温度过高会导致生成的有色化合物分解。因此，需要根据反应性质选择合适的反应温度和显色时间。

（4）试样中共存离子的干扰

当试样中共存离子带颜色或能与显色剂、加入的其他试剂反应生成有色化合物时，会使测量结果偏高；当共存离子与显色剂或待测组分发生反应时，会使显色剂或待测组分浓度降低，从而使显色反应的完成受到阻碍，造成测定结果偏低。在测定条件下，若共存离子发生沉淀，也会对吸光度的测定造成影响。通常情况下，为了消除干扰离子的影响采用的方法有：加入合适的掩蔽剂，改变干扰离子的价态；选择合适的显色条件（如控制酸度），避免干扰离子的影响；选择恰当的测定波长或预先采用萃取、离子交换、柱层析等方法，使被测组分与干扰离子分离。以上方法皆有较好的效果，能够降低测量误差（吴谋成，2003）。

4.4　紫外-可见吸收光谱法的应用

　　紫外-可见吸收光谱法由于其众多优势，应用十分广泛，涉及的领域也较多样化。其主要应用在定性分析、有机化合物结构推测、定量分析、物理化学常数的测定方面。其中，以定性与定量分析应用最为广泛。

　　紫外-可见吸收光谱法利用物质在紫外-可见光区内具有特征吸收峰来进行定性鉴定与结构分析，其理论依据主要源于化合物分子结构中的发色团和助色团。因此，当不同化合物分子中具有相同发色团和助色团时，会具有相似的紫外吸收光谱特性（峰位、峰数、峰形、峰强），如甲苯和乙苯的紫外吸收光谱基本是相同的。因此可以得出：分子中发色团和助色团的特性决定物质的紫外-可见吸收光谱，而不是整个分子的特性（吴谋成，2003）。

　　紫外-可见吸收光谱可以提供分子中所含有的助色团、发色团和共轭程度等方面的信息，在推断有机化合物的结构方面起着重要的作用。此外，紫外-可见吸收光谱的定量分析灵敏度和准确度很高，其相对灵敏度一般可达到百万分之一级以下，相对误差一般在 2%以下。

　　紫外-可见吸收光谱除了可用于进行定性、定量和结构分析外，其在氢键强度、相对分子质量的测定、化学反应动力学研究等方面也具有不可替代的作用，因此，它在各个领域具有较为广泛的应用（高向阳，1992）。

4.4.1　定性分析应用

1. 化合物纯度的鉴定

　　若某一化合物在紫外区无吸收峰，而其含有的杂质有较强的吸收峰，则可利用紫外吸收光谱法检测出该化合物中的痕量杂质。例如，要检查甲醇或乙醇中含有的杂质苯，可利用苯在 256 nm 处的吸收带来检测，而甲醇或乙醇在该波长处几乎无吸收；又如，要检出四氯化碳中是否含有二硫化碳杂质，只要在 318 nm 处观察是否出现二硫化碳的吸收峰即可（曾泳淮，2003）。

如果某一化合物在紫外区有较强的吸收带，则可用它的吸收系数对其纯度进行检验。例如，在 296 nm 处，菲的氯仿溶液有强吸收（$\lg\varepsilon = 4.10$）。采用某种方法精制生产的菲，熔点 100℃，沸点 340℃，看似纯度已经很高，但用紫外光谱对其进行检查后，测得的 $\lg\varepsilon$ 值比标准菲低 10%，其真正含量只有 90%，其余可能是蒽等杂质。检查乙醇中是否含有杂质醛时，可以使用蒸馏水作为参比，测定乙醇样品在 270～290 nm 范围内的紫外吸收光谱，如果有吸收峰在 280 nm 左右产生，则表明该乙醇样品中含有杂质醛，若无吸收峰出现或吸光度小于 0.02（《中华人民共和国药典》规定），则该乙醇样品中不含有杂质醛。

2. 未知物的定性鉴定

在用紫外光谱进行定性分析时，通常是将在同样条件下测得的试样光谱与标样光谱（或标准图谱）进行比较，在浓度和溶剂相同条件下，若两者谱图也相同，则两者很可能为同一化合物，随后，再用另一种溶剂分别对其进行测定，若两者谱图仍然相同，则可以判定它们为同一物质。

值得注意的是，具有相同紫外吸收光谱的物质不一定是同一种化合物，因为有相同发色团的不同分子，一般情况下具有相同的紫外吸收光谱，但是结构不同的化合物，它们的吸收系数一定是不同的。所以在使用紫外光谱对物质进行定性分析时，不仅要对特征吸收光谱带 λ_{max} 的一致性进行比较，还要对 ε_{max} 等特征常数的一致性进行比较。例如，甲睾酮和丙酸睾酮在无水乙醇中最大吸收波长几乎相同，约为 240 nm，但两者百分吸收系数是不同的。因此，根据这些标准特征常数可实现对未知物的鉴定（李晓燕，2008）。

当被鉴定物质产生的紫外吸收峰较多时，可人为规定一些比值作为定性鉴定的标准，如几个吸收峰处的吸光度比值 A_i / A_j 或摩尔吸收系数比值 $\varepsilon_{\lambda_i} / \varepsilon_{\lambda_j}$ 等。例如，维生素 B_2 在稀乙酸中产生三处吸收峰，分别在 267 nm、375 nm 和 444 nm 处，它们在相同浓度时的吸光度比为

$$A_{375\ nm} / A_{270\ nm} = 0.314\sim0.333 \tag{4.8}$$

$$A_{444\ nm} / A_{276\ nm} = 0.364\sim0.338 \tag{4.9}$$

根据上述标准特征吸收波长及吸光度比值，可以对未知物进行鉴定，即被鉴定物质在相同波长处，其吸收系数比值处于规定范围内时，就可认为是同一物质（陈允魁，1999）。

3. 分子结构的推断

根据化合物的紫外-可见光区的吸收光谱，可以对化合物中所包含的官能团进行推断（表 4.8）。

表 4.8　推测有机化合物中可能存在的官能团

吸收带特征	可能存在的官能团
200～400 nm 无吸收	饱和的脂肪烃或含一个双键的烯烃
210～250 nm 有强 K 带吸收	含两个双键的烯烃
260～300 nm 有强 K 带吸收	含 3～5 个双键的烯烃
可见光区有强 K 带吸收	长链共轭或稠环化合物
250～300 nm 有宽的中强 B 带吸收	有苯环，为芳香族化合物
270～350 nm 有弱 R 带吸收	羰基或硝基等发色团

4.4.2　定量分析应用

1. 校正曲线法

配制一系列不同浓度的标准试样溶液，用不含试样的空白溶液作为空白参比，测定标准试液的吸光度，并绘制吸光度-浓度曲线。未知试样和标准试样要加入相同的试剂空白，并在相同的操作条件下进行测定，然后根据校正曲线求出未知试样的含量。该方法操作简单、测量方便，但不适宜用于试样组成较为复杂、对分析结果要求较高的情况（刘约权，2006）。

2. 标准对比法

标准对比法是对标准曲线法进行简化的方法。在操作过程中，只需配制一个浓度为 c_s 的标准溶液，并测量其吸光度，求出其吸收系数 k，然后根据式（4.10）

$$A_x = kc_x \qquad (4.10)$$

即可得出待测溶液浓度 c_x。该法使用具有一定的局限性，只有在待测样品浓度处于线性范围内，且 c_x 与 c_s 大致相当时，才可得出准确结果（高鸿，1987）。

3. 标准加入法（增量法）

在用校正曲线法对物质进行定量分析时，要求标准试样和未知试样的组成保持一致，这在实际工作中很难做到。当需要分析结果相对精准时，可以采用标准加入法。使用标准加入法进行定量分析时，除被测组分的含量不同外，试样的其他组分都相同。因此，其他组分不会干扰吸光度的测定。具体做法参见原子吸收分光光度法的标准加入法定量分析操作流程。

4. 公式计算法

公式计算法又称为吸收系数校正法，它基于标准物质在特定波长处的摩尔吸光系数，通过公式进行定量分析。其中 ε 可从文献上或实际测得，如 War-burg 和 Christian 浓度公式（经典浓度公式）依据波长 260 nm、280 nm 处的紫外吸收（1 cm 吸收池），可以准确测定核酸和蛋白质的浓度。

$$蛋白质(\mu g \cdot mL^{-1})=1552 \times A_{280} - 757.3 \times A_{260} \qquad （4.11）$$

$$核酸(\mu g \cdot mL^{-1})=62.9 \times A_{260} - 36 \times A_{280} \qquad （4.12）$$

参 考 文 献

北京大学化学系仪器分析教学组. 1997. 仪器分析教程. 北京: 北京大学出版社

陈集. 2002. 仪器分析. 重庆: 重庆大学出版社

陈捷光. 1989. 光学仪器分析. 北京: 机械工业出版社

陈庆榆. 2010. 分析化学. 合肥: 合肥工业大学出版社

陈允魁. 1999. 仪器分析. 上海: 上海交通大学出版社

戴树桂. 1984. 仪器分析. 北京: 高等教育出版社

邓勃. 1991. 仪器分析. 北京: 清华大学出版社

董慧茹. 2000. 仪器分析. 北京: 化学工业出版社

高鸿等. 1987. 仪器分析. 南京: 江苏科学技术出版社

高向阳. 1992. 新编仪器分析. 2 版. 北京: 科学出版社

郭旭明. 2014. 仪器分析. 北京: 化学工业出版社

李晓燕. 2008. 现代仪器分析. 北京: 化学工业出版社

刘约权. 2006. 现代仪器分析. 2 版. 北京: 高等教育出版社

柳仁民. 2009. 仪器分析实验. 青岛: 中国海洋大学出版社

陆雅琴. 1989. 基础仪器分析. 北京: 学术期刊出版社

吕九如. 1993. 仪器分析. 西安: 陕西师范大学出版社

石杰. 2003. 仪器分析. 2 版. 郑州: 郑州大学出版社

万家亮. 1992. 仪器分析. 武汉: 华中师范大学出版社

吴谋成. 2003. 仪器分析. 北京: 科学出版社

奚治文. 1992. 仪器分析. 成都: 四川大学出版社

曾泳淮. 2003. 仪器分析. 北京: 高等教育出版社

张永忠. 2014. 仪器分析. 北京: 中国农业出版社

赵藻藩. 1990. 仪器分析. 北京: 高等教育出版社

朱明华. 2000. 仪器分析. 北京: 高等教育出版社

第 5 章　红外吸收光谱法

5.1　概　述

5.1.1　定义

红外光谱法又称红外分光光度分析法，是分子吸收光谱中常见的一种。红外光谱法是根据不同物质选择性吸收红外光区的电磁辐射，从而对其进行结构分析，对吸收红外光的化合物进行定量、定性测量的一种分析方法。物质本质是由不断振动的原子构成，这些原子振动频率与红外光的振动频率存在一定的关系。当红外光照射到有机物时，分子吸收红外光从而发生振动能级跃迁，不同的化学键或官能团吸收频率则会不同，每个有机物分子只吸收与其分子振动、转动频率相一致的红外光时，所得到的吸收光谱才称为红外吸收光谱。我们可以通过红外光谱分析出物质的种类和性质，也可以根据峰位置和吸收强度来判断物质的含量（何长江，2011）。

5.1.2　与紫外-可见吸收光谱法的比较

红外光谱法与紫外可见吸收光谱法相同点在于都是分子吸收光谱，都反映了分子结构的特性，此外，不同点有以下几个方面：①所用光源与跃迁形式不同；②研究范围不同；③光谱的表示方式不同（表 5.1）（曹萧飞，2016）。

表 5.1　紫外与红外吸收光谱差异

不同点	紫外-可见吸收光谱	红外吸收光谱
光源	紫外-可见光	红外光
起源	电-振-转能级跃迁	振-转能级跃迁
研究范围	不饱和有机化合物 共轭双键、芳香族等	几乎所有的有机化合物；许多无机化合物
特点	反映发色团、助色团的情况	反映各个基团的振动及转动特性
光谱的表示方式	用 A 表示吸光的程度，波长为横坐标；紫外-可见吸收光谱的特征用 λ_{max} 和 κ 来描述	用 $T\%$ 来表示透光强度，光的性质用波长或波数表示；红外吸收光谱的特征用吸收峰位置和 κ 表示

红外吸收光谱中吸收峰的位置可用波长（λ）或波数（σ）表示。横坐标不同，光谱的形状不同，若不注意横坐标的表示，很可能将不同的横坐标表示的同一物质红外光谱误认为是不同的化合物，得出错误的结论。

波数 σ 为波长 λ 的倒数，即 1 cm 中所含波的个数。

5.1.3　红外波谱区的划分

红外波谱通常分为近红外（near infrared）、中红外（middle infrared）和远红外（far infrared）三个区域。其中，中红外区是研究分子振动能级跃迁的主要区域（表 5.2）（余忠谊和黎兰馨，1986）。

表 5.2　红外波谱区的划分

区域	波长范围/μm	波数范围/cm⁻¹
近红外	0.78~2.5	12 800~4 000
中红外	2.5~50	4 000~200
远红外	50~1 000	200~10
常用	2.5~15	4 000~670

5.1.4　红外吸收光谱法的基本原理

1. 红外吸收光谱的产生

当有红外光照射到分子时，如果分子中的某个振动频率与红外光的某一频率的光相同，分子就会吸收此频率的光从而发生振动能级跃迁，产生红外吸收光谱。可以根据红外吸收光谱中吸收峰的位置和形状推测未知物的结构，从而对未知物质进行定性分析和结构分析，或根据吸收峰的强弱与物质含量的关系进行定量分析（杜一平，2015）。

2. 分子的振动能级与振动光谱

原子与原子之间通过化学键连接组成分子。分子因具有柔性而发生振动。将不同原子组成的双原子分子的振动模拟为不同质量小球组成的谐振子振动，即将双原子分子的化学键看成是质量可以忽略不计的弹簧，将两个原子看成是各自在其平衡位置附近做伸缩振动的小球（图 5.1）。振动位能 U 与原子间的距离 r 及平衡距离 r_e 间的关系为

$$U = \frac{1}{2}K(r - r_e)^2 \tag{5.1}$$

当 $r = r_e$ 时，$U=0$，当 $r > r_e$ 或 $r < r_e$ 时，$U>0$。在 A、B 两原子距平衡位置最远时，

$$E_v = U = (V + \frac{1}{2})hv \qquad\qquad (5.2)$$

其中，E_v 表示分子的振动频率；v 表示振动量子数（v=1，2，3，…）；h 表示普朗克常量。

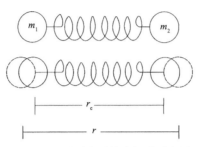

图 5.1　双原子分子伸缩振动示意图

r_e 为平衡位置原子间距离；r 为振动某瞬间原子间距离

在常态下，处于较低振动能级的分子与谐振子振动模型极为相似。只有当 $v \geqslant 3$ 时，分子振动势能曲线才能显著偏离谐振子势能曲线（杜一平，2015）。

3. 分子的振动形式

多原子、分子、基团的每个化学键可以近似看成一个谐振子，将其振动形式分成以下几种。

（1）伸缩振动

沿着键轴方向发生周期性变化的振动称为伸缩振动（stretching vibration）。伸缩振动可分为对称伸缩振动和反对称伸缩振动（图 5.2）（郭旭明和韩建国，2014）。

对称伸缩振动　　　　　　　反对称伸缩振动

图 5.2　伸缩振动

（2）弯曲振动

使键角发生周期性变化的振动称为弯曲振动（bending vibration）（图 5.3）。弯曲振动可分为面内弯曲振动（β）和面外弯曲振动（γ）。面内弯曲振动是几个原子所构成的平面内进行的振动，面内弯曲振动又可分为剪式振动（δ）和摇转振动（ρ）；面外弯曲振动是在垂直于几个原子所构成的平面内进行振动，面外弯曲振动可分为面外摇摆振动（ω）和扭曲振动（r）。对这几种振动方式的难易程度进行比较：弯曲振动比伸缩振动容易；对称伸缩振动比反对称伸缩振动容易；面外弯曲振动比面内弯曲振动容易（郭旭明和韩建国，2014）。

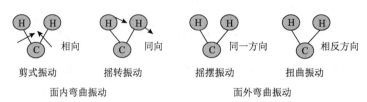

图 5.3 弯曲振动

4. 振动的自由度与峰数

分子总的自由度可表示为：3N=平动自由度+转动自由度+振动自由度。分子在空间的位置由三个坐标 X、Y、Z 决定，所以有三个平动自由度（徐霞等，2009）。

1）线形分子：在三维空间中，线形分子以化学键为轴的方式转动时，原子的空间位置不发生变化，转动自由度为 0，因此线形分子只有两个转动自由度，即线形分子的振动自由度=3N–3–2=3N–5（李丽华和杨红兵，2014）。

2）非线形分子：在三维空间中以任意一种方式转动，原子的空间位置均发生变化，因此非线形分子的转动自由度为 3，即非线形分子的振动自由度=3N–3–3=3N–6。

有时也会出现吸收峰增多的情况，这种状况的产生可能的原因是产生倍频峰和组频峰（各种振动间相互作用而形成），也就是泛频；振动偶合，相邻的两个基团互相振动偶合使峰数目增多；费米共振，当倍频或组合频与某基频峰位相近时，由于相互作用产生强吸收带或发生峰的分裂，这种倍频峰或组合频峰与基频峰之间的偶合称为费米共振（图 5.4）。

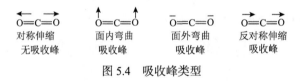

图 5.4 吸收峰类型

5. 红外吸收光谱产生的条件和谱带强度

红外吸收光谱产生的条件主要有两点：①红外光的频率等于分子某个基团的振动频率，即 $\nu_{振} = \nu_{红外光}$；②分子必须有偶极矩的变化，即 $\mu \neq 0$。一些非极性双原子分子，如 H_2、O_2、N_2 等，其 μ 为 0；一些极性双原子分子，如 HCl，其 μ 不为 0（李丽华和杨红兵，2014）。

红外吸收峰强度的影响因素主要有两点：①振动能级的跃迁概率：由 $\nu_0 \rightarrow \nu_1$，跃迁概率大，峰较强；由 $\nu_0 \rightarrow \nu_2$、ν_3，跃迁概率小，峰较弱。②偶极矩的变化：偶极矩变化越大，对应的峰越强；一般极性基团如 O—H、C=O、N—H，峰较强；非极性基团如 C—C、C=C，峰较弱（李丽华和杨红兵，2014）。

5.2　红外吸收光谱与分子结构的关系

5.2.1　基团的吸收峰及官能团鉴定

1. 基团的特征吸收峰与相关峰

在有机化合物分子中，组成分子的各种基团、官能团都有自己特定的红外吸收区域，将这些能代表某基团存在并有较高强度的吸收峰的位置称为该基团、官能团的特征频率，简称基团频率，对应的吸收峰称为特征吸收峰。

基团的特征吸收峰可用于鉴定官能团，如 $CH_3—(CH_2)_3—CH=CH_2$ 在红外光谱中，可以观察到 3040 cm^{-1} 附近的不饱和 $=C—H$ 伸缩振动、1680～1620 cm^{-1} 处的 $C=C$ 伸缩振动和 990～910 cm^{-1} 处的 $=C—H$ 及 $RCH=CH_2$ 面外摇摆振动四个特征峰。这一组特征峰即为 $—CH=CH_2$ 存在的相关峰，用相关峰可以更准确地鉴定官能团。

同一类型化学键的基团在不同化合物的红外光谱中，吸收峰位置是大致相同的，这一特性提供了鉴定各种基团（官能团）是否存在的判断依据，从而成为红外光谱定性分析的基础（郭旭明和韩建国，2014）。

2. 红外光谱的分区

常见的有机化合物基团在 4000～670 cm^{-1} 范围内有特征基团频率。为便于对光谱进行解析，将此红外光谱区划分为 6 个区域（马红梅，2014）。

1）4000～2500 cm^{-1} 区域：此区域为 X—H 伸缩振动区（X 可以是 C、N、O、S 等原子）。在这个区域的吸收说明含氢原子官能团的存在，如 N—H（3500～3300 cm^{-1}）、O—H（3700～3200 cm^{-1}）、C—H（3300～2700 cm^{-1}）等。

2）2500～2000 cm^{-1} 区域：这是三键和累积双键的伸缩振动区。在这个区域内的吸收主要包括 $—C≡N$、$—C≡C$、$—C=C=C$ 及 $—C=C=O$ 的伸缩振动。

3）2000～1500 cm^{-1} 区域：此区称为双键伸缩振动区。在这一区域若出现吸收，表明有含双键的化合物存在。主要包括 $C=O$、$C=C$、$C=N$、$N=O$ 等的伸缩振动及 $—NH_2$ 的弯曲振动、芳烃的骨架振动等。本区域中最重要的是羰基吸收峰（1875～1600 cm^{-1}），其强度较大。

4）1500～1300 cm^{-1} 区域：这个区主要为 C—H 弯曲振动。CH_3 在 1380 cm^{-1} 和 1460 cm^{-1} 同时有吸收，CH_2 仅在 1470 cm^{-1} 左右有吸收峰。

5）1300～900 cm^{-1} 区域：所有单键的伸缩振动和一些含重原子的双键（P=O、S=O）的伸缩振动，某些含氢基团的弯曲振动也出现在此区。对于指示官能团而言，特征性虽不如各区强，但信息十分丰富。

6）900～670 cm^{-1}区域：这一区域的吸收峰很有价值，可以指示$(CH_2)_n$的存在、双键取代程度和类型。$n=1$时为785～775 cm^{-1}，当$n \geqslant 4$时，—CH$_2$—的平面摇摆振动吸收出现在724～722 cm^{-1}，随着n的减小，逐渐向高波数移动。苯环取代而产生的吸收峰出现在本区域，因此可以根据其吸收峰的位置决定苯环的取代类型（刘约权，2001）。

通常，将4000～1300 cm^{-1}区域称为官能团区，在这个区域内的每一个红外吸收峰都和一定的官能团相对应。将1300～670 cm^{-1}区域称为指纹区，指纹区的主要价值是可以表征整个分子的结构特征，这是因为指纹区内各种单键的伸缩振动之间及与C—H弯曲振动之间会发生相互的偶合，使得这个区域中的吸收带变得非常复杂，对结构上的微小变化表现得极其敏感，其特征就如同人的指纹一样（吴谋成，2003）。从官能团区可找出该化合物存在的官能团，而指纹区则适于用来与标准谱图或已知物谱图进行比较，从而得出未知物与已知物结构相同或不同的确切结论，官能团区和指纹区的功能恰好可以互相补充（马红梅，2014）。

5.2.2　影响基团频率的因素

分子中化学键的振动很容易受到内部相邻基团的相互影响，有时还会受到溶剂、测定条件等外部因素的影响。这些作用的总结果都会决定吸收峰频率的准确位置（周激和吴跃焕，2013）。

1. 内部因素

（1）诱导效应（I效应）

当基团旁边连有电负性不同的原子或基团时，静电诱导作用会引起分子中电子云密度变化，从而引起键的力常数的变化使基团频率产生位移。以脂肪酮为例，取代基电负性越强，诱导效应越显著，振动频率向高波数方向位移程度也越大。

（2）共轭效应（C效应）

共轭效应是指分子中形成大π键所引起的效应。共轭效应可使共轭体系中电子云密度平均化，使双键略有伸长，单键略有缩短，双键力常数减小，使双键的伸缩振动频率下降，使基团的吸收频率向低波数方向位移（曾泳淮，2003）。

（3）空间效应

共轭体系具有共平面的性质，当共轭体系的共平面性被偏离或破坏时，共轭体系会受到影响或破坏，吸收频率将移向较高波数产生空间效应。如图5.5(b)中由于C=O上的CH$_3$的立体障碍，共轭体系受到限制，吸收频率变高（郭明等，2013）。

$\nu_{C=O}$　1680 cm^{-1}　　　$\nu_{C=O}$　1700 cm^{-1}

(a)　　　(b)

图 5.5　空间效应

（4）氢键效应

无论是分子内还是分子间氢键，都使参与形成氢键的原化学键力常数降低，吸收频率移向低波数方向，同时振动偶极矩的变化增大，因此吸收强度增加（周激和吴跃焕，2013）。

2. 外部因素

（1）物态的影响

同一物质在不同的物理状态时，由于样品分子间作用力大小不同，所得红外光谱也不同。对于同一样品来说，气态样品分子间距离很大，作用力小，因此吸收峰比较尖锐。液态分子作用力较强，有时可能形成氢键，会使吸收谱带向低频位移。固态样品分子间作用力更强，因此不同状态物质的吸收光谱有着明显的差异（刘芳和胡国海，2010）。

（2）溶剂的影响

红外光谱测定中常用的溶剂是 CS_2、CCl_4 和 $CHCl_3$。在测定红外光谱选择溶剂时必须考虑溶质与溶剂间的相互作用。当含有极性基团时，在极性溶剂和极性基团之间，由于氢键或偶极-偶极相互作用，总是使有关基团的伸缩振动频率降低，谱带变宽。因此在红外光谱的测定中应尽量采用非极性溶剂（刘芳和胡国海，2010）。

5.2.3　常见化合物的特征基团频率

1. 烷烃类

烷烃分子中只有 C—C 键和 C—H 键，其振动吸收频率也只有 C—C 键和 C—H 键的伸缩和弯曲振动吸收频率。烷烃类的主要特征吸收如下：

1）C—H 伸缩振动不超过 3000 cm^{-1}。分子中同时存在—CH_3 和—CH_2—时，C—H 伸缩振动在 3000～2800 cm^{-1} 区有吸收峰。

2）烷烃分子中—CH_3 和—CH_2—弯曲振动吸收频率低于 1500 cm^{-1}。当烷烃分子中存在异丙基或叔丁基时，甲基在 1375 cm^{-1} 处发生分裂得到双峰，双峰强度相等的是异丙基，双峰强度不等的是叔丁基（郭旭明和韩建国，2014）。

2. 烯烃类

烯烃中主要是 C═C 键和═C—H 键振动引起的吸收，烯烃中═C—H 伸缩振动频率在 3000 cm^{-1} 以上，在 3090～3010 cm^{-1} 出现中等强度的吸收峰，这是判断不饱和化合物的重要依据。

C＝C 的伸缩振动在 1700～1600 cm^{-1} 附近产生吸收，较弱易变，如果 C＝C 有共轭作用时，吸收频率向低波数方向移动，强度增大。共轭二烯烃由于两个共轭的 C＝C 键振动偶合产生 1600 cm^{-1}（强）和 1650 cm^{-1}（弱）两个吸收带。烯烃的＝C—H 的面外弯曲振动在 1000～650 cm^{-1} 处出现强吸收峰，这是鉴定烯烃取代物类型最特征的峰（郭旭明和韩建国，2014）。

3. 炔烃类

炔烃中主要是 C≡C 和≡C—H 的振动吸收，炔烃类三键本身的 C≡C 伸缩振动位置在 2300～2100 cm^{-1}，这是 C≡C 键力常数较大所致。当 C≡C 键与其他基团共轭时，吸收带向低频移动。≡C—H 的伸缩振动吸收峰约在 3300 cm^{-1} 波数附近，且有中等强度的吸收峰（郭旭明和韩建国，2014）。

4. 芳烃类

芳烃类化合物红外光谱振动主要是苯环上 C—H 键和环上 C＝C 键的振动吸收。苯环上的 C—H 键的伸缩振动在 3100～3000 cm^{-1} 附近有三个较弱的峰，烯烃只有一个峰，可以以此区别。C—H 键的面外弯曲振动在 900～690 cm^{-1} 区域，据此区域吸收情况可判断苯环上的取代情况。

苯环骨架振动 C＝C 在 1650～1450 cm^{-1} 出现 2～4 个中到强的吸收峰，单环芳烃则出现在 1610～1590 cm^{-1} 和 1500～1480 cm^{-1} 处，前者较弱后者较强，据此可鉴别有无苯环存在。邻二甲苯的红外光谱如图 5.6 所示（郭旭明和韩建国，2014）。

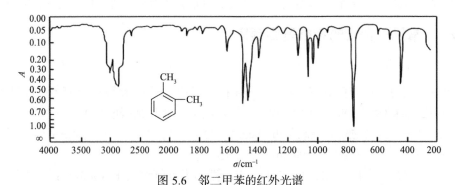

图 5.6　邻二甲苯的红外光谱

5. 羰基化合物

羰基化合物主要包括酮、醛、羧酸、酯。羰基极性强，偶极矩大，在 1850～1650 cm^{-1} 之间有非常强的吸收峰。酮类的羰基伸缩振动吸收非常强，酮类的羰基伸缩振动产生的峰几乎是酮类唯一的特征峰，典型脂肪酮的 C＝O 吸收在 1715 cm^{-1} 附近，芳酮及 α、β-不饱和酮比饱和酮低 20～40 cm^{-1}。丁酮的红外光谱如图 5.7 所示。

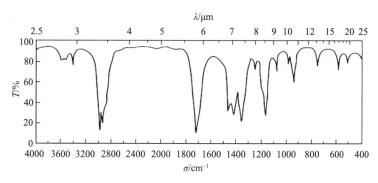

图 5.7 丁酮的红外光谱

醛类羰基伸缩振动吸收在 1725 cm^{-1} 附近，共轭作用使吸收峰向低波数方向移动。醛基中的 C—H 伸缩振动在 2900～2700 cm^{-1} 区有两个尖弱吸收峰 2820 cm^{-1} 和 2720 cm^{-1}（费米共振），其中 2820 cm^{-1} 峰常被甲基、亚甲基的 C—H 对称伸缩振动吸收峰（2870 cm^{-1}、2850 cm^{-1}）所掩盖。因此，2720 cm^{-1} 峰成为醛类化合物的唯一特征峰，它是区别醛酮的唯一依据。

羧基中 C＝O 伸缩振动，羟基 O—H 的伸缩振动和面外弯曲振动是识别羧酸的三个重要特征频率。O—H 伸缩振动在 3550～3400 cm^{-1} 处形成一个宽而强的吸收峰。游离羧酸的 O—H 伸缩振动在 3550 cm^{-1} 附近有吸收峰，在指纹区 955～915 cm^{-1} 区的 O—H 弯曲振动的吸收峰也是比较特征的。

酯类主要的特征吸收是酯基中 C＝O 和 C—O—C 的伸缩振动吸收。正常的酯羰基伸缩振动吸收频率约在 1735 cm^{-1}，高于相应的酮类，这是氧的诱导效应使羰基 C＝O 键的力常数增大所致。C—O—C 有两个伸缩振动吸收：反对称伸缩振动 1300～1150 cm^{-1} 和对称伸缩振动 1140～1030 cm^{-1}，前者较强，后者较弱。这两个峰与酯羰基吸收峰相配合判断酯类结构（郭旭明和韩建国，2014）。

5.3 红外吸收光谱仪及测定技术

5.3.1 色散型红外光谱仪

1. 工作原理

色散型红外光谱仪与紫外-可见分光光度计在组成上十分相似，也是由光源、单色器、吸收池、检测器和记录显示系统等部分组成。但由于两种仪器的工作波长范围不同，这两个仪器在各部件的结构，所用材料及性能，各部件排列顺序都有所不同。红外光谱仪的样品池是放在光源和单色器之间，而紫外-可见分光光度计是放在单色器之后。图5.8是色散型红外光谱仪原理示意图，色散型红外光谱仪由光源发射的红外光被分成强度相等的两束光，一束通过样品吸收池，称为样品光束；另一束通过参比吸收池，称为参比光束。它们随斩光器（扇面镜）的调制交替通过单色器，然后被检测器检测。当样品有吸收，使两束光强度不等时。检测器产生交流信号，驱动光楔进入参比光路，使参比光束减弱至与样品光束强度相等。显然被衰减的参比光束能量就是样品吸收的辐射能，与光楔相连的记录笔就可以直接记录在不同波数范围的吸收峰（许柏球，2011）。

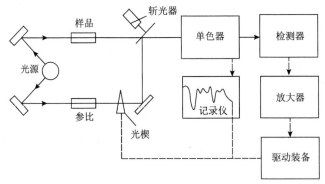

图5.8　色散型红外光谱仪原理示意图

2. 仪器主要部件

（1）光源

红外光源能发射高强度的连续红外辐射。最常用的红外光源是能斯特灯或硅碳棒。能斯特灯是以锆和钇等稀土金属氧化物混合烧结而成的中空棒，高温下导电并发射红外线。能斯特灯具有较高的电阻温度系数，在室温下不导电。

（2）吸收池

红外吸收池的透光窗片常用 NaCl、KBr 等透光材料制成。使用时注意防潮。固体样品常与纯 KBr 混匀压片，直接测定。

（3）单色器

单色器主要由色散元件、准直镜和狭缝构成。目前常用的色散元件是复制反射光栅，特点是具有线性色散、分辨率高、易于维护、对环境条件要求不高。

（4）检测器

多数红外分光光度计采用真空热电偶、热释电检测器等作为检测元件。其原理是利用照射在检测器上的红外辐射产生热效应，转变为电压或电流信号而被检测。

（5）记录系统

红外分光光度计一般都有记录仪自动记录红外图谱。新型的仪器还配备有微处理机或小型计算机，实现了仪器的操作控制，谱图中各种参数的计算及谱图的检索等（许柏球，2011）。

5.3.2　傅里叶变换红外光谱仪

20 世纪 70 年代由于计算机技术和快速傅里叶变换技术的发展，出现了第三代红外光谱仪，这就是基于干涉调频分光的傅里叶变换红外光谱仪，该仪器与色散型 IR 仪的主要区别是用迈克耳孙（Michelson）干涉仪取代了单色器，主要由光源（硅碳棒）、迈克耳孙干涉仪、检测器、计算机和记录仪等组成，其核心部分是迈克耳孙干涉仪。

干涉仪主要由互相垂直排列的固定反射镜 M、可移动反射镜 M′及与两反射镜成 45°角的光束分裂器 B 组成。如图 5.9 所示，傅里叶变换红外光谱的工作原理是红外光源发出的红外光先进入干涉仪，光束分裂器 B 使照射在它上面的入射光分裂成等强度的两束，50%透过，50%反射。两束光分别被 M 和 M′反射后，再经光束分裂器 B 反射或透射到达检测器。改变干涉仪中可移动反射镜 M′的位置，并以检测器所接收的光强度对可移动镜的移动距离作图，即可得到干涉图。变化后的干涉图经计算机进行复杂的傅里叶变换处理，就可得到常规的红外吸收光谱图。该仪器具有如下优点。

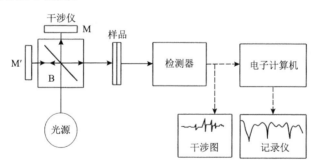

图 5.9　傅里叶变换红外光谱仪工作原理示意图

1）扫描速度快，可在 1 s 内完成全光谱扫描，得到多张 IR 谱。

2）分辨率高，便于观察气态分子的精细结构。

3）测定光谱范围宽（$10^4 \sim 10$ cm^{-1}），一台傅里叶变换红外光谱仪，只要相应地改变光源，即可从分光束和检测器的配置中得到整个红外区的光谱。

4）傅里叶变换红外光谱仪不再采用狭缝装置，消除了狭缝对所通过的光能的制约，可以同时获得光谱所有频率的全部信息，因此可以检测透射比较低的样品（邢梅霞，2012）。

5.4　定性与定量分析

红外光谱法广泛用于有机化合物的定性鉴定和结构分析。想要得到一张高质量的红外光谱图，除了仪器本身的因素外，还必须应该有合适的样品制备方法。

5.4.1　红外光谱法对试样的要求和制样方法

1. 对试样的要求

红外光谱的试样可以是液体、固体或气体，一般对试样的要求如下。

1）试样应是单一组分的纯物质，纯度应大于 98%或符合商业规格，只有这样才能便于与纯物质的标准光谱进行对照。在进行多组分试样测样时，应在测定前尽量预先用分馏、萃取、重结晶或色谱法进行分离提纯，否则各组分光谱相互重叠，难于判断。

2）试样中不能含有游离水。由丁水本身有红外吸收，游离水的存在会严重干扰样品谱，而且会侵蚀吸收池的盐窗。

3）试样的浓度和测试厚度应选择适当，选择依据应使光谱图中的大多数吸收峰的透射应比处于 10%～80%范围内为宜（许柏球，2011）。

2. 制样的方法

（1）气体样品

可在玻璃气槽内进行测定，它的两端粘有红外透光的 NaCl 或 KBr 窗片。先将气槽抽真空，再将试样注入。

（2）液体和溶液试样

对于沸点较低、挥发性较大的试样，可注入封闭液体池中，液层厚度一般为 0.01～1 mm，称为液体池法；沸点较高的试样，直接滴在两盐片之间，使之形成液膜，称为液膜法；对于一些吸收很强的液体，当用调整厚度的方法仍然得不到满意的谱图时，可适当将溶剂配成稀溶液进行测定。

（3）固体试样

可选择使用三种方法，一是压片法，该方法将 1～2 mg 试样与 200 mg 纯 KBr 研细均匀，置于模具中，用 $1\times10^7\sim5\times10^7$ Pa 压力在压片机上压成透明薄片，即可用于测定，试样和 KBr 都应干燥处理，研磨到粒度小于 2 μm，以免影响散射光；二是石蜡糊法，将干燥处理后的试样研细，与液状石蜡混合，调成糊状，夹在盐片中测定，液状石蜡是一种精制的长链烷烃，适宜的测谱范围为 1360～400 cm^{-1}，不能用来研究饱和 C—H 键的伸缩振动吸收。此时可选择另外的糊剂，氟化煤油在 4000～1400 cm^{-1} 无吸收，六氯丁二烯在 4000～1700 cm^{-1} 及 1500～1200 cm^{-1} 无吸收，配合使用以上三种糊剂，也称悬浮剂，可以得到样品在整个中红外区完整的红外光谱资料。采用氟化煤油作为糊剂时，盐片的清洗需用三氯乙烷，或先用三氯甲烷再用变性酒精清洗；三是薄膜法，主要用于高分子化合物的测定，可将它们直接加热熔融后涂制或压制成膜，也可将试样溶解在低沸点的易挥发溶剂中，涂在盐片上，待溶剂挥发后成膜测定（许柏球，2011）。

5.4.2　定性分析

1. 已知物的鉴定

如鉴定物的种类已知，则将试样谱图与标准谱图进行对照，也可将试样谱图与文献上的谱图相对照。如果两张谱图各吸收峰的位置和形状完全相同，峰的相对强度一样，就可以认为样品是该种标准物。如果两张谱图不一样，或峰位不一致，则说明两者不为同一化合物，或样品中有杂质（夏玉宇，2015）。

2. 未知物结构的测定

测定未知物的结构，是红外光谱法定性分析的一个重要用途。如果未知物不是新化合物，可以通过两种方式利用标准谱图进行查对。

1）查阅标准谱图的谱带索引，寻找试样光谱吸收带相同的标准谱图。

2）进行光谱解析，判断试样的可能结构，然后在化学分类索引查找标准谱图对照核实。在定性分析过程中，除了要获得清晰可靠的图谱外，最重要的是对谱图做出正确的解析。所谓谱图的解析就是根据实验所测绘的红外光谱图的吸收峰位置、强度和形状，利用基团振动频率与分子结构的关系，确定吸收带的归属，确认分子中所含的基团或键，进而确定分子的结构（夏玉宇，2015）。

3. 谱图解析步骤

（1）准备工作

在进行未知物光谱解析之前，必须对样品有透彻的了解，如样品的来源、外观、颜色、气味等，它们往往是判断未知物结构的基本证据。还应注意样品的纯度及样品的元素分析及其他物理常数的测定结果。元素分析是推断未知样品结构的另一依据。样品的相对分子质量、沸点、熔点、折射率、旋光率等物理常数，可作光谱解释的旁证，并有助于缩小化合物的范围。根据样品存在的形态，选择适当的制样方法（夏玉宇，2015）。

（2）确定未知物的不饱和度

由元素分析的结果可求出化合物的经验式,由相对分子质量可求出其化学式,并求出不饱和度，由不饱和度可推出化合物可能的范围。

不饱和度表示有机分子中碳原子的不饱和程度。计算不饱和度 W 的经验公式为

$$W = 1 + n_4 + \frac{n_3 - n_1}{2} \qquad (5.3)$$

其中，n_4、n_3、n_1 分别表示分子中所含的四价、三价和一价元素原子的数目。二价原子如 S、O 等，不参加计算。当计算时，得

$W = 0$，表示是链状饱和化合物，应为链状烃及其不含双键的衍生物；

$W = 1$，表示分子中有一个双键，或一个饱和环；

$W = 2$，表示分子中有两个双键，或一个三键，或一个双键和一个饱和环等；

$W = 3$，表示分子中有三个双键，或一个双键和一个三键，或两个双键和一个饱和环等；

$W = 4$，表示分子中有一个苯环（即三个双键和一个饱和环），或两个双键和一个三键等（杜一平，2015）。

例如，C_2H_4O 的不饱和度为

$$W = 1 + n_4 + \frac{n_3 - n_1}{2} = 1 + 2 + \frac{-4}{2} = 1 \qquad (5.4)$$

（3）官能团分析

根据官能团的初步分析可以排除一部分结构的可能性，肯定某些可能存在的结构，并可以初步推测化合物的类别。在红外光谱官能团初审中首先应依据基团频率区和指纹区的信息粗略估计可能存在的基团，并推测其可能的化合物类别，然后进行红外图谱解析（杜一平，2015）。

（4）图谱解析

首先在官能团区（4000～1300 cm^{-1}）搜寻官能团的特征伸缩振动，再根据指纹区的吸收情况，进一步确认该基团的存在及与其他基团的结合方式。如果是芳香族化合物，应定出苯环取代位置。最后再结合样品的其他分析资料，综合判断分析结果，提出最可能的结构式，然后用已知样品或标准图谱对照，核对判断的结果是否正确。

5.4.3 定量分析

红外光谱定量分析是通过对特征吸收谱带强度的测量来求出组分含量。其理论依据是朗伯-比尔定律。红外光谱仪进行定量分析的主要优点是红外光谱的谱带较多，选择的余地大，所以能方便地对单一组分和多组分进行定量分析。此外，

该法能够不受样品状态的限制，定量测定气体、液体和固体样品，因此红外光谱定量分析应用广泛。但红外光谱法定量的不足主要表现在灵敏度较低，尚不适用于微量组分的测定（魏福祥，2015）。

1. 吸收的测量

（1）选择吸收带的原则

选择吸收带的原则包括：必须是被测物质的特征吸收带，如分析酸、酯、醛、酮时，必须选择与羰基基团振动有关的特征吸收带；所选择的吸收带的吸收强度应与被测物质的浓度有线性关系；所选择的吸收带应有较大的吸收系数且周围尽可能没有其他吸收带存在，以免干扰。

（2）吸光度的测定

可以采用一点法或基线法。一点法不考虑背景吸收，直接从谱图中欲分析波数处读取谱图纵坐标的透过率，再由式（5.5）计算吸光度。

$$A = \lg \frac{I_0}{I} = \lg \frac{1}{T} \qquad (5.5)$$

基线法测定参见图 5.10，先通过谱带两翼透过率最大点作光谱吸收的切线，作为该谱线的基线，则分析波数处的垂线与基线的交点，与最高吸收峰顶点的距离为峰高，其吸光度为 A（魏福祥，2015）。

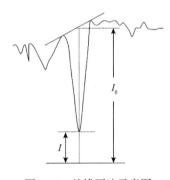

图 5.10　基线画法示意图

2. 定量分析方法

红外光谱的定量分析可以参照紫外-可见光谱法，选择标准曲线法、求解联立方程法等方法进行定量分析。近几年由于红外光谱应用较为广泛，因此计算机图谱检索也发展迅速，人们可以把大量化合物的红外吸收信息谱存入计算机中形成规模宏大的信息库，并通过计算机快速进行数据处理，自动识别。

检索过程的第一步是输入未知物的光谱数据，然后与谱图库查对，如用有峰/无峰编码方式，在无谱峰区比较，只要这个范围内有峰，就可快速淘汰，未淘汰的谱图再与未知谱在一定的误差范围内详细比较，将误差较大的谱图淘汰，对于相似程度较近的谱图，按经验公式计算相似程度，用得分的方式表示，按其得分高低顺序排队，最后得出最高分谱图的编号及化合物名称，上述过程参见图 5.11流程图。

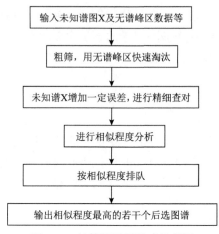

图 5.11 计算机谱图检索流程图

随着计算机技术的快速发展和计算机的普及应用，计算机作为一种化学研究的工具有着不可替代的作用。它不仅能够帮助我们进行文字及图形处理等文书工作，而且可以在化学研究的各个方面协助我们更快、更好地工作（刘柳，2011）。

参 考 文 献

曹萧飞. 2016. 紫外可见吸收光谱法及其应用. 食品界, (12): 74-74

杜一平. 2015. 化学与应用化学丛书现代仪器分析方法. 上海: 华东理工大学出版社

郭明, 胡润淮, 吴荣晖. 2013. 实用仪器分析教程. 杭州: 浙江大学出版社

郭旭明, 韩建国. 2014. 仪器分析. 北京: 化学工业出版社

何长江. 2011. 红外分光光度法在药检中的应用前景. 亚太传统医药, 7(10): 195-196

李丽华, 杨红兵. 2014. 仪器分析. 2 版. 武汉: 华中科技大学出版社

刘芳, 胡国海. 2010. 红外吸收光谱基团频率影响因素的验证. 景德镇高专学报, 25(4): 28-30

刘柳. 2011. 几种典型结晶性高分子的熔融与结晶过程的原位红外与广义二维相关光谱的研究. 武汉: 湖北大学硕士学位论文

刘约权. 2001. 现代仪器分析. 北京: 高等教育出版社

马红梅. 2014. 实用药物研发仪器分析. 上海: 华东理工大学出版社

唐永建, 高海. 1998. S_2 分子 $X^3\Sigma_g^-$ 和 $B^3\Sigma_u^-$ 态的势能函数和振动光谱特征. 原子与分子物理学报, (2): 159-166

魏福祥. 2015. 现代分子光谱技术及应用. 北京: 中国石化出版社

吴谋成. 2003. 仪器分析. 北京: 科学出版社

夏玉宇. 2015. 化学实验室手册. 北京: 化学工业出版社

邢梅霞. 2012. 光谱分析. 北京: 中国石化出版社

徐霞, 成芳, 应义斌. 2009. 近红外光谱技术在肉品检测中的应用和研究进展. 光谱学与光谱分析, (7): 1876-1880

许柏球. 2011. 仪器分析. 北京: 中国轻工业出版社

余忠谊, 黎兰馨. 1986. 分析化学. 武汉: 湖北科学技术出版社

曾泳淮. 2003. 仪器分析. 北京: 高等教育出版社

张琳, 邵晟宇, 杨柳, 等. 2009. 红外光谱法气体定量分析研究进展. 分析仪器, (2): 6-9

周激, 吴跃焕. 2013. 分析化学仪器分析部分. 北京: 国防工业出版社

第 6 章　分子荧光分析法

6.1　分子荧光分析法及其基本原理

6.1.1　概述

当紫外光照射到某些物质的时候，这些物质会发射出不同颜色和不同强度的可见光，而当紫外光停止照射时，这种光线也随之很快地消失，这种光线称为荧光。荧光光谱是发射光谱的一种。根据物质的荧光波长可确定物质分子具有某种结构，从荧光强度可测定物质的含量，这就是荧光分析法（fluorometry）。

选择性好及测定灵敏度高是荧光分析法最主要的优点。通常紫外-可见分光光度法的检出限大概为 10^{-7}g·mL^{-1}，然而荧光分析法的检出限能达到 10^{-10}g·mL^{-1}，甚至达到 $10^{-12}\text{ g·mL}^{-1}$。具有天然荧光的物质在数量上虽然不多，但许多重要的药物、生化物质及致癌物质（如许多稠环芳烃等）都有荧光现象（张永忠，2008）。由于荧光衍生化试剂的广泛使用，荧光分析法的应用范围又扩大了。所以荧光分析法具有极特殊的重要作用。

6.1.2　基本原理

1. 分子荧光的发生过程

（1）分子的电子能级与激发过程

每种物质的分子体系中具有一系列紧密相隔的能级，称为电子能级，而每个电子能级中也包含一系列的振动能级和转动能级。当光照射物质时，物质有可能全部或部分地吸收入射光的能量。在物质吸收入射光的过程中，光子的能量传递给物质分子，所以电子发生了从较低能级到较高能级的跃迁。能量传递的过程进行得非常快，需要 10～13 s。跃迁所涉及的两个能级间的能量差便是物质分子所吸收的光子能量。当物质吸收可见光或紫外光时，由于这些光子的能量较高，足够引起物质分子中的电子发生电子能级间的跃迁。处于这种激发状态的分子，称为电子激发态分子（尚永辉等，2010）。

用 $2S+1$ 表示电子激发态的多重态，S 表示电子自旋量子数的代数和，其数值为 0 或 1。分子中同一轨道所占据的两个电子必须具有相反的自旋方向，即自旋配对。如果分子中全部轨道里的电子都是以自旋配对的形式存在，即 $S=0$ 时，那么该分子体系就是处于单重态（或称单线态），用符号 S 表示。通常，除个别现象外，大多数有机分子的基态是单重态的。假如分子在吸收能量后，电子在跃迁过程中并没有发生自旋方向上的变化，这时说明分子处于激发的单重态。倘若电子在跃迁过程中同时伴随着自旋方向的改变（尹燕霞等，2010），这时的分子便具有 2 个自旋不配对的电子，即 $S=1$，分子处于激发的三重态（或称三线态），用符号 T 表示。

（2）荧光的产生

根据玻尔兹曼分布可知，分子在室温时基本处于电子能级的基态。当分子吸收了紫外-可见光后，基态分子中的电子只能跃迁到激发单重态的各个不同振动-转动能级，同时根据自旋禁阻选律可知，电子不可能直接跃迁到激发三重态的各个振动-转动能级。

分子处于激发态时是不稳定的，分子内的去活化过程（辐射跃迁和无辐射跃迁）会释放多余的能量而使激发态分子返回基态，其中的一条途径便是发射荧光（陈旭等，2010）。分子内所发生的各种光物理过程如图 6.1 所示，符号 S_0、S_1^*、S_2^* 分别表示基态、第一和第二电子激发单重态，T_1^* 表示第一电子激发三重态。

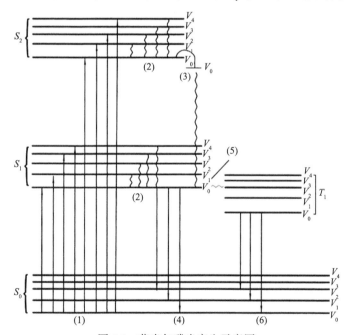

图 6.1　荧光与磷光产生示意图

（1）吸收；（2）振动弛豫；（3）内部能量转换；（4）荧光；（5）体系间跨越；（6）磷光

1）振动弛豫。当物质分子被激发后，物质分子的电子可能会跃迁到第一电子激发态或更高的电子激发态的几个振动能级上。在溶液中，激发态分子通过与溶剂分子的碰撞而将部分振动能量传递给溶剂分子，其电子则返回到同一电子激发态的最低振动能级，这一过程称为振动弛豫（vibration relaxation）（傅平青等，2005）。由于在振动弛豫过程中的能量发出形式不是光辐射，因此振动弛豫属于无辐射跃迁，振动弛豫只能在同一电子能级内进行。

2）内部能量转换（internal conversion）。当两个电子激发态之间的能量差较小导致其振动能级发生重叠时，受激分子以无辐射跃迁方式由高电子能级转移至低电子能级。

3）荧光发射。不管分子最初处于哪一激发单线态，以振动弛豫及内转换的方式，都可以返回到第一激发单线态的最低振动能级，然后再通过辐射发射光量子的形式返回到基态的任一振动能级上，这时发射的光量子即为荧光。内部能量转换和振动弛豫由于内部能量转换而不可避免地损失了其中一部分能量，因此激发光能量要大于荧光的能量，因此除共振荧光外，发射荧光的波长总要比激发光波长长。

4）外部能量转换。分子在溶液中由于被溶剂分子与激发态分子及其他溶质分子之间相互碰撞而失去部分能量，失去的能量常以热能的形式放出，这个过程称为外部能量转换，简称外转换（external conversion）。

5）体系间跨越（intersystem crossing）。体系间跨越是指处于激发态分子的电子发生自旋反转而使分子的多重性发生变化的过程。如果激发单线态 S_1^* 的最低振动能级与三线态 T_1^* 的最高振动能级重叠，电子自旋反转的体系跨越就有可能发生（顾春峰等，2012）。当分子由激发单线态跨越到三线态之后，荧光强度会减弱甚至熄灭。最为常见的是含有重原子（如溴碘）的分子体系间跨越，因为原子有高原子序数，轨道运动和电子的自旋之间有较大的相互作用，电子自旋反转更容易发生。此外，如果在溶液中存在氧分子等顺磁性物质时体系间跨越也更容易发生，因此可使荧光减弱（刘笑菡等，2012）。

6）磷光发射经过。通过振动弛豫的方式，体系间跨越的分子可以再降至三线态的最低振动能级，在三线态的最低振动能级分子可以存活一段时间，之后返回至基态的各个振动能级，进而发出光辐射，这种光辐射称为磷光（孙艳辉等，2011）。

总之，处于激发态的分子可通过上述几种途径回到基态，其中占优势的是激发态寿命最短、速度最快的途径。磷光与荧光的差别是激发分子从激发态到基态所经过的途径不同；磷光的波长较长，但能量比荧光的小；从激发到发射，磷光所需的时间较荧光长，甚至有时在入射光源关闭后，还能看到磷光的存在。

2. 荧光的激发光谱与发射光谱

激发光谱和发射光谱是任何荧光化合物都具有的两种特征光谱。

激发光谱（excitation spectrum）是指不同激发波长的辐射引起物质发射某一

波长荧光的相对效率。激发光谱的具体测绘方法是，不同波长的入射光通过扫描激发单色器可以激发荧光体，然后通过固定波长的发射单色器让所产生的荧光照射到检测器上，再通过检测器检测出相应的荧光强度，最后通过记录仪记录荧光强度对激发光波长的关系曲线，即为激发光谱。激发光谱可以用来鉴别荧光物质，在进行荧光测定时要注意选择合适的激发波长。

荧光发射光谱又称荧光光谱。如使激发光的波长和强度保持不变，而让荧光物质所产生的荧光通过发射单色器后照射到检测器上，扫描发射单色器并检测各种波长下相应的荧光强度，然后通过记录仪记录荧光强度对发射波长的关系曲线，所得到的谱图称为荧光光谱。荧光光谱所表示的是在所发射的荧光中各种波长组分的相对强度。荧光光谱可以用来鉴别荧光物质，同时可以作为在荧光测定时选择合适的滤光片或测定波长的依据。溶液荧光光谱一般具有如下特征（孙毓庆，1999）。

（1）斯托克斯位移

在溶液荧光光谱中，可以观察到荧光的波长总是大于激发光的波长。1852 年斯托克斯第一次观察到这种波长移动的现象，因此称为斯托克斯位移（Stokes shift）。

斯托克斯位移表明在激发与发射之间，一定存在着部分的能量损失。产生斯托克斯位移的主要原因是振动弛豫过程和内转化使激发态分子迅速衰变到 S_1 电子态的最低振动能级（张曦等，2011）。

荧光发射有可能只是使激发态分子衰变到基态的各种不同振动能级，然后再进一步损失能量，这也就造成了斯托克斯位移。此外，激发态分子所发生的反应和溶剂效应，也会加大斯托克斯位移。例如，在 pH=7 的溶液中 5-羟基吲哚的荧光峰位于 330 nm，激发峰位于 295 nm，而在强酸溶液中，虽然激发峰保持不变，但它的荧光峰位移到 550 nm，这是 5-羟基吲哚的激发态分子发生了质子化作用导致的。

（2）荧光发射光谱的形状与激发波长无关

分子的电子吸收光谱虽然可能会含有几个吸收带，但其荧光光谱只能含有一个发射带，这样分子即使被激发到高于 S_1^* 的电子态的更高振动能级，然而由于内转化和振动弛豫的速率特别快，使分子迅速丧失多余的能量，从而衰变到 S_1^* 电子态的最低振动能级，因此荧光发射光谱只含一个发射带。因为荧光发射是发生在第一电子激发态的最低振动能级，它与荧光体被激发到哪一个电子态没有关系，所以荧光光谱的形状一般与激发波长无关。

（3）荧光光谱与激发光谱的镜像关系

将某种荧光物质的荧光光谱和它的激发光谱相比，便会发现两种光谱之间存在"镜像对称"关系。蒽的激发光谱和荧光光谱图如图 6.2 所示。蒽的激发峰存在两个峰，由于分子吸收光能使分子从基态 S 跃迁到第二电子激发态 S_2^*，从而形成 a 峰。在高分辨的荧光图谱上可以看到一些明显的小峰 b_0、b_1、b_2、b_3、b_4，组

成 b 峰，从图 6.3 可以看出，这些小峰分别由分子吸收光能后从基态 S_0 跃迁到第一电子激发态 S_1^* 的各个不同振动能级而形成，b_0 峰相当于 b_0 跃迁线，b_1 峰相当于 b_1 跃迁线，依此类推。各个小峰之间的波长递减值$\Delta\lambda$ 与振动能级差ΔE 有关，而各小峰的高度与跃迁概率有关（b_1 的跃迁概率最大，b_0 次之，依此类推，b_2、b_3、b_4 依次递减）。同样，蒽的荧光光谱也包含 c_0、c_1、c_2、c_3 等一组小峰。它们分别是由分子从第一电子激发态 S_1^* 的最低振动能级跃迁至基态 S 的各个不同振动能级而发出光辐射所形成的（c_0 峰相当于 c_0 跃迁线，c_1 峰相当于 c_1 跃迁线，依此类推）。因为电子基态的振动能级分布和激发态类似，因此 b_1 峰与 c_1 峰、b_2 峰与 c_2 峰、b_3 峰与 c_3 峰等都是以 λ_{b0} 为中心基本对称的。再加上 c_0、c_1、c_2、c_3 等峰的高度与跃迁概率有关（c_1 跃迁概率最大，c_0 次之，依此类推，c_2、c_3、c_4 依次递减），因此形成了荧光光谱与激发光谱的对称镜像现象（孙毓庆，1999）。

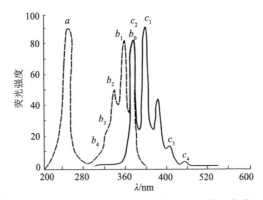

图 6.2　蒽的激发光谱（虚线）与荧光光谱（实线）

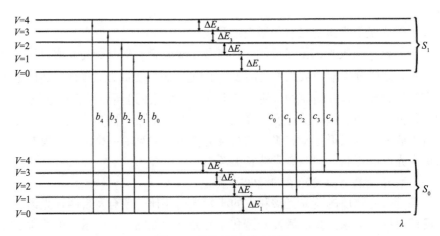

图 6.3　蒽的能级跃迁情况

3. 荧光的寿命和量子产率

荧光的寿命和量子产率作为荧光物质的重要发光参数，常需要进行测量。了解与掌握这两个重要参数的数值，对于光化学和分析化学的研究都具有十分深远的意义（黄贤智等，1975）。

（1）荧光寿命

当除去激发光源后，分子的荧光强度降低到激发时最大荧光强度的 $1/e$ 时所需的时间称为荧光寿命（fluorescence lifetime），通常表示为 n。当一个极短暂的光脉冲激发荧光物质后，荧光物质由激发态到基态的变化可以用指数衰减定律表示：

$$F_t = F_0 \times e^{-k^2} \tag{6.1}$$

其中，F_0 表示激发时 $t=0$ 的荧光强度；F_t 表示激发后时间 t 时的荧光强度；k 表示衰减常数；假设在时间 $t=\tau_f$ 时测得的 F_t 为 F_0 的 $1/e$，即 $F_t=(1/e)F_0$，

$$F_0/e = F_0 \cdot e^{-k\tau_f} \rightarrow 1/e = e^{-k\tau_f} \rightarrow k\tau_f = 1 \rightarrow k = 1/\tau_f \tag{6.2}$$

$$F_0/F_t = e^{kt} \rightarrow \ln(F_0/F_t) = t/\tau_f \tag{6.3}$$

假设用 F_0/F_t 对 t 作图，那么直线斜率即为 $1/\tau_f$，因此可以计算出荧光寿命，通过分子荧光寿命的差别，可以对荧光物质混合物进行分析（邢惟青等，2011）。

（2）荧光量子产率

荧光量子产率（fluorescence quantum yield），又称荧光效率（fluorescence efficiency），是指激发态分子发射荧光的光子数与基态分子吸收激发光的光子数之比，通常表示为 Φ_f，

$$\Phi_f = 发射荧光的光子数/吸收激发光的光子数 \tag{6.4}$$

在受激分子回到基态的这一过程中，如果没有其他的去活化过程和发射荧光过程相竞争，这一段时间里所有激发态分子都会通过发射荧光的形式回到基态，那么这一体系的荧光量子产率就是 1。实际上，任何物质的荧光量子产率都不可能是 1，肯定在 0~1，例如，荧光素在水中，$\Phi_f=0.65$；荧光素钠在水中，$\Phi_f=0.92$；菲在乙醇中，$\Phi_f=0.10$；蒽在乙醇中，$\Phi_f=0.30$。当荧光量子产率越大时，化合物的荧光就越强。不发荧光的物质，通常荧光量子产率的数值为零或近似为零（王守业等，2001）。

通常可以使用参比法测定荧光量子产率的数值，实验上采用将待测荧光物质和已知量子产率的荧光物质的稀溶液进行相同激发条件的测定，测定其激发荧光强度（校正荧光光谱包括的面积），并且测定该激发波长的入射光吸光度。

6.2　荧光分析仪及应注意的问题

6.2.1　荧光分析仪

用于测量荧光的仪器称为荧光分析仪,荧光分析仪一般由激发光源、单色器、样品池、检测器和记录显示系统等五部分组成, 基本结构如图 6.4 所示。

| 光源 | → | 激发单色器 | → | 样品池 | → | 发射单色器 | → | 检测器 | → | 记录显示系统 |

图 6.4　荧光分析仪的基本结构示意图

将光源发射的光射到第一单色器后可以得到需要的激发光波长, 然后再通过样品池, 这样荧光物质吸收一部分光, 这时荧光物质被激发后, 便发射出荧光。荧光的测量一般在与激发光成 90°角的方向上进行, 因为这样可以消除散射光与入射光的影响 (舒永红, 2007)。荧光最后作用在检测器上, 检测器可以将荧光转换为电信号, 然后经过放大, 最终显示出来。

（1）激发光源

在紫外-可见区域内, 高压汞灯与氙灯常作为光源。氙灯属于一种高强度的连续光源, 它可以提供由紫外到可见光谱区域内的连续辐射, 但是必须要有光栅单色器分光的配合, 要求光栅单色器分光要能配合分子最大吸收波长的选择, 所以功率通常达 500~1000 W。因为功率较大, 会产生发热严重的现象, 因此稳定性很差。

在荧光分析仪的五个组成部分中, 由于光源、单色器、检测器类型不同, 从而形成了不同的仪器系列, 如果将荧光分析仪按单色器的性能进行划分, 可以分为荧光光度计与荧光分光光度计。荧光光度计中激发光与荧光的波长选择装置是滤光片, 检测器使用光电管, 因此仪器价格非常便宜; 荧光分光光度计的荧光与激发光都是使用光栅单色器, 同时检测器使用光电倍增管, 优点是灵敏度非常高, 缺点是价格昂贵。此外, 还存在一种中间型产品, 也称为荧光分光光度计, 它的激发光选用滤光片; 荧光使用光栅型单色器, 检测器使用光电倍增管 (李朕等, 2009)。

（2）单色器

使用汞灯作为光源的单光束仪器, 可以使用滤光片代替激发单色器, 滤光片的中心波长需要与发射线相吻合。通常发射光单色器和普通的分光光度计没有差别, 但是发射光单色器多数用光栅作为分光元件。

（3）样品池

荧光用的样品池必须使用弱荧光的材料制造, 一般使用石英, 它的形状通常是长方体的, 测定荧光用的吸收池应当是四面透光的, 与分子吸收光谱不同。

（4）检测器

通常情况下，可以使用光电倍增管与有光电管作为检测器，并且光电倍增管与有光电管需与激发光成 90°角。一般的光度计是不带分光的，是使用光电管或光电池，而分光型光度计是使用光电倍增管。

（5）记录显示系统

记录显示系统包括放大器和记录仪，检测器出来的电信号经过放大器放大后，由记录仪记录下来，并用数字显示（夏玉宇，2015）。

6.2.2　荧光分析应注意的问题

使用荧光分析仪进行测定时对结果产生干扰的因素较多，在分子过程中除了以上所提及的温度、溶剂和酸度外，还需要注意以下几个问题（陈浩，2010）。

（1）杂质的影响

影响荧光物质发射荧光的杂质称为荧光猝灭剂，例如，在分析有机化合物时，使用的主要荧光猝灭剂是溶解氧，可以通过向试液中通入氮气、二氧化碳的方法去除氧，以消除荧光猝灭剂的影响。此外，为了确保测定荧光时的稳定性，要提高分析时使用的试剂及分析用水的纯度或等级（陈浩，2010）。

（2）杂散光的影响

杂散光对测定的影响主要分为两大类。第一类是一些和激发光有相同波长的光散射会对测定的结果产生影响。由于入射光与散射光的波长是相同的，因此称为弹性散射。弹性散射中包括瑞利散射、吸收池表面散射、丁铎尔效应。瑞利散射是指在溶剂分子的粒子尺度远小于入射光波长的前提下，微粒对入射光的散射，这种散射光的强度通常与波长的 4 次方成正比；吸收池表面的散射是由内壁灰尘及其他元件伤痕导致的散射；丁铎尔效应，这种效应的影响主要是试液中存在的微小气泡和胶体颗粒产生的对激发光的散射。第二类是一些和荧光的发射波长可能相同的光散射。主要是拉曼散射，拉曼散射属于一种振动光谱，它是由于溶剂分子吸收入射光后从基态的低振动能级激发到基态的高振动能级，在返回基态时产生的与荧光波长相近的散射光称为拉曼散射。克服散射光影响的方法有两种：一种是改变荧光的波长，从而使荧光和激发光的波长相差较大；第二种方法是改变狭缝，使狭缝小一点（陈浩，2010）。

（3）照射时间

使荧光强度减弱的原因还可能是入射光对样品溶液照射时间过长。因为当荧光物质在吸收能量之后，会使分子内的部分键发生断裂，从而导致荧光物质减少，这种现象又称为光分解（陈浩，2010）。

（4）内滤光效应

内滤光效应又称自熄灭效应，实际上就是自吸效应，即荧光物质发射出的荧光被过量的未激发分子所吸收而减弱的现象。其样品的浓度越高，未被激发的基态分子越多，自吸就越严重。通常荧光分析是不能进行测定高浓度的试样的，当浓度高于 $1\ g \cdot L^{-1}$ 时，常常会发生自吸现象（颜承农等，2006）。

6.3　分子荧光定量分析方法

6.3.1　荧光强度与荧光物质浓度的关系

荧光物质的浓度实际上是与荧光物质发射的荧光强度间存在一定的定量关系，即

$$F = \varPhi_f I_0 \varepsilon c l \tag{6.5}$$

其中，F 表示荧光强度；$\varPhi_f$ 表示荧光效率；I_0 表示照射光强度；ε 表示荧光物质的摩尔吸光系数；c 表示荧光物质浓度；l 表示液层厚度。如果是给定的物质，并且入射光的波长与强度是固定的，同时液层厚度也是固定的，那么荧光强度 F 和荧光物质的浓度 c 之间是有定量关系的，即

$$F = Kc \tag{6.6}$$

式（6.6）说明，在一定条件下，荧光强度和被测物质的浓度之间呈正比关系。这就是荧光分析的定量计算公式，但在运用公式时应该注意下面两个问题。

1）式（6.5）和式（6.6）成立需要有一定的条件，即两式都要求 $\varepsilon c l \leqslant 0.05$，否则荧光强度 F 和溶液浓度 c 之间是不呈线性关系的。然而在浓溶液中，荧光物质的荧光强度不是随溶液浓度的增大而增强的，相反，常常因为发生荧光的"熄灭"现象，使荧光减弱。

2）荧光分析法是用来测量荧光强度的方法，而紫外-可见分光光度法是用来测量吸光度 A_0 的方法。对于一些很稀的溶液，由于吸收光的强度值 I_A 非常小，$\lg \dfrac{I_0}{I_0 - I_A}$ 接近零，则浓度不能使用 $\lg \dfrac{I_0}{I_0 - I_A}$ 反映，因此在测定灵敏度时会受到一定的限制。另外，即使放大光信号，由于光信号的放大而使入射光强与透过光强的同时都被放大，因此其比值仍然保持不变，对提高灵敏度没有任何作用。由于荧光分析法测定的是荧光强度，荧光强度的灵敏度是由检测器的灵敏度决定的，即只需要改进放大系统与光电倍增管，使十分微弱的荧光也可以被仪器检测到，这样即使很稀的溶液，其浓度也可以进行测定，所以可以看出荧光分析的灵敏度比紫外-可见分光光度法的灵敏度高（孙毓庆和胡育筑，2006）。

6.3.2　定量分析方法

荧光分析法和紫外-可见分光光度法类似，同样采用标准曲线法与对照法进行分析。

1. 标准曲线法

将标准物质按照与试样相同的方法进行处理之后，将其配成一系列不同浓度的标准溶液。先将仪器进行调零，调零之后用其中浓度最大的标准溶液作为基准，将荧光强度的读数调到 100（或者某一个较高值）；然后，进行空白溶液和其他标准溶液的相对荧光强度的测定，之后将空白值扣除。以标准溶液浓度为横坐标，荧光强度为纵坐标，绘制标准曲线。将处理后的试样，配制成一定浓度的溶液，并且在相同的条件下测定它的荧光强度，测定后将空白扣除，使用标准曲线求出对应的含量（吴希军等，2014）。

由于对荧光分析的灵敏度产生影响的因素有很多，因此为了保证同一个实验即使在不同时间测定的数据也能保持前后一致，通常需要在测定试样前，或测绘标准曲线时，使用一个稳定的荧光物质（其荧光峰和试样的荧光峰要非常相近）的标准溶液用作基准来进行校正。例如，在进行测定维生素 B_1 时，常采用硫酸奎宁作基准（郭旭明和韩建国，2014）。

2. 对照法

使用对照法进行分析的前提是荧光物质的标准曲线要通过曲线的原点，然后就可以选择标准曲线的线性范围内某一个浓度的标准溶液进行测定。具体方法是找一个已知纯荧光的物质配成浓度在线性范围之内的标准溶液，测出荧光强度（F_s），然后在与已知荧光物质相同的条件下测出试样溶液的荧光强度（F_x），之后分别扣除空白（F_0），最后以标准溶液与试样溶液的荧光强度之比，求出试样中荧光物质的含量（郭旭明和韩建国，2014）。

$$\frac{F_s - F_0}{F_x - F_0} = \frac{c_s}{c_x} \tag{6.7}$$

$$c_x = \frac{F_x - F_0}{F_s - F_0} \cdot c_s \tag{6.8}$$

3. 多组分混合物的荧光分析

在进行荧光分析时，也可以如紫外-可见分光光度法，不经分离直接从混合物中测出被测组分的含量（郭旭明和韩建国，2014）。

直接从混合物中就可以测出被测组分的含量的情况有两种：一是混合物中各

组分的荧光峰之间相距较远，并且相互之间不存在显著的干扰现象，这时就可以分别在不同波长处测量各个不同组分的荧光强度，从而直接求出各组合的浓度（王乐新等，2008）。二是不同组分的荧光光谱之间存在相互重叠的现象，这时可以利用荧光强度的加和特性，选择在适宜的波长处测量混合物的荧光强度。然后再根据各被测物质分别在适宜荧光波长处的最大荧光强度，最后联立列出方程式，来求它们各自的含量。

6.4　分子荧光分析法的应用

6.4.1　定性分析

分子可以进行荧光定性分析的依据是：不同分子结构的荧光物质具有不同的荧光光谱与激发光谱。定性分析是在特定的实验条件下，利用荧光分光光度计测定试样及标样的激发光谱与荧光光谱，且对其比较以鉴定试样物质。某些情况下，需要改变溶剂后再比较光谱图，在激发光谱和荧光光谱一致时，即可认为是同一物质。但某些样品的结构与标样的激发光谱结构相似，但是与发射光谱不同。在进行定性分析时，这些样品的荧光发射光谱可提供更多的鉴别信息，即赋予荧光定性分析良好的特异性。

原油、各种燃料油等油类作为海洋最主要的污染物，对海洋具有严重威胁。能够及时并且准确地发现这些油污染事故并快速鉴别出油的种类，对海洋污染的防治及海洋环境的管理具有十分重要的意义。进行海上溢油的鉴别方法是使用荧光光谱进行鉴别，比较溢油样与可疑源油样。例如，如果某个溢油样所测定出的荧光光谱和某艘船底溢油样所测定出的荧光光谱是重合的，就可以判定该溢油是由这艘船排放的。这对于追查船舶违章将含油污水排入海洋具有重要作用。又如，进行纺织品上的手印显现分析，其原理是在碱性（pH = 9.5）和强还原剂（如巯基乙醇）存在的条件下，邻苯二甲醛和汗液中的氨基酸、多肽、蛋白质或氨基葡萄糖等含氨基的化合物能谱缩合形成席夫碱，在这种情况下如果使用紫外线在 350 nm 波长下测定，那么该席夫碱可以发出主峰在 450 nm 的可见荧光。根据荧光激发光谱与荧光发射光谱提供的数据，可显现出自身无荧光的浅色府绸与部分涤棉上所遗留的手印，并且显现各种纸张、纺织品上遗留的手印，效果也比较好。

6.4.2　定量分析

荧光分析法也存在一定的缺点：应用范围小；自身能发射荧光的物质比较少；同时可以通过将某些非荧光物质加入某种特定试剂后转化为可以发射荧光的物质

数量也很少。所以目前物质的荧光分析多数是用于荧光物质的定量分析与半定量分析（黄锐，2007）。荧光定量分析方法大致可以分为直接比较法、差示荧光法、多组分混合物定量分析法和工作曲线法。具体到某一项测定采用什么方法比较合适，需要根据欲测定样品的性质、具体要求定量的所需精度等方面来决定。

6.4.3　有机化合物的荧光分析

荧光分析可进行测定芳香族及具有芳香结构的生化物质、化合物及具有荧光结构的药物，其中包括：①具有芳环或芳杂环结构的氨基酸、蛋白质等，如多环胺类、吲哚类、嘌呤类、多环芳烃类、萘酚类；②药物中的生物碱类，如麻黄碱、利舍平、喹啉类、麦角碱等；③甾体，如皮质激素及雌醇类等。除此之外，中草药中的许多有效成分，很多都是属于芳香结构的大分子杂环类，都能产生荧光。荧光分析可用来对这些物质进行初步的鉴别和含量的测定。目前，荧光分析已经广泛应用于生物学、医药学、农业科学和工业"三废"等科研工作，特别是用于体液中药物浓度的测定及一些药物在体内代谢过程的研究。

参 考 文 献

陈浩. 2010. 仪器分析. 北京: 科学出版社

陈旭, 齐凤坤, 康立功, 等. 2010. 实时荧光定量 PCR 技术研究进展及其应用. 东北农业大学学报, 8: 148-155

傅平青, 刘丛强, 吴丰昌. 2005. 溶解有机质的三维荧光光谱特征研究. 光谱学与光谱分析, 12: 2024-2028

高向阳. 2009. 新编仪器分析. 北京: 科学出版社

顾春峰, 兰秀凤, 于银山, 等. 2012. 牛奶水溶液的荧光光谱研究. 光子学报, 1: 107-111

郭旭明, 韩建国. 2014. 仪器分析. 北京: 化学工业出版社

黄锐. 2007. 血清白蛋白与小分子相互作用的荧光光谱法研究. 重庆: 重庆大学硕士学位论文

黄贤智, 郑年梓, 陈国珍, 等. 1975. 荧光分析法. 2 版. 北京: 科学出版社

李朕, 尚丽平, 邓琥, 等. 2009. 色氨酸和酪氨酸的三维荧光光谱特征参量提取. 光谱学与光谱分析, 7: 1925-1928

刘笑菡, 张运林, 殷燕, 等. 2012. 三维荧光光谱及平行因子分析法在 CDOM 研究中的应用. 海洋湖沼通报, 3: 133-145

尚永辉, 李华, 孙家娟, 等. 2010. 核黄素与牛血清白蛋白相互作用的荧光光谱研究. 分析科学学报, 1: 67-70

舒永红. 2007. 原子吸收和原子荧光光谱分析. 分析试验室, 8: 106-122

孙艳辉, 吴霖生, 张余, 等. 2011. 分子荧光光谱技术在食品安全中的应用. 食品工业科技, 5: 436-439

孙毓庆, 胡育筑. 2006. 分析化学. 北京: 科学出版社

孙毓庆. 1999. 分析化学(下册): 仪器分析. 北京: 科学出版社

王乐新, 赵志敏, 辛玉军, 等. 2008. 不同波长激发光对血清荧光光谱影响的实验研究. 光谱学与光谱分析, 10: 2360-2364

王守业, 徐小龙, 刘清亮, 等. 2001. 荧光光谱在蛋白质分子构象研究中的应用. 化学进展, 4: 257-260

吴希军, 潘钊, 赵彦鹏, 等. 2014. 荧光光谱及平行因子分析法在植物油鉴别中的应用. 光谱学与光谱分析, 8: 2137-2142

夏玉宇. 2015. 化学实验室手册. 3 版. 北京: 化学工业出版社

邢惟青, 黄鹏翔, 丘玉昌, 等. 2011. 现代荧光光谱法在药物与蛋白相互作用研究中的应用. 华西药学杂志, 5: 503-507

颜承农, 李杨, 关中杰, 等. 2006. 荧光光谱法研究丙酮与牛血清白蛋白的相互作用特征. 环境科学学报, 11: 1880-1885

尹燕霞, 向本琼, 佟丽. 2010. 荧光光谱法在蛋白质研究中的应用. 实验技术与管理, 2: 33-36+40

张曦, 寇自农, 石羽佳, 等. 2011. 同步荧光光谱法研究丹参素-牛血清白蛋白体系的荧光增强效应. 分析测试学报, 4: 444-447

张永忠. 2008. 仪器分析. 北京: 中国农业出版社

第7章　核磁共振波谱法

7.1　核磁共振波谱法及其基本原理

7.1.1　概述

在光谱分析法中，用不同的电磁波照射样品时，会发生分子能级或原子能级的跃迁，从而产生吸收光谱。在紫外-可见光谱法分析中，用波长 200～750 nm 的电磁波照射样品时，样品分子的价电子会发生跃迁。在红外光谱法中，用波长 2.5～25 μm 的电磁波照射样品时，样品中的原子或原子团会发生振动跃迁。若用波长 10～100 m（频率相当于 MHz 数量级）的电磁波照射样品，虽然电磁波波长很长，但能量很低，不会导致价电子发生跃迁和原子或原子团发生振动跃迁。但这样的电磁波会与放置在磁场中一定数量样品的原子核发生相互作用，导致磁性原子核能级发生跃迁。产生的核磁共振信号，记录共振跃迁信号的位置和强度，产生核磁共振波谱，如图 7.1 所示。图中上面的阶梯式曲线是积分线，是将各组吸收峰面积积分而得，积分曲线的高度代表了积分值的大小。根据图谱上吸收峰面积与引起该吸收峰的氢核数目成正比这一原理，我们可以用积分曲线的高度确定其各基团的质子比。积分曲线的画法由低磁场向高磁场移动，但是积分曲线的起点到终点的总长度（用小方格数或厘米表示）是与分子中所有质子的数目成正比的。因此可以根据分子中质子的总数，确定各待测样品吸收峰质子的个数。这个方法称为核磁共振波谱法（nuclear magnetic resonance spectroscopy，NMR）（刘约权，2001）。

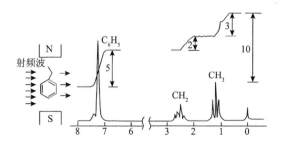

图 7.1　电磁波与磁场中样品的原子核相互作用形成的核磁共振谱

斯坦福大学的 Bloch 和哈佛大学的 Purcell 在 1946 年都相继发现了核磁共振现象。1956 年，Varian 发明了第一台高分辨核磁共振谱仪。现在，核磁共振波谱法已广泛应用于有机化学、无机化学及生物化学等领域，解决了很多有关分子结构、分子构型、分子运动等难题。由电磁波与磁场中样品的原子核相互作用形成的核磁共振谱与其他分析方法（如质谱、红外光谱等）相比，其灵敏度较低，但它所提供的原子水平上的结构信息远远超过其他分析。因此，NMR 法在研究有机分子微观结构中发挥着重要的作用（郭兴杰，2015）。

7.1.2 基本原理

1. 原子核的自旋和磁矩

（1）原子核的自旋

原子核是由质子和中子组成的。由于质子带正电荷，中子不带电，所以原子核带正电，原子核电荷数等于其质子数。通常表示为 $^A_Z X$，其中，X 是元素的化学符号；A 是质量数；Z 是原子序数。Z 相同 A 不同的元素称为同位素，如 ^1_1H 和 ^2_1H 及 $^{12}_6C$ 和 $^{13}_6C$ 等。

实验研究表明，大多数的原子核都是在绕某轴做自旋运动，由于运动产生动量矩，因此称为自旋角动量，其数值用 P 表示，公式为

$$P = \frac{h}{2\pi}\sqrt{I(I+1)} \tag{7.1}$$

其中，h 表示普朗克常量，$h=6.626\times10^{-34}$ J·s；I 即原子核的自旋量子数，I 值可以为 0、1/2、1、3/2 等，只能是整数、半整数或零。同时与原子的质量数（A）和原子序数（Z）有关，如表 7.1 所示。

表 7.1　自旋量子数与原子的质量数及原子序数的关系

质量数 A	原子序数 Z	自旋量子数 I	NMR 信号	实例
偶数	偶数	0	无	$^{12}_6C$，$^{16}_8O$
偶数	奇数	整数	有	^2_1H，^6_3Li
奇数	奇数或偶数	半整数	有	^1_1H，$^{17}_8O$

（2）原子核的磁矩

质量数与原子序数其中之一为奇数的原子核，$I\neq0$，具有自旋现象，如 ^1H、^{13}C、^9F、^{31}P 等核，这些元素由于带正电，其电荷就会围绕自旋轴旋转产生环形电流，从而产生磁场。因此，这些 $I\neq0$ 的原子核都会产生核磁矩 μ。

$$\mu = \gamma p \qquad (7.2)$$

^{1}H 核 μ=2.7927，^{13}C 核 μ=0.7022，核磁子是磁矩的最小单位，其值等于 5.050×10^{-27} J·T^{-1}，式（7.2）中 γ 为核的磁旋比，每种核都具有其特定值。

磁矩 μ 的方向为垂直于环形电流所在的平面，同时与自旋角动量的方向平行，核磁矩值的大小与自旋角动量 P 的大小成正比。这类具有磁性的原子核可以产生 NMR 信号。

由于 I=0、P=0 的原子核不是自旋运动，因此没有核磁矩，这类原子核称为非磁性核，不会产生 NMR 信号。

I >1/2 的原子核，由于其分布不是球形对称的，因此其 NMR 研究较复杂。I=1/2 的原子核，由于其电荷呈球形对称分布，易得到高分辨 NMR 谱，是目前研究的主要对象。表 7.2 是一些原子核的 NMR 特性，这些原子核在 NMR 研究中比较重要。其中研究最多、应用最广的是 ^{1}H 和 ^{13}C 核磁共振谱（郭兴杰，2015）。

表 7.2　常用核的 NMR 性质

同位素	自旋量子数	天然丰度/%	磁矩（核磁子）	2.35T 时 NMR 频率/MHz
^{1}H	1/2	99.98	2.7927	100.0
^{2}H	1	0.02	0.8574	15.4
^{13}C	1/2	1.07	0.7021	25.2
^{14}N	1	99.64	0.4037	7.2
^{9}F	1/2	100	2.6273	94.1
^{31}P	1/2	100	1.1305	40.5

2. 自旋核在磁场中的行为

（1）核磁矩在外磁场中的取向

如果将能产生自旋现象的原子核放到磁感应强度为 B_0 的磁场中，根据自旋核磁矩及其磁场相互作用，在力矩的作用下，原子核自旋角动量会在外磁场中进行不同的定向排列，根据量子力学理论，各个取向是量子化的，可用磁量子数 m 表示，m 可为下列数值：

$$m = -I, \cdots, -2, -1, 0, +1, +2, \cdots +I \qquad (7.3)$$

共 $2I+1$ 个值，这些取值意味着在角量子数为 I 的亚层有 $2I+1$ 个取向，而每一个取向相当于一条"原子轨道"。如 $I = \dfrac{1}{2}$，$m = +\dfrac{1}{2}$ 及 $m = -\dfrac{1}{2}$ 有 2 个取值；若 $I = 1$，$m = 0, -1, 1$ 共有 3 个取值，表示 d 亚层有 3 条伸展方向不同的原子轨道，见图 7.2。

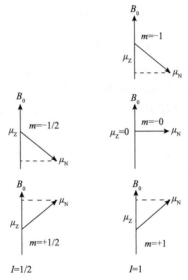

图 7.2　核磁矩在外磁场方向的投影

（2）核磁能级

根据电磁理论，在磁感应强度为 B_0 的外磁场中，核磁矩与外磁场作用产生的势能称为核磁能级，其计算公式如下

$$E = -m\mu\beta B_0 / I \tag{7.4}$$

其中，负号表示 μ 与 B_0 反向时，核磁能级能量高（μ 与 B_0 同向时，核磁能级能量低）；B_0 表示磁感应强度，单位为 T；β 是一个常数，称为核磁子，其值等于 5.050×10^{-27} J·T^{-1}；μ 是以核磁子为单位表示的核磁矩。在无外磁场存在时，核磁矩仅 μ 有一个简并的能级，只有在外磁场的作用下，μ 才由原来简并的能级分裂为 $2I+1$ 个能级。

^{1}H 在外磁场中只有 $m=+1/2$ 和 $m=-1/2$ 两种取向，这两种状态的能量为

当 $m=+1/2$，

$$E_{+1/2} = -\mu\beta B_0 / I = -\left[(1/2)\mu\beta B_0\right]/(1/2) = -\mu\beta B_0 \tag{7.5}$$

当 $m=-1/2$，

$$E_{-1/2} = -\mu\beta B_0 / I = -\left[(-1/2)\mu\beta B_0\right]/(1/2) = +\mu\beta B_0 \tag{7.6}$$

对于低能态 $m=+1/2$，核磁矩方向与外磁场同向；对于高能态 $m=-1/2$，核磁矩与外磁场方向相反，因此高低能态能量差为 ΔE：

$$\Delta E = E_{-1/2} - E_{+1/2} = 2\mu\beta B_0 \tag{7.7}$$

在通常情况下，自旋量子数为 I 的核，由式（7.8）可得相邻核磁能级差 ΔE 为

$$\Delta E = E_{(m=I-1)} - E_{(m=I)} = -\left[(I-1)(\mu\beta B_0)\right]/I - \left[-I(\mu\beta B_0)I\right]$$
$$= (-I\mu\beta B_0 + \mu\beta B_0)/I + \left[I(\mu\beta B_0)/I\right] \quad (7.8)$$

因此

$$\Delta E = \mu\beta B_0 / I \quad (7.9)$$

3. 核磁共振条件方程式

当照射样品的射频能 $h\nu$ 正好等于两个核磁能级的能量差 ΔE 时，低能级的核就会吸收频率为 ν 的射频电磁波而跃迁到高能级，从而产生核磁共振吸收信号。发生核磁共振时，$h\nu = \Delta E$，代入式（7.10），所吸收的频率 ν 为

$$\nu = \Delta E / h = \mu\beta B_0 / (Ih) \quad (7.10)$$

式（7.11）即为核磁共振条件方程式，它是核磁共振的数学理论基础。

核磁共振条件方程式的意义如下。

1）不同的原子核，有着不同的核磁矩 μ 及核自旋量子数 I，当共振时，会产生不同的其外加磁场强度 B_0 或射频频率 ν。当 B_0 一定时，不同的核会有不同的频率 ν；当 ν 一定时，不同的核共振会有不同的磁感应强度 B_0。用某一射频的频率照射待测样品时，只能观察到一种核的吸收现象，不会发生各种原子核信号的互相干扰。

2）对同一种原子核，其共振频率 ν 与外加磁感应强度 B_0 是成正比的，即每个 ν 必有一个对应的 B_0（吴谋成，2003）。

7.2　核磁共振波谱仪

获取核磁共振谱图的仪器称为核磁共振波谱仪，种类和型号有很多种，按扫描方式可以分连续扫描仪（CW-NMR）和脉冲傅里叶变换谱仪（PFT-NMR）。

核磁共振波谱仪的基本结构如图 7.3 所示。

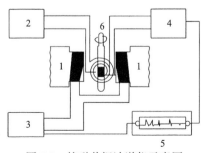

图 7.3　核磁共振波谱仪示意图

1. 磁铁；2. 射频振荡器；3. 扫描发生器；4. 检测器；5. 记录器；6. 样品管

核磁共振波谱仪的工作原理如下所述。

将待测样品放入样品管中，样品管以一定的速率旋转来消除由磁场不均匀产生的影响。如果由磁铁产生的磁场是恒定的，可以通过射频振荡器线性改变它所发射的频率，当射频的频率与磁场强度相近时，样品就会吸收此频率的射频从而产生核磁共振，同时，这个信号被接收，信号被检测、放大后，记录仪（或电子计算机）可以出现核磁共振谱（张云，2010）。

上述核磁共振波谱仪采用的是单频发射和接收方式，称为连续波扫描核磁共振谱仪（CW-NMR）。它的特点是：在短时间间隔内，只能记录谱图中一部分很窄的信号，也就是说，单位时间内获得的信息量较少。例如，频率为 100 MHz 的共振仪在不同化学环境中，当 ^{1}H 核的化学位移为百万分之十时，也就是 1000 Hz 左右，如果扫描速率为 2 Hz·s^{-1}，这时扫描可以产生 ^{1}H 所有的共振信号（杜一平，2015）。

7.2.1 连续波扫描核磁共振谱仪

20 世纪 60 年代，自 PFT-NMR 波谱仪出现后，连续波扫描核磁共振波谱仪的重要性慢慢被忽视。但其结构简单（现在一般采用永久磁体）、易于操作、价格低廉的优点，在丰核（^{1}H、^{19}F、^{31}P 等）核磁共振谱测试的重要常规分析仪器中仍被大量应用。它的组成结构主要有以下几部分：磁体、射频发生器、射频放大和接收器、探头、频率或磁场扫描单元及信号放大和显示单元等部件（李银等，2013）。

1. 磁体

所有类型的核磁共振波谱仪中，磁体是必不可少的，它主要是起提供一个强的稳定均匀的外磁场的作用。如永久磁体、电磁体和超导磁体等，都可以用作核磁共振波谱仪的磁体，但前两者的磁场强度是有限的，最多只能用于制作频率为 100 MHz 的波谱仪。超导磁体的最大优点是有较高的磁场强度，因此可以制作频率为 200 MHz 以上的高频波谱仪。如今，世界上已经出现了频率为 1000 MHz 的核磁共振波谱仪。超导磁体制作是将铌-钛超导材料绕成螺旋管线圈，置于液氦杜瓦瓶中，然后在线圈上逐渐充上电流（俗称升场），待达到要求后撤去电源。超导材料在液氦温度下电阻一般为零，电流大小始终保持不变，形成稳定的永久不变的磁场。为了减少液氦的蒸发，一般使用双层杜瓦瓶，在外层杜瓦瓶中放入液氮，以保持低温状态。在运行过程中由于不断消耗液氦和液氮，并且超导磁体保养费用较高，核磁共振波谱仪对磁场的稳定和均匀性要求较高。因此除了磁铁外，还有很多辅助装置用于微调，减少由于温度或电流（对于电磁铁）等变化对磁场强度产生的影响。磁场强度决定核磁共振波谱仪的灵敏度和分辨率，仪器的灵敏度和分辨率随着磁场强度的增大而增大（周凝等，2011）。

核磁共振波谱仪使用的磁铁有三种：永久磁铁、电磁铁和超导磁铁。永久磁铁的磁场强度一般为 0.7046 T 或 1.4092 T，相应的 ^1H 的共振频率为 30 MHz 和 60 MHz。电磁铁的商品仪器所提供的强度为 1.4092 T、2.1140 T 和 2.3490 T，相应的 ^1H 共振频率分别为 60 MHz、90 MHz 和 100 MHz。超导磁铁用于高分辨率的核磁共振波谱仪，可提供高达 11.0390 T 的磁场，相应的 ^1H 共振频率为 470 MHz，目前最好的高分辨率核磁共振谱仪可达 800 MHz。核磁共振谱的样品要求较纯，杂质的存在会导致局部磁场不均匀而使谱线变宽。

2. 射频发生器

射频发生器（也称射频振荡器）用于产生一个与外磁场强度相匹配的射频频率，它提供能量使磁核从低能级跃迁到高能级。因此，射频发生器的作用相当于红外或紫外光波谱仪中的光源，所不同的是，根据核磁共振的基本原理，在相同的外磁场中，不同的核种因磁旋比不同而有不同的共振频率。所以，同一台仪器用于测定不同的核种需要有不同频率的射频发生器，如某仪器的超导磁体产生 7.0463 T 的磁场强度，则测定 H 谱所用的射频发生器应产生频率为 300 MHz 的电磁波；测定 ^{13}C 谱所用的射频发生器应产生 75.432 MHz 的电磁波；如果测定其他磁核的共振信号，则应配备相应的射频发生器。核磁共振波谱仪的型号习惯上用 ^1H 共振频率表示，而不是用磁场强度或其他核种的共振频率来表示，如 300 MHz 的核磁共振波谱仪是指 ^1H 共振频率为 300 MHz，即外磁场强度为 7.0463 T 的仪器（王彦广等，2015）。

3. 射频接收器

射频接收器可以接收携带待测样品核磁共振信号的射频输出，并将接收到的射频信号传送到放大器用于信号的放大。换句话说，射频接收器原理与红外或紫外光谱仪中的检测器相似（高明珠，2011）。

4. 探头

探头主要组成部分为样品管座、发射线圈、接收线圈、预放大器和变温元件等。其中，发射线圈和接收线圈是相互垂直的，并分别与射频发生器和射频接收器相连接。样品管座位于线圈的中心位置，起到盛放样品管的作用。同时样品管座连接压缩空气管，当压缩空气驱动样品管快速旋转时，待测样品分子就会感受到均匀磁场。变温元件可以起到控制探头温度的作用，整个探头处于磁体的磁极之间（曾泳淮和林树昌，2004）。

5. 扫描单元

扫描单元是特殊的部件。扫描单元可以起到控制扫描速率、扫描范围等参数的作用。

　　大部分商品仪器通常采用扫场的方式。我们以扫场仪器为例，简要描述连续波仪器的工作过程。因为样品中不同化学环境的磁核共振条件稍有差别，扫场线圈在磁体产生的外磁场基础上连续做微小的改变，扫过全部可能发生共振的区域，当磁场强度正好符合某一化学环境的磁核的共振条件时，该核便吸收射频发生器发出的电磁波能量，从低能级跃迁到高能级。射频接收器接收吸收信号，经放大后记录下来。如果将整个扫描时间划分为若干时间单元，在某一时间单元里只有一种化学环境的核因满足共振条件而产生吸收信号，其他的核都处于"等待"状态。在其他的时间单元里，或是另外的核因满足条件发生共振而被记录下来，或是因为没有符合共振条件的磁核而只记录基线，所以连续波核磁共振仪是一种单通道仪器，只有依次逐个扫过设定的磁场范围（即所有的时间单元）才能得到一张完整的谱图。为了记录正常的核磁共振谱图，扫描磁场的速度要求很低，使元素核的自旋体系能与环境始终保持平衡，这样扫描一张谱图一般需要 $100 \sim 500$ s。

　　核磁共振测定的困难主要是核磁共振信号很弱。为了提高信噪比（S/N），通常采用重复扫描累加的方法。因为信号频率是固定的，它的强度（S）与扫描次数 n 成正比；噪声（N）是随机的，与扫描次数 n 的平方根成正比。所以 $S/N \propto \sqrt{n}$。在 CW-NMR 仪器上，如果扫描一次需要 250 s，为了使信噪比提高 10 倍，应扫描 100 次，需花费 25 000 s。若要进一步提高信噪比，则所需的时间更长。这种办法不仅费时，而且要求仪器非常稳定，以保证在测定时间范围内信号不漂移，这一点实际上很难做到。设想如果有一个多通道的射频发射机，每个通道发射不同频率，使不同化学环境的磁核同时满足共振条件，产生的吸收信号由一个多通道的接收机同时接收，那么只需要一个时间单元就能够检测和记录整个谱图。这样便可以大幅度节省时间，使重复扫描累加提高信噪比的办法切实可行，这个设想在脉冲傅里叶变换核磁共振波谱仪上得到了实现（曾泳淮和林树昌，2004）。

7.2.2　脉冲傅里叶变换核磁共振谱仪

　　与 CW-NMR 仪器一样，PFT-NMR 仪器中也有磁体、射频发生器、射频接收器及探头等部件。不同的是，PFT-NMR 波谱仪用脉冲调制的射频场激发原子核产生核磁共振，射频脉冲包含了丰富的射频分量，等效于一个多通道发射机，傅里叶变换则一次给出 FID 信号[自有感应衰减信号（free induction decay，FID），一个随时间衰减的信号]中所包含的所有 NMR 谱线数据，相当于多通道接收机。因此 PFT-NMR 波谱仪相当于一套多道波谱仪。每施加一个脉冲，就能接收到一个 FID 信号，经过傅里叶变换便可得到一张常规的核磁共振谱图。脉冲的作用时间非常短，仅为微秒级。如果做累加测量，脉冲需要重复，时间间隔一般也小于几秒钟，加上计算机快速傅里叶变换，用 PFT-NMR 测定一张谱图只需要几秒至几十秒的时间，比 CW-NMR 所需的时间短得多，这使得为提高信噪比而做累加测量的时间大大缩短。这对于灵敏度极低的 NMR 技术无疑是一个重要的突破。正是 PFT-NMR 波谱仪的出现，使科学家有可能研究 CW-NMR 波谱仪无力涉足的天然丰度低而又十分重要的稀核（如 ${}^{13}C$、${}^{15}N$ 等）。PFT-NMR 波谱仪还提供了测定分子中每个原子的核弛豫时间及研究分子动力学的可能。PFT-NMR 波谱仪已成为当代主要的 NMR 波谱仪，并在不断发展完善（吴谋成，2003）。

7.3　NMR 谱的信息

应用 NMR 谱进行定性定量及结构分析主要依据的信息是化学位移、自旋偶合、吸收峰面积等。

7.3.1　化学位移

1. 化学位移产生的原因

质子的共振频率由外加磁感应强度和磁矩决定。例如，前面曾计算过，${}^1H$ 核在 2.3488 T 磁场中，发生共振吸收的频率为 100 MHz。这种关系是仅对孤立氢核而言的。但实际情况是，在分子中原子核不是“裸核”，都被不断运动着的电子所包围。在外磁场作用下，按照楞次定律，核外电子会产生环电流，并产生一个与外磁场反向的感应磁场，如图 7.4 所示。使原子核实际上受到的磁感应强度降低，这种对抗外磁场的作用称为电子的屏蔽效应（张锦胜，2007）。

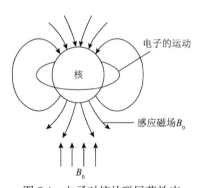

图 7.4　电子对核的磁屏蔽效应

因此该感应磁场也称屏蔽磁场。屏蔽磁场的磁感应强度 B_t 与外加磁场磁感应强度 B_0 成正比

$$B_t = \sigma B_0 \qquad (7.11)$$

其中，σ 为比例常数，称为原子核的磁屏蔽常数。σ 值的大小取决于给定核的核

外电子密度,为$10^{-6} \sim 10^{-5}$数量级。核外电子的密度越大,产生的感应磁场的强度就越大,即屏蔽效应越大。核外电子的密度显然与该原子核在分子中所处的不同化学环境有关。

原子核实际上受到的磁感应强度$B_{有效}$为

$$B_{有效} = B_0 - B_t = (1-\sigma)B_0 \tag{7.12}$$

相应的共振频率为

$$\nu = \mu\beta B_{有效} / (Ih) = \mu\beta(1-\sigma)B_0 / (Ih) \tag{7.13}$$

因此,存在屏蔽效应时,产生核磁共振的条件为:若射频频率ν固定,则必须增大外加磁场磁感应强度才能达到共振条件,即吸收峰的位置位移到不考虑磁屏蔽效应时的较高磁感应强度一端,σ值越大,吸收峰向高磁场方向位移得越多;若外加磁感应强度B_0固定,则必须降低射频频率才能达到共振条件,即吸收峰的位置位移到不考虑磁屏蔽效应时的较低频率一端,σ值越大,吸收峰向低频方向位移得越多(卢穹宇和姬胜利,2008)。这种由于屏蔽效应使共振磁感应强度或共振频率发生位移的现象称为化学位移。化学位移的大小与原子核所处的化学环境密切相关,因此化学位移能提供有机化合物的分子结构信息。

2. 化学位移的表示方法

化学位移δ在扫场时可用磁感应强度的改变来表示,在扫频时可用频率的改变来表示。从理论上讲,某核的化学位移应以其裸核为基准进行测定,但这显然是办不到的。又因为化学位移与磁感应强度有关,同一种核用不同磁感应强度或不同射频频率的仪器来测定时,化学位移不同,无法相互比较。所以实际应用中通常采用某种公认标准物质作标准,以样品与标准物质中指定核的共振频率($\nu_{样品}$与$\nu_{标准}$)或磁感应强度($B_{样品}$与$B_{标准}$)的相对差值来表示样品中该核的化学位移。由于化学位移是一个很小的数值,为了使用方便,在相对值上乘以10^6,即

$$\delta = (B_{标准} - B_{样品}) / B_{标准} \times 10^6 \approx (\nu_{样品} - \nu_{标准}) / \nu_{标准} \times 10^6 \tag{7.14}$$

由于$B_{标准}$和$\nu_{标准}$与波谱仪的工作磁感应强度B_0及工作频率ν_0相差甚小,因此分母中$B_{标准}$和$\nu_{标准}$可近似用B_0和ν_0代替。式(7.14)可改写为

$$\delta = (B_{标准} - B_{样品}) / B_0 \times 10^6 \approx (\nu_{样品} - \nu_{标准}) / \nu_0 \times 10^6 \tag{7.15}$$

目前公认的内标物是四甲基硅烷[$(CH_3)_4Si$, TMS],人为地规定 TMS 的 ^1H 核吸收峰的峰位为零,即$\delta_{TMS} = 0$。

用 TMS 作标准是由于以下几个原因：①结构对称，TMS 中 12 个 ^1H 核处于完全相同的化学环境中，^1H 核信号只有一个尖峰；TMS 中质子的屏蔽常数要比大多数其他化合物中 ^1H 大，因此，其峰位比一般有机化合物中的 ^1H 核吸收峰处在更高的磁场；②由于硅的电负性小于碳，使 TMS 质子的电子密度很高，以此为标准，使绝大多数有机物的质子吸收峰不会与 TMS 峰重合，δ 值为正；③沸点低（26.5℃），易除去，回收样品容易，便于测定稀有和贵重样品；④TMS 易溶于大多数有机溶剂；⑤TMS 为惰性非极性化合物，不会与样品发生化学反应或缔合。

δ 表示相对位移是量纲为 1 的量。对于给定的峰，不管采用 40 MHz、60 MHz、100 MHz 还是 300 MHz 的仪器，δ 都是相同的。大多数质子峰的 δ 在 1～12（刘约权，2001）。

3. 影响化学位移的因素

（1）诱导效应

一些电负性较大的基团（如—OH、—OR、—NO$_2$、—COOR、—CN、卤素等）具有较强的吸电子能力，它们通过诱导作用使得 C—H 键上 H 的 s 电子云向碳上转移，氢核受到的屏蔽减弱，化学位移加大。图 7.5（b）中，乙醇分子中 CH$_2$ 基团中 H 受到电负性强的氧原子的影响，产生了去屏蔽效应，因此化学位移高达 3.9。随着氢原子与电负性原子距离的增加，化学位移减少，因此在乙醇分子中各种氢原子化学位移的次序是—OH>—CH$_2$>—CH$_3$。一般随取代基电负性加强，化学位移变大，如卤代烃 CH$_3$X，当 X 分别为 I（2.16）、Br（2.68）、Cl（3.05）、F（4.26）时，其化学位移顺序增加。

（2）磁各向异性效应

屏蔽除了受电负性影响外，分子中某些电子取向所产生的局部感应磁场强度 B_t 也叠加在外加磁场强度 B_0 上。当 B_t 与 B_0 同向时，相当于去屏蔽效应，使化学位移增加。反之，当 B_t 与 B_0 反向时，则相当于增屏蔽效应，使化学位移减少。

（3）溶剂效应

在测定 ^1H NMR 谱时，最理想的溶剂是 CCl$_4$ 和 CS$_2$，由于其中不含氢元素，不会产生干扰信号。但由于极性化合物在其中溶解度较小，一般用氯仿（CHCl$_3$）、丙酮（CH$_3$COCH$_3$）、水作为溶剂。为了避免氢的共振信号的干扰，一般用氘代的衍生物，即用 ^1H 的同位素 D（氘，D）将溶剂中 ^1H 取代。在溶液中，不同质子（^1H）受到不同溶剂的影响而引起化学位移的变化，称为溶剂效应。如果用氘代氯仿作溶剂时，加入少量的氘代苯，利用苯磁各向异性，可使原来相互重合的峰组分开。

（4）氢键

一般而言，当分子中的氢形成氢键时，^1H 的电子云密度就会降低。这时 ^1H 受到去屏蔽效应，化学位移占值相继增大。氢键作用对—OH、—NH、—NH$_2$ 等活泼氢的化学位移的影响是很大的，分子内氢键化学位移甚至会大于 10，如羧酸的—COOH 为 12（曾泳淮，2003）。

7.3.2　自旋偶合

如果提高氢核 NMR 谱的分辨率，不难发现，NMR 谱中的一些吸收峰会分裂成多重峰。如图 7.5 中，乙醇分子中的 CH$_3$ 峰被分裂为三重峰，CH$_2$ 峰被分裂为四重峰，产生的谱线分裂的原因是化学位移不同的原子核的核磁矩产生的附加磁场，其通过化学键中成键电子而作用于其他原子核，这种作用称为自旋-自旋偶合（用自旋偶合常数 J 表示），分裂所产生的谱线间距与核磁矩的偶合强弱有直接关系（王东云，2008）。

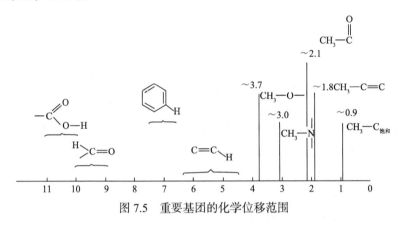

图 7.5　重要基团的化学位移范围

可用量子理论结合经典理论解释自旋偶合的现象，下面以 ^{1}H-^{1}H 间偶合为例来阐释，像前面所述的一样，根据自旋磁矩的空间量子化，外磁场中的氢原子核的取向有两种：一种是自旋产生的磁矩与外加磁场方向近似一致，用"↑"表示；另一种是与外加磁场方向相反，用"↓"表示，两种取向的概率几乎一样，在磁场中取向不同的原子核，通过偶合作用对相邻的同种核会产生不同的影响。如根据乙醇分子中的亚甲基 CH$_2$ 的自由旋转，两个 H 原子与 CH$_3$ 中的 H 的偶合相同，这两个 H 在外加磁场中有四种可能的取向（2^2=4），每个取向的概率为 1/4，即大约 1/4 CH$_2$ 基团中的两个氢原子的磁矩是↓↓，大约 2/4 CH$_2$ 基团中的两个氢原子核的磁矩是↓↑或↑↓，大约有 1/4 CH$_2$ 基团中的两个氢原子的磁矩是↑↑，CH$_2$ 中氢核的这四种可能取向对邻近的 CH$_3$ 所附加的局部磁场分别为+2H、0、−2H（"+"号表示 CH$_2$ 的磁矩与 H$_0$ 相同，"−"号表示 CH$_2$ 的磁矩与 H$_0$ 相反）。附加磁场使邻近 CH$_3$ 中的氢核的核磁能级分裂为三种，其跃迁产生的谱线对应变为三条，同时这三条谱线的强度之比为 1∶2∶1，见图 7.5（b）。类推可知，裂分数及裂分强度比满足二项展开式，如表 7.3 所示（刘约权，2006）。

表 7.3　多重峰相对强度

相邻碳上 H 数	峰数（n+1）	相对强度比（二次项系数）
0	一	1
1	二	1 : 1
2	三	1 : 2 : 1
3	四	1 : 3 : 3 : 1
4	五	1 : 4 : 6 : 4 : 1

由表 7.3 可知，如果某个氢核相邻的碳原子上有 n 个状态相同（化学等价）的 H 核，这个原子核的吸收峰将被分裂为 $n+1$ 个，一般称为 $n+1$ 规则。此规则只适用于氢核和其他自旋量子数 $I=1/2$ 的原子核。自旋偶合的结果就是 NMR 谱峰的分裂。J 的大小只与分子本身的结构有关，与仪器的工作频率（或 H_0）无关。氢核间的偶合常数可按偶合传递的化学键多少分为 ^2J（同碳偶合）、^3J（邻碳偶合）、^4J 及 ^5J（长程偶合）。偶合常数 J 随氢核环境的不同和偶合作用的远近而不同，一般长距离偶合的偶合常数较小（接近 0）。^2J NMR 主要讨论 ^3J 偶合，其值范围一般不超过 20 Hz。^2J 偶合一般不表现出来（刘约权，2006）。

7.3.3　吸收峰面积

^{1}H NMR 谱中每组峰的强度可用该峰的积分面积来表示，面积大小与该峰的 H 核数成正比，各峰的面积比等于各峰的 H 个数比值。根据各峰的面积测量从而确定各峰的 H 数，这个关系可作为 ^{1}H NMR 谱中定量分析的依据（孔令义，2015）。

7.4　核磁共振氢谱及其应用

7.4.1　简单核磁共振氢谱

一级 NMR 谱一般为简单的 NMR 谱。其相互偶合的两组（或 n 组）质子的化学位移之差 Δf（以频率表示）相对于其偶合常数 J 较大（江春迎和王映红，2014）（一般 $\Delta f / J \geqslant 10$）。一级 ^{1}H NMR 谱一般具有以下特征和信息。

1）吸收峰的组个数，是来说明分子中处于不同化学环境的质子的组个数。

2）可以直接得到 J、δ 值，δ 即化学位移，其数值说明分子中各基团的情况；偶合常数 J 是各峰之间的裂距（相等），其与化学结构有直接关系。

3）各组峰的分裂符合 $n+1$ 规律，分裂后各组峰强度比与 $(a+b)^n$ 展开式系数比相似。各组峰的分裂个数可以说明各基团之间的关系。

4）吸收峰所包括的面积一般用积分线表示，或由计算机直接给出，其数值与引起该吸收峰的质子数目成正比（刘约权，2001）。

7.4.2　复杂核磁共振氢谱及其简化

当 $\Delta f/J<10$ 时，由于化学位移小，J 值较大，会使峰发生畸变而使谱图变得复杂，那么，得到的谱图称为二级（或高级）谱图（张建锋，2014）。解释二级谱图比较困难，一般先对谱图进行简化再分析。如加大 H_0、同位素取代、采用去偶技术（双共振技术）等。

1. 加大 H_0

如果用高场仪器，这时偶合常数 J 一般不受磁场影响，但是化学位移却会因此而增加，即 $\Delta f/J$ 增大，这样就获得简单的光谱了。

2. 去偶技术

去偶技术是指当用一个射频（f_1）正常扫描观测一个核共振时，同时用另一个强射频（f_2）来照射激发与观测核有偶合作用（或其他）的原子核，使其受到较强辐射，然后在 $-1/2$ 和 $+1/2$ 两个自旋态间快速徘徊，从而如同一非磁性原子核不再对观测核产生偶合作用，这样就大大简化了谱图。

3. 氘同位素取代

由于氘（^2H）原子的核共振频率与 ^1H 核相差较多，在氢的谱图中 D 的信号峰显示不出，如果用 D 取代分子中的部分质子可以去掉部分波谱（史全水，2006）。同时由于 D 与质子间的偶合作用小，这样可以使谱图简化。

7.4.3　核磁共振氢谱的解析

根据待测样品 NMR 谱的化学位移、自旋偶合造成的谱峰裂分和 NMR 谱的积分面积就可以简化 NMR 谱。NMR 氢谱常应用于结构鉴定、定量分析及动力学方面的研究。NMR 谱是有机物结构鉴定的很重要的一种手段，在有机物结构鉴定过程中，前期需要了解待测样品的物理、化学性质，尽量能确定待测物的化学式（一般可用质谱法确定）。因为根据分子式可以计算分子的不饱和度，可初步确定化合物的环和双键，根据 NMR 谱图推测有机物结构分析主要依靠分子中含 H 基团的化学位移占谱峰的裂分（精细结构）与峰的面积。对 ^1H NMR 谱图进行解析一般按以下步骤。

1）首先检查整个 ^1H NMR 谱图的外形、信号的对称性、分辨率、噪声和待测样品的信号等。

2）观察所用溶剂的谱图信号和杂质峰等。

3）确定 TMS 的位置，若有偏移现象，检查所有信号并同时进行校正。

4）根据分子式计算结构的不饱和度。

5）根据积分曲线计算其质子数。在正确记录的 NMR 波谱图中，共振吸收峰的峰面积和 H 核数成正比，根据各峰峰面积之比就可得到各类 H 核数比值。如果不确定分子式，可根据各峰的积分线高度比值求得各类 H 原子核的数量。

6）解析单峰。

7）确定待测物是否为芳香族类化合物。如果待测物谱图在 6.5～8.5 范围内有信号，则表示待测物是芳香族化合物。如出现 AA′BB′的谱形则代表存在芳香邻位或对位基团（张锦胜，2007）。

8）解析多重峰。按照一级谱的规律，根据各峰之间的相互关系，确定有何基团。如果峰太弱，可局部放大分析，增大各峰的强度。

9）把谱图中所有峰的化学位移与文献值对比，确定官能团的种类，并推测质子所处的化学环境，可根据图 7.5 列出一些常见基团的化学位移范围来推测。

10）用重水交换确定有无活泼氢元素。由于活泼氢（—OH、—NH—）易形成氢键及发生化学交换，使 δ 值在很大范围内变化，δ 值无法确认。

11）连接各基团，推出结构式，并用此结构式对照得到的谱图，判定其正确性。再对照已知化合物的标准谱图，确定结构式（曾泳淮，2001）。

参 考 文 献

杜一平. 2015. 现代仪器分析方法. 2 版. 上海：华东理工大学出版社

高明珠. 2011. 核磁共振技术及其应用进展. 信息记录材料，3: 48-51

郭兴杰. 2015. 分析化学. 北京：中国医药科技出版社

江春迎，王映红. 2014. 基于核磁共振技术的定量代谢组学研究. 药学学报，7: 949-955

孔令义. 2015. 天然药物化学. 北京：中国医药科技出版社

李银，李侠，张春晖，等. 2013. 利用低场核磁共振技术测定肌原纤维蛋白凝胶的保水性及其水分含量. 现代食品科技，11: 2777-2781

刘约权. 2006. 面向 21 世纪课程教材：现代仪器分析. 2 版. 北京：高等教育出版社

刘约权. 2001. 现代仪器分析. 北京：高等教育出版社

卢穹宇，姬胜利. 2008. 核磁共振技术在糖类结构解析中的应用. 中国生化药物杂志，3: 207-209

史全水. 2006. 核磁共振技术及其应用. 洛阳师范学院学报，2: 82-84

王东云. 2008. 核磁共振技术及应用研究进展. 科技信息(学术研究)，27: 353-354

王彦广，吕萍，马成，等. 2015. 有机化学. 北京：化学工业出版社

吴谋成. 2003. 仪器分析. 北京：科学出版社

曾泳淮，林树昌. 2004. 分析化学(仪器分析部分). 2 版. 北京：高等教育出版社

曾泳淮. 2003. 仪器分析. 北京：高等教育出版社

张建锋. 2014. 基于核磁共振成像技术的作物根系原位无损检测研究. 杭州：浙江大学博士学位论文

张锦胜，王娜，林向阳，等. 2008. 核磁共振技术在脐橙保藏和质量评估中的应用. 食品研究与开发，6: 126-129

张锦胜. 2007. 核磁共振及其成像技术在食品科学中的应用研究. 南昌：南昌大学博士学位论文

张云. 2010. 核磁共振技术的历史及应用. 科技信息，15: 116-118

周凝，刘宝林，王欣. 2011. 核磁共振技术在食品分析检测中的应用. 食品工业科技，1: 325-329

第8章 拉曼光谱法

8.1 拉曼光谱的基本原理

8.1.1 拉曼散射

用单色光照射透明样品时，光的绝大部分沿着入射光的方向透过，只有一小部分会被样品在各个方向上散射，用光谱仪测定散射光的光谱，发现有两种不同的散射现象，一种称瑞利散射，另一种称拉曼散射（黎兵，2008）。

1. 瑞利散射

如果光子与样品分子发生弹性碰撞，即光子与分子之间没有能量交换，则光子的能量保持不变，散射光的频率与入射光频率相同，只是光子的方向发生改变，这种散射是弹性散射，文献中通常称为瑞利散射。

2. 拉曼散射

如果光子同分子发生非弹性碰撞，两者之间就会发生能量的交换，光子会把部分能量传递给分子，或从分子中吸取部分能量，那么光子的能量就会相应地减少或增多。在瑞利散射线的两侧可观察到一系列低于或高于入射光频率的散射线，称为拉曼散射。

图 8.1 为散射效应示意图。$h\nu_0$ 表示入射光所具有的能量，在入射光同稳定态的分子（如图中所示的 E_0/E_1 态分子）发生相互碰撞的时候，分子能量能够在短时间内提高至 $E_0+h\nu_0$ 或 $E_1+h\nu_0$，若这两种能态不是该分子自身能够允许的稳定能

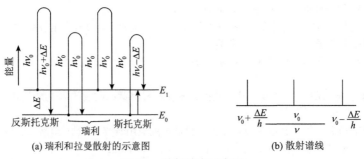

(a) 瑞利和拉曼散射的示意图 (b) 散射谱线

图 8.1 散射效应示意图

级，那么分子能量便会瞬间降低至低能态，在此过程中，分子会散射出相应的能
量。反之，若 $E_0+h\nu_0$ 或 $E_1+h\nu_0$ 是分子能够允许的能级，那么分子就会吸收入射光。
若分子再回到原来的能级，那么散射光与入射光的频率一致，就会获得瑞利线。

但是，若分子没有回到最初的能级，却跃迁到了另一能级，就会得到拉曼线。
如果分子最初为基态 E_0，分子同光子发生碰撞之后便会具有较高能级 E_1，分子得
到的能量就是 E_1-E_0，而这部分能量便是光子所消耗的能量，结果是散射光小于
入射光频率，就会在光谱上显示出红伴线，即为斯托克斯线，频率为

$$\nu_- = \nu_0 - \frac{E_1-E_0}{h} \tag{8.1}$$

而在光子同激发态 E_1 分子发生相互碰撞后再回到基态 E_0 的时候，分子损失
的能量表示为 E_1-E_0，光子便得到了分子损失的能量，最终散射光频率大于入射
光频率，就会在光谱上显示出紫伴线，即为反斯托克斯线，频率为

$$\nu_+ = \nu_0 + \frac{E_1-E_0}{h} \tag{8.2}$$

斯托克斯线或反斯托克斯线的频率同入射光的频率差表示为 $\Delta\nu$，称为拉曼
位移。斯托克斯线同反斯托克斯线的拉曼位移是一致的，

$$\Delta\nu = \nu_0 - \nu_- = \nu_+ - \nu_0 = \frac{E_1-E_0}{h} \tag{8.3}$$

其中，$\nu_0 \pm \Delta\nu$ 谱线统称为拉曼谱线。

斯托克斯线及反斯托克斯线两者的跃迁概率相同。因为分子多数处在基态，反
斯托克斯线较斯托克斯线弱很多。在进行拉曼光谱分析时，一般利用斯托克斯线。

从图 8.1 能够得出：拉曼位移与入射光频率没有关系，采用不同频率入射光
都能看到拉曼谱线。拉曼位移通常在 $25 \sim 4000~\text{cm}^{-1}$ 范围内，其频率与远、近红
外光谱频率接近，也就是说与拉曼效应对应的是分子振-转能级或转动能级跃迁。
然而，在直接使用吸收光谱法进行分析时，这种跃迁便发生在红外区，所获得的
便是红外光谱。所以，拉曼散射规定入射光能量应小于电子跃迁时的能量，同时
远大于振动跃迁的能量。

通常，拉曼散射的入射光要使用可见光（黎兵，2008）。

8.1.2　红外光谱与拉曼光谱的关系

1. 红外活性与拉曼活性

红外光谱中，振动是否属于红外活性，要根据分子在振动时的偶极矩是否发
生了改变；对拉曼活性而言，要根据分子振动时其极化度是否有改变（在分子转

动期间，若极化度有变化，也属于拉曼活性；但是转动跃迁对拉曼光谱而言，在分析上的作用并不大）。

所谓极化度，就是分子正电场（如光波这样的交变电磁场）的作用下，分子中电子云变形的难易程度，极化度 α、电场 E、诱导偶极矩 μ 三者之间的关系。

$$\mu = \alpha E \qquad (8.4)$$

也就是说，拉曼散射与入射光的电场 E 引起分子极化的诱导偶极矩相关。同红外光谱吸收强度同分子振动过程中偶极矩的改变相关一样，拉曼光谱中其谱线强度与诱导跃迁的偶极矩的改变呈正相关关系。

对分子而言，它的拉曼与红外有活性与否，可通过如下规则进行判断。

（1）互相允许的原则

通常地，若分子没有对称的中心，则其拉曼光谱及红外光谱皆是活性的。

（2）互相排斥的原则

对有对称中心的分子来说，如果它的红外光谱是活性的（即跃迁是被允许的），那么它的拉曼光谱即为非活性的（及其跃迁是被禁止的）。相反地，如果该分子的振动对拉曼是活性的，那么它的红外即为非活性的。

（3）相互禁阻的原则

上述阐述的两点原则包含大部分分子振动行为，然而，还是有小部分的分子振动，其拉曼及红外光谱皆是非活性的，由于乙烯是一种平面对称的分子，无永久偶极矩，扭曲振动过程中也不会有偶极矩的改变，因此它属于红外非活性的。同时，在发生扭曲振动时，也无极化度的变化，因为这种振动不会使电子云的形状发生改变，所以它也属于拉曼非活性的。

2. 红外光谱与拉曼光谱的比较

拉曼光谱产生机理虽有别于红外光谱，但是这两种光谱反映出的分子能级跃迁的类型是相同的。对于一个分子而言，若其振动方式对于拉曼散射及红外吸收皆是活性的话，那么拉曼光谱中的拉曼位移和红外光谱中的吸收峰频率也就一致，不同的仅仅是对应峰的强度。总而言之，红外光谱、拉曼光谱及基团的频率三者之间的关系始终保持一致。所以，在第 5 章红外光谱中所提到的构造分析的方法也能用到拉曼光谱中，就是凭借谱带频率、强度、形状来推测分子的具体构造（杨金梅等，2014）。

根据拉曼光谱的基团频率关系可知，O—H 伸缩振动，其红外及拉曼光谱皆在 3600 cm^{-1} 左右，N—H 伸缩振动在 3400 cm^{-1} 左右，其他官能团（如 C—H）的伸缩振动在 3000 cm^{-1} 左右，C≡C 伸缩振动在 2200 cm^{-1} 左右等，都是相同的。

然而，因拉曼光谱及红外光谱彼此间活性机理有差异，所以，两光谱间毕竟会出现一定区别，如反烯烃的内双键。

720 cm^{-1} 处出现红外谱带，说明了碳链上有四个以上的次甲基存在，而拉曼光谱则没有；相反地，1675 cm^{-1} 处出现了较强的拉曼线，而几乎没有相应红外谱带的存在。

拉曼光谱和红外光谱相同，其基团的频率是个范围值。对特定基团而言，拉曼频率的改变显示出与该基团相连分子其余部分的构造。乙烯基的频率在 1600～1680 cm^{-1} 范围内，而对乙烯而言，拉曼峰为 1620 cm^{-1}，对 CH_2＝CHR 类型烯烃而言，拉曼峰为 1647 cm^{-1}，CH_2＝CHCl 乙烯基的拉曼峰为 1608 cm^{-1}，CH_2＝CHCHO 的拉曼峰为 1618 cm^{-1}。

8.1.3 拉曼光谱的特点

拉曼线的数量、位移及谱带的强弱和分子的转动与振动有直接关系（尹建国等，2009）。它在分析分子构造时，有与红外光谱技术相同的效果。拉曼光谱与红外光谱的关系及拉曼光谱的特点如下。

1）红外光谱是由于分子对红外光的吸收而产生的；而拉曼光谱则是因分子对可见光的散射产生（袁玉峰，2011）。

2）通常而言，极性基团振动及分子非对称振动造成了分子偶极矩的改变，对红外是活性的；但是非极性基团的振动与分子的完全对称振动，改变了分子的极化率，则属于拉曼活性的（李平，2002）。大多数的有机化合物都有对称性，所以在红外及拉曼光谱里皆有相应的反应。但是红外光谱只能对不同原子间极性键的振动作用分析有效，而拉曼光谱则对相同原子间非极性键的振动作用分析有效。所以，这两者是互补的（南景宇，2002）。

3）由于拉曼光谱是采用可见光为光源的，水的拉曼散射效果很好，所以拉曼光谱能够采用水充当溶剂（陈德良和秦水介，2009）。然而水在红外中有较强吸收带，对大部分材料具有溶浊的效果，所以做水溶液的红外光谱尤为困难（杭义萍和王海水，2012）。

因拉曼光谱具有高灵敏度，能够获取的信息也多于红外光谱。所以，它的应用前景将会十分广阔。

8.2 拉曼光谱仪

印度著名物理学家 Raman 研究发现，在一束光射向介质时，介质会把一些光束向各个方向散射，被特定的分子散射的一些辐射波长和入射光波长不同，且其波长位移和散射分子的化学构造密不可分，通过此研究能够研究出分子的构造、官能团及化学键存在的位置（徐宝玉，2011）。1960 年激光光源问世，拉曼光谱的发展更十分迅速，使用领域逐步扩大。在此期间，学者对激光拉曼光谱进行了卓有成效的研究，并设计出诸多新颖的激光拉曼光谱仪，主要包括傅里叶变换拉曼光谱仪及色散型激光拉曼光谱仪两种（李佳佳等，2017）。

8.2.1 拉曼光谱仪的构造

1. 光源

拉曼光谱仪的光源采用激光光源。因为拉曼散射并不强，所以对光源的强度要求并不大，通常采用激光光源，包括红外及可见激光光源（郑一凡，2010）。例如，308 nm 及 351 nm 发射线的紫外激光光源；Ar$^+$激光仪是在 488.0 nm 和 514.5 nm 等可见区发光。部分拉曼光谱的实验中需保证入射光强稳定，所以就必须保证激光器输出功率是稳定的（魏华江等，2004）。

2. 外光路

外光路包括聚光、集光、样品架、滤光及偏振等构件（李巧玲等，2013）。

（1）聚光

常采用适宜焦距的一至两片透镜，以保证样品能够位于会聚激光束的中上部，从而增强样品光辐射的功率，使单位面积样品的辐照功率比未安装透镜之前提高了 10^5 倍。

（2）集光

普遍使用反射凹面镜或透射组为散射光收集镜。一般是孔径为 1 的透镜所构成的。于样品而言，在集光镜的对面或光的传播路径上安装反射镜，能够收集到更多的散射光。

（3）样品架

设计样品架的原则是确保照明最有效，同时杂散光最少，特别是避免入射光射入狭缝中（张树霖等，1985）。部分典型的样品架空间配置如图 8.2 所示。

（4）滤光

配备滤光是为了降低杂散光，从而增加拉曼散射的信噪比。在样品前方，滤光装置的配件采用干涉滤光片或前置单色器，光源中不属于激光频率的光能被它们过滤。小孔光阑能有效过滤出激光器所产生的等离子线等。在样品后方，为了能够过滤出瑞利线的大多数能量，可以采用适宜的干涉滤光片及吸收盒，从而使拉曼散射强度增加（杨性愉和黄永明，1996）。

（5）偏振

在进行偏振谱的测量时，外光路中一定要加入偏振元件。入射光偏振方向能依靠偏振元件来改变；在光谱仪的入射狭缝前安装检偏器，能够改变进入光谱仪的散射光的偏振；为了减弱光谱仪的退偏干扰，可以在检偏器后安装偏振扰乱器（吴海英等，2014）。

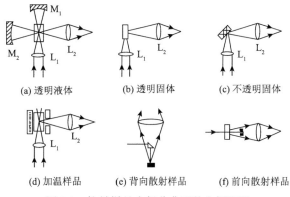

(a) 透明液体　　　　　(b) 透明固体　　　　　(c) 不透明固体

(d) 加温样品　　　　(e) 背向散射样品　　　(f) 前向散射样品

图 8.2　拉曼样品中部分典型的空间配置

3. 色散系统

色散系统的作用是根据波长将拉曼散射光在空间进行区分,一般采用单色仪。通常,拉曼光谱仪中有多个单色器。因为所测量的拉曼位移相对较小,所以要求仪器具有较高的单色性(葛宪莹等,2013)。傅里叶变换拉曼光谱仪(FT-Raman spectrometer)中,色散元件可以用迈克耳孙干涉仪来替代,其光源利用率较高,同时,也可使用红外激光,能够降低杂质及分析物所产生的荧光干扰(杨琨,2010)。

4. 接收系统

可以通过单通道与多通道两种类型接收信号。光电倍增管接收属于单通道接收,探测器属于多通道接收等。

5. 信息处理及显示

在获取拉曼散射信息时,常使用的电子学处理法包括选频、直流放大及光子计数,之后再采用计算机接口软件及记录仪绘制图谱(杨经国等,1995)。

8.2.2　色散型激光拉曼光谱仪

色散型激光拉曼光谱仪普遍采用可视辐射,所以它和紫外分光光度计的构造相似,四大部分主要为激光光源、样品室、单色器及检测器(李灿等,1999)。

1. 激光光源

光源必须有高单色性,同时光源照射样品时可以产生很强的散射光。拉曼光谱仪一般使用连续性气体激光器,因为拉曼光谱仪最适合的光源为激光,例如,波长在 514.5 nm 及 488.0 nm 处的 Ar^+ 激光仪,波长在 632.8 nm 处的 He-Ne 激光仪,还能够采用可调激光仪等。激光拉曼光谱图中的拉曼位移不会受到波长的影响，所以尽管使用的激光波长有所差异，但不同的只是拉曼光谱图上的光强度。

2. 样品室

为了选择固定波长激光同时削弱杂射光的影响，在激光仪同样品间安置一个由反射镜、光栅及狭缝所构成的前置单色仪。在样品室中，通常使用 90°照明方式，即在与激光形成 90°处的位置来观察拉曼散射。除此之外，还包括 180°的照明方式等。同时，为适应不同存在状态的样品，更换样品架与样品池，样品室还配备了 3D 可调平台。

3. 单色器

在样品室收集到的拉曼散射光，通过入射狭缝后便射入单色器中。激光束在激发样品时产生了拉曼散射的同时，也会产生较强的瑞利散射，对于其余部分的反射光也都会被聚透镜吸收到单色仪进而形成许多杂射光，这些光对拉曼信息的勘测有严重的影响，因为它们分散在瑞利散射周围，这时就需要安装单色仪（程鹏，2013）。色散型拉曼光谱仪多使用单色仪系统，如双单色仪或三单色仪。配有全息光栅的双联单色仪是目前最好的单色仪，同激光的波长十分相近的弱拉曼线也能得以勘测，因为它可以消除杂散光（陆志伟等，1989）。

4. 检测器

由于拉曼散射光在可见光区范围内，因此可以将光电倍增管作检测部件。拉曼光谱仪的检测器可以把自身检测的光信号转换为电信号，规定检测器必须有高灵敏性，这是因为拉曼散射光的信号十分微弱。现代仪器设备中许多都使用阵列型多道光电检测器，如电荷耦合阵列检测器（CCD），把其安装在拉曼光谱仪的光谱面就能观测到整个光谱，而且 CCD 易于同计算机连接，非常适合对较弱的光信号进行勘测，因为 CCD 具有高量子效率与低暗电流及噪声。

5. 附件

激光拉曼光谱仪能够对部分微量、质地不均及不适合直接提取的样品进行检测研究，前提是安装光纤探针及显微镜等特殊的元件。

8.2.3　傅里叶变换拉曼光谱仪

傅里叶变换拉曼光谱仪的主要组成元件包括近红外激光光源、迈克耳孙干涉仪、样品室、滤光片组等。检测器所检测的信号经由放大后传输至计算机进行收集与处理。

1. 近红外激光光源

普遍采用 Nd-YAG 激光仪来替代可见光激光器，它能够发出波长为 1.064 nm

的近红外激发光，其能量要比荧光所需的阈值低些，所以能够避免拉曼谱所受荧光的影响（叶晓东，2006）。

2. 迈克耳孙干涉仪

和 FTIR 所采用的干涉仪相同。使用该类干涉仪是为了更匹配近红外激光，同时采用氟化钙作分束器。拉曼光谱范围内的散射光经过干涉仪便获得了干涉图。再借以计算机辅助进行快速地傅里叶变换，便得到了拉曼散射的强度随拉曼位移改变的拉曼光谱图。

3. 样品室

傅里叶变换拉曼光谱仪具有适用于不同需要的样品池，这些样品池皆能够被安装在标准的样品板里。

4. 滤光组片

拉曼光谱特征是拉曼效应十分微弱，且拉曼散射的强度即为激发光的强度。

8.3　拉曼光谱法的应用

8.3.1　有机物的结构分析

1. 烷烃及环烷烃类的结构测定

测定基团的特征拉曼位移，能够分析出该物质所具有的官能团。拉曼光谱法测定原理与红外光谱十分相似，因为官能团都不是彼此孤立的，它在分子中同周边原子有着紧密的联系。所以若分子不同，那么即使分子的官能团是相同的，这些官能团的拉曼位移也是不同的，它们的频率也不固定，而是在一定的范围内波动。例如，$C\!=\!\!C$ 的拉曼位移在 $1680\sim1600\ cm^{-1}$ 范围内；氯乙烯中是 $1608\ cm^{-1}$；乙烯中是 $1620\ cm^{-1}$；丙烯中是 $1641\ cm^{-1}$；烯醛中是 $1618\ cm^{-1}$。拉曼光谱技术普遍适用于有机分子骨架的测定分析，红外光谱技术通常用于对有机化合物分子的端基进行测定。对有机化合物而言，拉曼光谱技术因其散射强度较高，特性较强，所以更适宜测定分子中存在不饱和键与 C—H、C—S、C＝S、S—S、S—H、C＝H、N—H、N＝N、脂环及金属键等物质。因此在测定水溶液里的有机化合物的结构时，拉曼光谱技术较红外光谱技术有利。例如，分析苯环中取代基的存在位置时，能够依据拉曼的位移值来进行测定。对位取代基苯环的拉曼位移值是 $1000\ cm^{-1}$，间位取代基的拉曼位移值是 $635\ cm^{-1}$，而邻位取代基中苯环拉曼位移值分别在 $(1035\pm15)cm^{-1}$ 及 $700\ cm^{-1}$ 附近（Tina，2010）。

拉曼及红外光谱技术两者彼此配合、彼此补充时，能更好地对分子的构造进行测定与分析。在苯环取代基位置的鉴定与分析问题中，针对—C—C—、—C≡C—、—N≡N—等基团，红外吸收相对较弱，因在振动时其偶极矩改变均不明显，但是其拉曼谱线相对较强，所以拉曼光谱能够为部分基团的确定提供更加确切可靠的依据。拉曼光谱是对拉曼位移进行的测定，测定的是相对于入射光频率的改变值，若在可见光范围内，可以用第三单色器，拉曼位移能够测出很低的波数。在偏振度的测定中，该法能够确定分子的对称性。因此拉曼光谱技术有助于对结构的测定分析。

2. 顺反异构体的鉴别

拉曼光谱技术同红外光谱技术相配合，能有效地鉴定顺反异构体。例如，$H_4C_4N_4$ 化合物，于 1621 cm^{-1} 处出现表征为 C≡C 的强拉曼谱带，同在 1623 cm^{-1} 处现实的强红外谱带几乎相同，那么此化合物同时拥有拉曼活性及红外活性。而同时具有拉曼与红外活性的物质，它是不具对称中心的分子，因此能判断出此化合物为顺式结构，而非反式结构。

8.3.2　高聚物分析

在烃类碳链及碳环的骨架振动时，拉曼光谱的特征性要明显强于红外光谱。每种构造的碳链或碳环都有其各自的拉曼线，所以在非极性基团与骨架结构的对称振动时，会产生很强的拉曼谱带。拉曼光谱技术适于对含有长链骨架构造的高聚物的结构进行分析。含有 C≡C 双键的高聚物，如对聚丁二烯的异构进行测定分析，拉曼光谱的分析效果会更佳。1,4-反式及顺式结构其拉曼线在 1664 cm^{-1} 及 1650 cm^{-1} 处，1,2-端乙烯结构的拉曼线则在 1639 cm^{-1} 处。另外，通过拉曼光谱带的除偏振度等优势能够鉴别出高聚物的构型，如单取代乙烯的聚氟乙烯、聚氯乙烯等物质的立体构造（Tina，2010）。

8.3.3　医药及生物高分子的研究

在医药及生物大分子的构造研究领域内，拉曼光谱技术的应用较红外光谱技术应用的优势更加明显。拉曼光谱技术在分析鉴定时不需经过处理样品这一烦琐的过程，甚至某些只采用片剂即可。拉曼光谱技术在医药研究中具有十分重要的应用，拉曼光谱技术有助于许多生物活性物质的结构研究与分析，如蛋白质、毒素、肽抗体等，而且此过程中获得了良好的效果与巨大成就（苗丽，2016）。

现阶段的拉曼光谱仪器常配备有高灵敏性的阵列检测仪、SMA 接口光纤探头，它们能够用于成品质量认证、时效反应监察、远程监督与高散射物质的特征分析等工业领域。

8.3.4　无机材料的分析

利用拉曼光谱技术能够对陶瓷及半导体等无机类材料进行分析，如对剩余应力的检测分析、晶体物质构造的解析等。同时对于分析合成生物大分子、高分子，拉曼光谱技术也是非常重要的方法，如对分子的取向、蛋白巯基、卟啉环等进行分析。除此之外，拉曼光谱技术在分析燃烧物及空气中污染物成分等领域也有不可忽视的作用。各种碳材料的拉曼光谱各不相同，所以可以通过光谱加以区别。

8.3.5　共振拉曼散射

通常共振拉曼散射（resonance Raman scattering，RRS）的激发波长是依据被测物的紫外-可见吸收光谱峰的邻近处波长。被测物质的分子吸收光后会跃迁到更高的电子能级并迅速回到基态振动能级，最终形成了共振拉曼散射。这个过程耗时很短，仅在 10^{14} s 左右。荧光发射是在分子吸收光后首先产生振动松弛，然后再回到第一电子激发态中的第一振动能级，最终返至基态时发光。荧光发射的寿命在 10^{-8}～10^{-6} s 内。

共振拉曼技术的强度一般较普通拉曼光谱技术的强度高出 10^{2}～10^{6} 倍，检测限能够达到 10^{-8} mol·L^{-1}，共振拉曼散射技术（RRS 法）能够进行高灵敏度的测定与状态的解析等，因为通常普通拉曼光谱技术只用来测定高于 0.1 mol·L^{-1} 浓度的待测样品，如检测较低浓度的生物大分子的水溶液等。共振拉曼技术的主要缺点是具有荧光干扰（贾丽华，2011）。

例如，使用共振拉曼技术测定血红蛋白与细胞色素 C 中所含的 Fe 原子的氧化状态及 Fe 的自旋状态。这时共振拉曼的结果只由四个吡咯环的振动类型决定，同蛋白相关的其余拉曼峰并不会加强，处于非常低的浓度时也不会有干扰。

8.3.6　表面增强拉曼散射

表面增强拉曼散射（surface-enhanced Raman scattering，SERS）技术是采用普通拉曼光谱技术来确定吸附于胶质金属粒子上的金、银及铜表面上的待测样品，或吸附于金属片粗糙表面的待测样品。虽然详细原因尚不太明确，但是有学者研究表明，被吸附的待测样品的拉曼光谱强度能够提升 10^{3}～10^{6} 倍。若把表面增强拉曼同共振拉曼加以结合，光谱强度净增量将为两方法增强之和。检测限能够低到 10^{-9}～10^{-12} mol·L^{-1} 范围内。表面增强拉曼是用来解析吸附物质的状态。

参 考 文 献

陈德良，秦水介. 2009. 水对乙醇溶液荧光光谱和拉曼光谱的影响研究. 中国科技信息，(4): 38-39

程鹏. 2013. 基于激光拉曼散射线成像测量发动机缸内摩尔分数和温度. 长春: 吉林大学博士学

位论文

葛宪莹, 陈思颖, 张寅超, 等. 2013. 纯转动拉曼激光雷达中阶梯光栅单色仪设计. 光谱学与光谱分析, 33(2): 567-570

杭义萍, 王海水. 2012. 红外光谱: 消除水溶液中水吸收峰干扰的新方法. 中国化学会学术年会

贾丽华. 2011. 共振拉曼光谱方法探测水溶液中生物分子的研究. 长春: 吉林大学博士学位论文

黎兵. 2008. 现代材料分析技术. 北京: 国防工业出版社

李灿, 辛勤, 应品良, 等. 1999. 一种紫外拉曼光谱仪. 中国科学院大连化学物理研究所

李佳佳, 李荣西, 董会, 等. 2017. 应用显微激光拉曼光谱测定 CO_2 气体碳同位素值 δ13C 的定量方法研究. 光谱学与光谱分析, 37(4): 1140-1144

李平. 2002. 环型硫分子的从头算及其应用. 化学物理学报(英文版), 15(6): 419-432

李巧玲, 吴易明, 肖茂森, 等. 2013. 一种线偏振光偏振矢量方位的测量方法及其装置. 光学定向与瞄准技术研究室

陆志伟, 宋从龙, 印建平, 等. 1989. 用全息凹面光栅双单色仪的激光拉曼光谱实验. 苏州大学学报(自然科学版), (3): 267-270

苗丽. 2016. 二维相关光谱在药品快检中的应用研究. 上海: 第二军医大学硕士学位论文

南景宇. 2002. 红外光谱与拉曼光谱产生机理的比较——双原子分子的情形. 物理通报, (7): 8-9

王笑. 2014. 应用激光拉曼光谱和红外光谱快速鉴别农业食品真伪. 广州: 华南师范大学硕士学位论文

魏华江, 邢达, 巫国勇, 等. 2004. Ar^+ 激光和 532 nm 激光及其线偏振激光辐照光学模型下人正常小肠组织光学特性. 光谱学与光谱分析, 24(5): 524-528

吴海英, 张三喜, 王维强, 等. 2014. 宽场偏振干涉成像光谱仪的调制度研究. 红外与激光工程, 43(1): 201-207

徐宝玉. 2011. 劈尖干涉理论及应用. 黑龙江科技信息, (6): 58-58

杨金梅, 张海明, 王旭, 等. 2014. 红外光谱和拉曼光谱的联系和区别. 物理与工程, 24(4): 26-29

杨经国, 刘新民, 薛康. 1995. 用于与 HRD-1 双光栅单色仪及 1109 光子计数器联用的拉曼光谱计算机数据采集与处理系统. 光散射学报, (Z1): 249-250

杨琨. 2010. 傅里叶变换红外光谱仪若干核心技术研究及其应用. 武汉: 武汉大学博士学位论文

杨性愉, 黄永明. 1996. 一种用喇曼光谱检测的陷波滤光装置. 内蒙古大学学报(自然科学版), (3): 321-324

叶晓东. 2006. 若干大分子问题的荧光研究. 合肥: 中国科学技术大学博士学位论文

尹建国, 李旺兴, 尹中林, 等. 2009. 拉曼光谱仪在过饱和铝酸钠溶液结构分析中的应用. 全国光散射学术会议

袁玉峰. 2011. 基于激光拉曼镊子和红外光谱技术分析生物材料的应用研究. 桂林: 广西师范大学硕士学位论文

张树霖, 刘丽玲, 周赫田. 1985. 喇曼光谱样品架: CN 85200108

郑一凡. 2010. 用于便携拉曼光谱仪的近红外半导体激光器研究. 天津: 南开大学硕士学位论文

Tina. 2010. 激光拉曼光谱仪的应用. http://xueshu.baidu.com/s?wd=paperuri:(a37641de4d20b7707472fba353b32b0a)&filter=sc_long_sign&sc_ks_para=q%3D%E6%BF%80%E5%85%89%E6%8B%89%E6%9B%BC%E5%85%89%E8%B0%B1%E4%BB%AA%E7%9A%84%E5%BA%94%E7%94%A8&tn=SE_baiduxueshu_c1gjeupa&ie=utf-8&sc_us=3115990077527100268

第二部分　分离分析法

第9章 色谱法导论

9.1 概 述

9.1.1 色谱法的定义和发展历史

色谱法（chromatography）又称"色谱分析"、"色谱分析法"、"层析法"，是一种根据物质的物理或物理化学性质不同而进行分离分析的方法（朱小兵，2006）。

色谱法出现在 20 世纪初，由俄国植物学家茨维特发现。在其研究植物叶中的色素时，先用有机物石油醚提取植物叶中的色素，然后将提取液注入一根填充 $CaCO_3$ 的竖直放置的玻璃管上端，然后用纯石油醚对其进行洗涤，洗涤后玻璃管内植物色素被分离成具有不同颜色的条状谱带。他将这种分离方法称为色谱法；将玻璃管称为色谱柱；由于管内填充物（$CaCO_3$）是固定不动的，称为固定相；淋洗剂（石油醚）是携带混合物流过固定相的液体，因此称为流动相（李迎胜，1992）。

高效液相色谱的出现不仅解决了气相色谱不能直接分析、难挥发等方面的问题，还拓宽了色谱法的应用范围，成为色谱发展过程中的一个重要转折点（邵雅茜，2012）。色谱分析法在 20 世纪 80 年代得到迅猛发展，使色谱法成为物理化学研究中一种重要的分离方法。

色谱法通过不断的发展，现已成为分离有机物或无机物（有色或无色）的一种重要分离方法，也常用于复杂混合物、相似化合物的异构体或同系物等的分离。色谱分析法是将色谱法与适当的检测器结合起来，也是一种重要的分离、分析技术（李富勇，2011）。

9.1.2 色谱法的分类

色谱法按不同的角度，可以有不同的分类方法，将色谱法按以下角度分类。

（1）按流动相与固定相状态分类

色谱法按流动相与固定相状态可分为气相色谱法（GC）、液相色谱法（LC）、超临界流体色谱法（SFC）。气相色谱法是流动相为气体的色谱；液相色谱法是流动相为液体的色谱；超临界流体色谱法是以超临界流体为流动相的色谱。这样分类的理由是流动相可以是气相、液相和超临界流体，固定相可以是固体也可以是液体（液态被固定在固体载体表面上），相对应气相色谱可分为气-固色谱法（GSC）、气-液色谱法（GLC）；同理得液相色谱可分为液-固色谱法（LSC）、液-液色谱法（LLC）（徐锦洪，1995）。

（2）按分离机理分类

利用组分在吸附剂（固定相）上的吸附能力的差别进行分离的方法，称为吸附色谱法（AC）。利用组分在液态固定相中溶解度不同而分离的方法，称为分配色谱法（PC）。根据这种定义，LIC 与 GLC 都属于 PC 法范围。利用组分分子大小不同在多孔固定相（凝胶）中的选择渗透而分离的方法，称为凝胶渗透色谱法（GPC）或尺寸排阻色谱法（SEC），空间排阻色谱又称为凝胶色谱，是利用某些凝胶（固定相）对不同大小的分子、不同形状的组分所导致的阻碍作用不同而进行分离分析的色谱法（吴文辉，1973）。利用通过离子交换剂（固定相）对各组分的亲和作用力不同进行分离分析的方法称为离子交换色谱法（LEC），其中，应用于分离分析离子的离子交换色谱法称为离子色谱。利用组样以液体为介质的毛细管，在电场力作用下得到分离分析的方法，称为毛细管电泳法（CE）（李平，2012）。

（3）按色谱技术分类

程序升温气相色谱法、反应色谱法、顶空气相色谱法、毛细管气相色谱法、裂解色谱法、多维气相色谱法等。

（4）按操作方法分类

按操作方法不同可分为冲洗法、顶替法和迎头法（金鑫等，2013）。

冲洗法又称为洗脱法，是色谱法中是最常用的方法。其操作方法是先将样品组分加到色谱柱的上端，将在固定相上对各样品组分吸附或溶解能力比较弱的液体或气体作为冲洗剂，然后用冲洗剂来冲洗柱子。按照这种方法，利用在固定相上吸附或溶解能力不同达到使各组分分离的目的。

顶替法又称为排代法，是将一种顶替剂各组分依次顶替冲出色谱柱，将在固定相上的吸附或溶解能力比样品组分强的溶剂作为顶替剂。

迎头法又称为前沿法。其操作方法是将样品溶液连续地通过色谱柱，而使吸附或溶解能力比较弱的样品组分以纯的形态首先流出色谱柱，然后是吸附或溶解能力比较强的第二组分和第一组分，以混合物的状态流出色谱柱（丛景香等，2013）。

9.1.3　色谱图

1. 色谱图简介

操作方法是先把样品添加到色谱柱顶端，而后用冲洗剂（液体或气体）连续不断冲洗色谱柱，利用两个样品组分固液两相间的分配系数不同，使其在色谱柱内的移动速度产生差异。其中，如果样品组分 1 移动比样品组分 2 移动快，那么样品 1 在色谱柱中的保留时间会比样品 2 短，会先流出色谱柱。

色谱分析中，混合物样品经色谱柱分离后，组分会随流动相依次流出色谱柱，检测器会把样品中各组分的浓度信号转变为电信号，然后用记录仪将样品组分的电信号记录下来。样品中各组分在检测器上产生的信号强度随时间变化而作出的图称为色谱图（刘继兵，2017），因为色谱图记录了样品中各组分流出色谱柱的情况，所以又称为色谱流出曲线。相对应的流出曲线的突起部分称为色谱峰，因为电信号（电压或电流）强度与物质的浓度成正比，所以流出曲线实质上是浓度-时间曲线，一般的色谱图是对称的正态分布曲线（张维冰等，2000）。

2. 色谱图中的基本用语

1）基线：在正常实验操作条件下，没有组分流出，只有流动相通过检测器时，检测器才会产生响应值。好的基线是一条直线，如果基线向上倾斜或向下倾斜，称为漂移，如果基线上下来回波动，称为噪声。

2）色谱图的高度：又称为峰高力，从峰的最高处到峰底（峰的起点与终点之间的连接线）的距离。可以用峰的高度（mm）、电信号的大小（mV 或 mA）表示（蒋光辉，1985）。

3）峰宽：两个拐点处所作切线与基线相交点之间的距离（村上达史等，2011）。

4）面积：它是色谱的最高处到峰底之间的面积。峰面积是色谱定量的依据（段慧颖等，2014）。

5）色谱保留值：色谱保留值是色谱定性的依据，它体现了各待测样品组分在色谱柱上停留的现象。如果组分在固定相中溶解得越好，或样品组分与固定相的吸附性表现越强，那么在色谱柱中的停留时间越长，另一种说法是样品组分流出色谱柱所需的流动相体积就会越大。因此，保留值用保留时间和保留体积两个参数描述是一样的效果。

9.2　色谱的定性定量分析

9.2.1　色谱的定性分析

色谱法在实验中不能通过色谱图直接得到定性结果，必须通过对比已知组分、利用色谱文献数据或与其他分析方法一起才能得到所需定性结果。

1. 利用已知物做定性

在色谱定性分析中，利用已知组分定性是最常用、最简单、最可靠的方法。方法的原理是：在固定相确定和操作条件确定的条件下，任何物质都有固定的保留值，将其作为定性的指标测定。通过比较已知物和未知物的保留值是否相同，即可得出某一色谱峰为何种物质（王明华和陈建华，2013）。

2. 利用已知物直接做对照定性

对于组分不太复杂的样品，可以根据标准物直接做对照定性。选几种纯物质及与其相近的纯物质，将几种样品和已知纯物质混合，然后在统一的条件下测出色谱图，通过查阅标准色谱图进行对比得到结果。

如果样品复杂，导致色谱峰比较密集，这时测出的保留值就会有误差，通常就要采用追加法定性来进行判断（金郁等，2007）。

3. 与其他分析仪器结合定性

气相色谱能有效地将复杂的混合物分离，但不能对未知物进行有效地定性。质谱仪、红外光光谱仪等分析仪器虽可以确定物质的未知结构，但是无法分析、分离复杂的混合物。如果将两者结合，既能将复杂的混合物分离，又可同时确定未知物的结构，这是仪器发展一个方向，也是未来仪器领域的一个热点。

实现这两部分结合的条件是：①样品池的体积要足够小，色谱分离后相近的样品组分不能同时保留在样品池内；②分析的速度要足够快，可使色谱图中单一组分在峰洗脱期间，就能完成对样品组分的分析；③分析的灵敏度要很高，对待测样品的组分检测限度要很低，使样品组分能够得到足够信噪比的分析图谱。目前色谱仪与其他分析仪器结合使用，主要有以下两种。

（1）色-质联用

利用质谱仪灵敏度高、扫描速度快的特点，准确快速地测出未知组分相对分子质量大小，结合色谱仪就能将复杂混合物样品组分分离并定性。

（2）色谱-红外光谱联用

一般的纯物质会有特征性比较高的红外光谱图，利用未知待测样品的红外光谱图与标准红外光谱图做对比即可得到定性结果。

除了以上两种，核磁共振，紫外光光谱等技术也可以与色谱图实现联用技术。

9.2.2 色谱的定量分析

色谱定量分析就是要确定样品中某一组分的准确含量。色谱定量分析与绝大部分的仪器定量分析相同，是一种相对定量方法（李新，1997）。它是根据仪器检测器的响应值与待测组分的量在某些条件限制下，并通过与其成正比的关系来进行定量分析的。色谱定量分析中，在某些条件限定下，色谱峰的峰高或峰面积（检测器的响应值）与待测组分的数量（或浓度）是成正比的。色谱定量分析的基本公式为

$$w_i(c_i) = f_i A_i(h_i) \tag{9.1}$$

其中，w_i 表示组分 i 的质量；c_i 表示组分 i 的浓度；f_i 表示组分 i 的校正因子；A_i 表示组分 i 的峰面积；h_i 表示组分 i 的峰高（龚健，1981）。

在色谱的定量分析中，响应值即峰面积或峰高及校正因子直接影响定量分析结果的准确性。检测器响应值、校正因子的准确测定方法及定量分析方法的择优选择方法能得到合适的定量方法，并尽量地减少误差（刘翊等，2012）。

1. 峰高和峰面积的准确测定

峰面积和峰高是色谱图上的基本数据，其测量精度值将直接影响定量分析的精度。在色谱图中色谱峰是对称峰，在与其他峰完全分离的情况下，可以较为容易地测出峰高和峰面积的准确值（薛兴亚和梁鑫淼，2005）。如果在色谱峰不对称、没有完全分离开甚至基线发生较明显的移位时，就很难准确地测出色谱峰的峰面积和峰高。所以大部分的色谱研究采用的都是色谱工作站的数据来进行定量分析，通常都是在工作站自动完成测量色谱峰峰面积和峰高的测量工作。

2. 定量校正因子的测定

（1）绝对校正因子

在之前的色谱定量分析的基本公式中，f 为组分 i 的校正因子，其物理意义是单位峰面积所代表的 i 组分的量，是一个与 i 组分的物理化学性质和检测器的性质有关的常数。

同一个检测器，对于相同量的不同物质有不同的响应值，同一种物质的响应值只与该物质的量（或浓度）有关系。根据色谱定量分析的基本公式，可以计算出定量校正因子，

$$f_i = \frac{m_i(c_i)}{A_i(h_i)} \tag{9.2}$$

其中，m_i 为 i 组分的质量。

根据这一公式，取一定量（或一定浓度）的 i 组分做色谱分析，准确测量所得峰的峰面积（或峰高），代入式（9.2）中就可计算校正因子。

通过上述方法测定出的校正因子称为绝对校正因子，这个方法只适用于同一检测器。因为无论是换成同一类型的检测器还是同一厂家生产的同一型号，其检测器的灵敏度也是不同的，所以等量的同一种物质在不同检测器上的响应值也不同，得到的绝对校正因子也会不同。而对于同一个检测器，使用时间和操作条件不同，灵敏度也会发生变化。这些都限制了绝对校正因子在色谱定量分析中的使用，所以提出了相对校正因子。

（2）相对校正因子

相对校正因子是某物质与基准物质的绝对校正因子之比，即

$$f = \frac{f_i}{f_s} = \frac{m_i(c_i) \cdot A_s(h_s)}{m_s(c_s) \cdot A_i(h_i)} \qquad (9.3)$$

其中，f 表示相对校正因子；f_i 表示 i 物质的绝对校正因子；f_s 表示基准物质的绝对校正因子；$m_i(c_i)$ 表示 i 物质的质量（浓度）；$A_i(h_i)$ 表示 i 物质的峰面积（峰高）；$m_s(c_s)$ 表示 s 基准物质的质量（浓度）；$A_s(h_s)$ 表示 h 基准物质的峰面积（峰高）（程峰等，2011）。

常用的基准物质对不同检测器是不同的，热导检测器常用苯作基准物质，氢焰离子化检测器常用正庚烷作基准物质。

9.2.3　定量方法的选择

在色谱中常用的定量方法有归一化法、标准曲线法、内标法和标准加入法。如果按测量参数分，又可分为峰面积法和峰高法。在常用的四种方法中，归一化法常用峰面积法，其他三种定量方法用峰高和峰面积都可以得到准确测量。在分离度比较好、峰面积可准确测量时，使用峰面积法定量。但在分离度不好、色谱峰形也不好（如严重拖尾）时，使用峰高法定量比较好（李健隽，2012）。

1. 归一化法

所有出峰的组分含量之和按 100%计算的定量方法，称为归一化法。当样品中所有组分均能流出色谱柱，并在检测器上都能产生信号的样品，可用归一化法定量，其中组分 i 的质量分数可按式（9.4）计算：

$$w_i = \frac{f_i'A_i}{\sum_i f_i'A_i} \times 100\% \qquad (9.4)$$

其中，A_i 表示组分 i 的峰面积；f_i 表示组分 i 的质量校正因子（纪洁，2007）。

当 f_i 为摩尔校正因子或体积校正因子时，所得结果分别为 i 组分的摩尔百分数或体积百分数。

归一化法的优点是较为简便、准确，尤其是进样量的浮动和其他操作条件浮动时对定量结果产生的影响会很小。

归一化法定量的缺点主要是校正因子的确定比较麻烦，有的校正因子可通过计算和查阅文献得出，但当需要确定文献中查不到的校正因子时，还是需要复杂的实验。当校正因子比较相近时，可直接用峰面积归一化进行定量分析，例如，表 9.1 给出了 C_8 芳烃异构体的分析结果。四个组分的 FID 检测器的质量校正因子

为 0.96~1.00,结果给出了用校正因子进行归一化法的定量结果和直接用峰面积进行归一化的定量结果。比较两个结果,误差很小。在这种情况下直接用峰面积归一是十分方便的,也是误差范围所允许的。

表 9.1　C₈ 芳烃异构体的分析(FID 检测器)

组分	乙苯	对二甲苯	间二甲苯	邻二甲苯
峰面积(A_i)	120	75	140	105
质量校正因子(f_i')	0.97	1.00	0.96	0.98
$A_i \times f_i'$	116	75	134	103
用校正因子归一化法定量结果	27.0	17.5	31.3	24.1
直接用峰面积归一化定量结果	27.2	17.1	31.8	23.9

2. 标准曲线法

标准曲线法又称外标法或直接比较法,是在色谱定量分析中,尤其是 HPLC 定量分析中常用的一种方法,是一种简便、快速绝对的定量方法(归一化法则是相对定量方法)(白云霞和韩笑,2009)。

首先用待测样品组分的标准样品绘制标准工作曲线。具体操作方法是:将标准样品配制成不同浓度的标准梯度系列,在与待测组分相同的色谱条件下,等体积准确量待测样品组分进样,测量各峰的峰面积或峰高,用峰面积或峰高对样品浓度绘制标准工作曲线,此标准工作曲线应是通过原点的直线。如果标准工作曲线不通过原点,则说明测定方法存在系统误差需重新验证。所得标准工作曲线的斜率就是绝对校正因子。

在测定待测样品中各个待测样品组分含量时,需要用与绘制标准工作曲线完全相同的色谱条件作色谱图来测量待测物色谱峰的峰面积或峰高,之后根据峰面积和峰高在标准工作曲线上直接查出对应的色谱柱中各待测样品组分的浓度,也可根据式(9.5)计算:

$$p_i(\%) = f_i A_i(h_i) \qquad (9.5)$$

其中,$A_i(h_i)$组分表示峰的峰面积和峰高;f_i组分表示标准工作曲线的斜率。

已知进入色谱柱中待测样品组分的浓度,就可以根据待测样品处理条件及进样量来计算原样品中该组分的含量了。

如果待测组分含量变化很小,而且又知道这一组分的大概含量时,也可以不需要绘制标准工作曲线,这时可以根据单点校正法,也就是直接比较法定量。该方法原理就是先配制一个与待测样品组分含量差不多的已知浓度的标准溶液,在完全相同的色谱条件下分别将待测样品溶液和标准样品溶液以体积完全相同的量分别进入色谱柱内，之后作出色谱图。这必须在色谱条件完全相同的情况下进行，通过测量待测样品组分和标准样品的峰面积或峰高，测出峰面积和峰高之后，然后由式（9.6）来直接计算样品溶液中各个待测组分的含量：

$$w_i(\%) = \frac{w_s}{A_s(h_s)} \cdot A_i(h_i) \tag{9.6}$$

其中，w_s 表示标准样品溶液质量分数；w_i 表示样品中待测溶液中待测组分质量分数；$A_s(h_s)$ 表示标准样品的峰面积（峰高）；$A_i(h_i)$ 表示样品中 i 组分的峰面积（峰高）。

单点校正法实际上是利用原点作为标准工作曲线上的另外一个点。所以，当这个方法存在系统误差时（即标准工作曲线不通过原点），这个方法的误差就会越大。

标准曲线法的优点：计算较为简单，可直接从标准工作曲线上读出含量，适用于大量样品分析；标准工作曲线绘制后具有一定的时效性，在此期间只需简单矫正即可继续使用。

标准曲线法的缺点是：每次样品分析的色谱条件（检测器的响应性能、柱温、载气流速、进样量、柱效等）很难完全相同，因此容易出现较大误差。此外，绘制标准工作曲线时，一般使用与待测样品组分相似的标准样品（或已知准确含量的样品），因此对样品前处理过程中待测组分的变化无法确定。

3. 内标法

以适宜的物质作为待测组分对照组，定量加到待测样品中，依据待测组分和参比物在检测器上的响应值（峰面积或峰高）之比和参比物加到色谱柱内的量进行定量分析的方法称为内标法。内标法克服了标准曲线法的一些缺点，即每次待测样品组分分析时色谱条件很难做到完全相同，所以经常引起定量误差。

内标法的最主要部分就是选择一个合适的内标物，内标物应该是原来样品组分中不存在的纯物质，该物质的性质应尽可能与待测组分相同，同时也不能与待测样品发生化学反应，而且要能完全溶于待测样品中。如果待测组分 i 的量为 w_i，如加入内标物（s）的量为 w_s，待测组分（i）和内标物（s）的峰面积（或峰高）分别为 $A_i(h_i)$ 和 $A_s(h_s)$。待测组分（i）和内标物（s）的质量绝对校正因子分别为 f_i 和 f_s，则有

$$w_i = f_i' A_i(h_i) \tag{9.7}$$

$$w_s = f_s' A_s(h_s) \tag{9.8}$$

两式相除得

$$w_i = \frac{f_i}{f_s} \cdot \frac{A_i(h_i)}{A_s(h_s)} \cdot w_s = f' \frac{A_i(h_i)}{A_s(h_s)} \cdot w_s \tag{9.9}$$

其中，f' 为待测组分对内标物的质量相对校正因子，可由实验测定或由文献值进行计算得到。

内标法的优点是：组分进样量的变化和色谱条件的微量变化对内标法定量结果影响较小，特别是如果在样品前处理（如浓缩、萃取、衍生化等）加入内标物，之后再进行前处理时，可部分弥补待测组分在样品前处理时的损失。若想结果有很高的精确度，可以加入数种内标物，来提高定量分析的精确度。

内标法也有缺点：最适内标物很难确定，内标物的称量精准度要求很高，操作也很麻烦。但是因为进样量的不同和色谱条件变化引起的误差，内标法比标准曲线法要小很多，所以总的来说，内标法定量比标准曲线法定量的准确度和精密度都要好（吴艳和和娟，2013）。

9.3　色谱法的选择与应用

根据两相的状态分类可以分为气相色谱和液相色谱。流动相是气体的色谱法称为气相色谱（GC）；固定相是固体吸附剂的，称为气-固色谱（GSC）；若固定相是涂在惰性载体上的液体，则称为气-液色谱（GLC）。常用的气相色谱流动相有 N_2、H_2、He 等气体。流动相是液体的色谱法称为液相色谱（LC）。其固定相是固体吸附剂的，称为液-固色谱（LSC）；若固定相为液体，则称为液-液色谱（LLC）。常用的液相色谱流动相有 H_2O、CH_3OH 等（李爱玲等，2016）。

9.3.1　气相色谱

气相色谱法出现于 20 世纪 50 年代，是一种新的分离、分析技术，它广泛应用在工业、农业、国防、建设、科学研究中，是一项重大科学技术成就。气相色谱可根据固定相的不同分为气-固色谱和气-液色谱。气-固色谱的"气"字指流动相是气体，"固"字指固定相是固体物质，如活性炭、硅胶等。气-液色谱的"气"字指流动相是气体，"液"字指固定相是液体，例如，在惰性材料硅藻土涂上一层角鲨烷，可以分离、测定纯乙烯中的微量甲烷、乙炔、丙烯、丙烷等杂质。气相色谱法的特点主要有：①分离效率较高，可很好地分离物理化学性质接近的复杂混合物，再进行定性、定量检测，可同时分离大量复杂组分的样品；②灵敏度高，能检测出 ppm（10^{-6}）级甚至 ppb（10^{-9}）级的杂质含量；③分析速度快，一般在几分钟或几十分钟内可以完成一个样品的测定；④应用范围广，气相色谱法可以分析气体、易挥发的液体和固体样品。就有机物分析而言，应用最为广泛，可以分析约20%的有机物。此外，某些无机物通过转化也可以进行分析（袁实，2013）。气相色谱法的应用如下。

（1）在生物科学中的应用

利用气相色谱不仅可以对生物体中的氨基酸、维生素和糖等含量较高的组分进行分离分析，而且还可以分析生物体组织液、痕量的动植物激素、尿液中的毒物（农药、低级醇、丙酮等）等。

（2）在测定农药残留量方面的应用

气相色谱法可以检测农副产品、食品、水质中残留在 $10^{-6} \sim 10^{-9}$ g·mL^{-1} 的农药。

9.3.2　毛细管色谱柱

由于气相色谱填充柱固定相填充时的不均匀、固定相周围有缝隙、在色谱分离过程溶质分子的运动轨迹不同等都会导致色谱峰的扩张，给实验结果造成影响。为了消除误差，1957 年，美国工程师 Goly 发明了毛细管色谱柱（capiary column），又称为开管柱（open tubular column）。其工作原理是将固定液直接涂抹在内径为 $0.2 \sim 0.8$ mm、长为 $10 \sim 300$ m 的毛细管内壁上，使运载的气体和样品分子的运动不受限制，达到提高溶质在两相间传递速率、提高色谱柱效，又不存在涡流扩散的目的。毛细管色谱柱可用于石油成分、天然的物质、污染的大气、人体体液组成等多种化合物的复杂混合物的分离及分析。毛细管柱将填充柱色谱分析试样的沸点上限提高到100℃以上，分析样品量和检测下限降低 $1 \sim 2$ 个数量级，特别适用于色谱-质谱联用（卓植漳和方文仅，1982）。

毛细管色谱柱的主要特点有：①毛细管柱的渗透率高，毛细管柱阻抗比较小；②毛细管柱效比较高；③毛细管柱容量比较小。毛细管柱具有各种不同结构，有以下几种类型：壁涂毛细管柱，填充毛细管柱，壁处理毛细管柱，多孔 L 层毛细管柱，载体涂层毛细管柱。

9.3.3　液-固吸附色谱

高效液相色谱法（LSC）可分为液-固吸附色谱法（LSC）和液-液色谱法（LLC），液-固吸附色谱法（LSC）是将固体吸附剂作为固定相，由于吸附剂表面的活性中心具有吸附能力，待测组分分子可以被流动相带入柱内，待测组分将与流动相溶剂分子（S）在吸附剂表面进行竞争吸附。

液-固吸附色谱具有较好的选择性，且最大进样量比较大，常用于分离几何异构体、族分离和制备色谱等方面，还可用于分离偶氮染料、维生素、甾族化合物、多核苷芳烃、脂肪、油类、极性较小的植物色素等。但是液-固色谱不适宜分离强极性的离子型的样品，也不适宜分离同系物，因为同系物的相对分子质量比较大。

9.3.4 液-液色谱

液-液色谱法（LLC）是根据物质在两种互不相溶（或部分互溶）的液体中溶解度的不同，有不同的分配，从而实现分离的方法。分配系数较大的组分保留值也较大。液-液色谱法适用范围比较广，常用于同系物组分的分离。

9.3.5 凝胶渗透色谱

凝胶渗透色谱（GPC）也称为体积排除色谱或尺寸排除色谱，属于液相色谱，常用于高聚物分离分析。高聚物的许多性质，如冲击强度、模量、拉伸强度、耐热、耐腐蚀性都与高聚物的相对分子质量和相对分子质量的分布有关，常见的方法不能同时测定聚合物的相对分子质量和相对分子质量的分布，但是由于 GPC 可以改善测试条件，所以可以同时测定聚合物的相对分子质量及其分布情况而广泛应用。

凝胶渗透色谱常应用于药物、化工原料等质量检测。由于药物和化工原料通常由不同尺寸的组分构成，从理论上讲，在一定色谱条件下，可根据 GPC 谱图的不同，来确定它们是否属于同一种类。因此在判断物品的质量稳定性方面具有重要意义。

9.3.6 毛细管电泳

毛细管电泳（CE）进样技术直接影响分离效率和精度。自从自动进样装置研制成功后，大大地提高了重复进样的精确度，为全自动化操作铺平了道路。1990年，Kaniansly 等开辟了低浓度进样新技术，样品区带浓度可增加 3 个数量级，从而大大提高了区带检测的灵敏度。

CE 的主要应用领域是生命科学，分析分离对象主要包括氨基酸、多肽、蛋白质、核酸等生物分子。对这些蛋白质结构分析可用于解决对人体的基因工程有决定性作用的 DNA 测序等许多当代生命科学中的分离分析难题。同时 CE 可在 1～8 min 内分离 18 种阳离子，3 min 内分离 30 种阴离子，在无机离子分离方面具有无与伦比的能力，使已盛行十几年的离子色谱黯然失色。CE 分离有机分子、药物分子，特别是手性分子和生物大分子方面的能力，也对 HPLC 的地位提出了挑战（詹慧清等，2001）。

9.3.7 离子色谱

离子色谱（ion chromatography，IC）是高效液相色谱（HPLC）的一种，主要应用于分离能在水中解离成有机和无机离子的样品。多用于分析水中常见的阴、阳离子和有机物质，目前也可用于分析极性有机化合物及生物样品中的糖、氨基酸、肽、蛋白质等有机成分。离子色谱法的特点主要有：①快速、方便；②灵敏度高；③选择性好；④可同时测定不同的离子化合物；⑤离子柱的稳定性好、容量高。离子色谱法常被应用在环境安全、食品安全、卫生、石油的开发、化工、食品饮用水、水文地质等方面。其中，离子色谱在分析饮用水水质方面，除了能对十三种常见阴、阳离子 Fe^{3+}、Fe^{2+}、Cu^{2+} 和 SiO_3^{2-} 及 Cl^-、SO_4^{2-}、Na^+、Mg^{2+}、Ca^{2+} 的快速分析外，还可对一些消毒副产物，亚氯酸根、次氯酸根、氯酸根、溴酸根、溴化物等的含量进行准确的测量。同时，还可分析有毒物质，如氰化物、不同价态的铬、二氧化硅、部分重金属、有机酸类。同时还可以对水中常用的混凝剂 Al^{3+} 和 Fe^{3+} 的残留浓度进行准确测定（李苗和冯光，2011）。

9.3.8　薄层色谱

薄层色谱（thin layer chromatography，TLC）是一种简便、高效、应用广泛的色谱分析方法。薄层色谱的特点是：可同时分离多个样品，分析成本低，对样品预处理要求低，对固定相、展开剂的选择自由度大，适用于含有不易从分离介质脱附或含有悬浮微粒或需要色谱后衍生化处理的样品分析。TLC 广泛地应用于药物、生化、食品和环境分析等方面的定性鉴定、半定量及定量分析。常规的 TLC 法仍存在展开时间长、展开剂体积需求大和分离结果差等缺点。高效薄层色谱法是近年来迅速发展的一种具有高效、操作简便、结果准确、灵敏度高和重现性好的新型薄层色谱技术，现已被广泛应用于多个领域（范晓坤，2014）。

参 考 文 献

白云霞, 韩笑, 2009. 气相色谱定量分析中内标法、外标法的比较及选择. 中国粮油学会第五届学术年会, 辽宁省粮油检验监测所

程峰, 赵电波, 杨炯, 等. 2011. 气相色谱仪单样标定方法研究. 录井工程, 22(2): 1-4

丛景香, 黄照昊, 李丹, 等. 2013. 迎头法与微扰法测定 RP-HPLC 系统中吸附等温线的比较. 中国科技论文在线, http://www.doc88.com/p-2042066458322.html

村上达史, 中西昭弘, 卢布达 D, 等. 2011. 旋光异构体分离剂和旋光异构体分离柱: CN200580047438.4

段慧颖, 李梅, 王丹慧, 等. 2014. 色谱峰高与峰面积定量方法的应用. 中国食品工业, (10): 58-59

范晓坤. 2014. 原位 TLC-FTIR 技术及新型薄层色谱板的进一步探究. 石家庄: 河北师范大学硕士学位论文

龚健, 1981. 关于色谱峰高校正值的研究. 湖南师范大学自然科学学报, (1): 35-41

纪洁. 2007. 气相色谱相对质量校正因子引用方式对归一化法计算质量分数的影响. 化学分析计量, 16(4): 68-69

蒋光辉. 1985. 应用 Z-80 微型计算机进行气相色谱仪实时数据处理——色谱峰的定量计算. 东华大学学报(自然科学版), (Z1): 139-143

金鑫, 陈葵, 朱家文, 等. 2013. 洗涤法与迎头色谱法分离红霉素 A 和红霉素 C. 中国医药工业杂志, 44(12): 1222-1226

金郁, 石慧, 肖远胜, 等. 2007. 复杂样品分离的液相色谱条件优化方法. 中国科学院大连化学物理研究所

李爱玲, 钟汉贤, 马斌, 等. 2016. 气相色谱法(毛细柱)分析 PTA 中 P-TOL 含量. 城市建设理论研究: 电子版, (10)

李富勇. 2011. 色谱用新型等离子体离子化检测器的研制. 杭州: 浙江大学硕士学位论文

李健隽. 2012. 面积归一化法分析混合气体中各组分含量. 计量与测试技术, 39(4): 86-86

李苗, 冯光. 2011. 离子色谱技术在药物分析领域的研究进展. 中国药品标准, 12(5): 342-345

李平. 2012. 毛细管电泳及电化学方法在环境分析中的研究与应用. 上海: 华东师范大学硕士学位论文

李新. 1997. 通过改进气相色谱仪气路系统完成对含难出峰组分样品的定量分析. 分析仪器, (4): 46-49

李迎胜. 1992. 谈谈色谱分析. 河南科技, (1): 33-33

刘继兵. 2017. 化学分析用气相色谱仪的使用和准确性判定. 中国科技投资, (2): 203

刘翙, 潘涛, 黄惠敏. 2012. 浅析影响气相色谱定量分析准确度的因素. 商品与质量·学术观察, (7): 256-256

邵雅茜. 2012. 相色谱与高效液相色谱的比较及在食品分析中的应用. 国科技博览, (33): 420-420

王明华, 陈建华, 2013. 色谱技术在药物定性分析应用中的研究进展. 抗感染药学, 10(4): 251-254

吴文辉. 1973. 胶渗透色谱法及其在石油化工中的应用. 石油化工, (4): 42-49

吴艳, 和娟. 2013. 如何在食品色谱定量分析中选择内标法或外标法. 中国信息化, (6): 1

徐锦洪. 1995. 临界流体色谱法(SFC). 代仪器与医疗, (1): 20-20

薛兴亚, 梁鑫淼. 2005. 一种精确测定色谱峰形参数和重叠峰面积的方法: CN200410020823.7 袁实. 2013. 分析气相色谱法在测定有机物中的应用. 商品与质量·学术观察, (4): 258-258

詹慧清, 邢凤琴, 夏春锃. 2001. 高效毛细管电泳对农药多菌灵的定性分析. 中国生物医学工程学会. 21 世纪医学工程学术研讨会论文摘要汇编. 中国生物医学工程学会

张维冰, 张云, 许国旺, 等. 2000. 色谱柱分离过程的驰豫理论——溶质非平衡线性分配流出曲线的特征. 分析科学学报, 16(2): 107-112

张颖颖. 2014. 活性自由基聚合法制备限进型强阳离子交换色谱填料及其在生物样品分析中的应用. 天津: 南开大学硕士学位论文

朱小兵. 2006. 用气相色谱仪分析塑料复合膜、袋溶剂残留原理和方法. 中国包装联合会塑料包装委员会第一次年会暨塑料包装新技术研讨会

卓植漳, 方文仪. 1982. 毛细管气相色谱法及其在药物研究上的应用进展. 国际药学研究杂志, (3): 1

第 10 章　气相色谱法

10.1　概　　述

10.1.1　气相色谱法的定义及基本原理

气相色谱法（gaschromatography）是采用气体作为流动相并同时使用冲洗法的一种物理分离方法。其分离原理是：由于被测物质的各个组分在不同相间具有差异较小的分配系数或者溶解度，当不同两相在做相对运动时，这些物质由于在两相间会进行多次反复地分配，这样就会使原来只有较小的性质差异产生较大的效果，最终使不同的组分得到分离。作为流动相的气体称为载气（carriergas）。常用的载气有 N_2、H_2、Ar 及 He 等。由于组分具有在气相中传质速度较快、可供选用的固定相较多、在两相间分配次数多等特点，此外还采用比较灵敏的检测器，因此，气相色谱法具有高选择性、高效能、高灵敏度和分析速度快及应用范围广等特点。

10.1.2　气相色谱法的特点

气相色谱法的高选择性是指其能够分离一些分析性质特别相近的物质（如同位素及一些烃类异构体等），通过采取选用一些具有高选择性特点的固定相，可以最终使物质的分配系数产生较大的差别从而达到分离的目的（马小平等，2016）。

气相色谱法的高效能是指气相色谱法可以分析分离那些沸点特别相近的组分及复杂的多组分混合样（罗扶课，2010）。这是因为正常的填充色谱柱具有几千个理论塔板。例如，如果使用空心毛细管柱，那么一次就可以分离分析本身含有一百多个组分的烃类混合样，气相色谱法是分析石油及燃烧产物等不同种类多组分混合样的重要工具。

气相色谱法的高灵敏度是指气相色谱法所使用的检测器具有很高的灵敏度。因此它的应用领域：①在杂质含量特别低的分析中，可以用来测出高分子单体、超纯气体及高纯试剂中的微量杂质；②在进行大气污染物的分析中，气相色谱法可以用来直接测出经过浓缩之后含有十几个级别的微量毒物；③在进行农药残留量的分析时，气相色谱法可以测出农副产品、水质及食品中是否含有卤素、硫、磷化合物。

气相色谱通常只需要几分钟到几十分钟就可以完成一个分析周期，分析速度特别快，而且容易实现自动化，使其更加快速且方便（Yang 等，2000）。

10.1.3 气相色谱的分类

气相色谱有特别广泛的应用范围。它既可以通过将一些无机物转化为金属卤化物、金属螯合物等从而进行分析一些无机物，也可以用来分析一些生物大分子和高分子。并且它的应用范围正在日益扩大，据一些不完全统计，目前可以使用气相色谱进行分析的有机物占所有有机物种类的 15%～20%。气相色谱可按下面的种类进行划分。

1. 按固定相状态

按固定相状态通常可以分为气-固色谱与气-液色谱。气-固色谱的固定相通常是固体的吸附剂，而气-液色谱的固定相通常是涂在载体表面的某种液体。气-固色谱多采用高分子小球固体或多孔氧化铝等作为固定相，固定相主要是用来将永久气体与一些相对分子质量较低的有机化合物进行分离，分离的原理主要是基于吸附机理。气-液色谱固定相是液体固定相，因此它的分离主要是基于分配机理。但是在实际气相色谱分析中，通常 90%以上是使用气-液色谱。现代气相色谱技术，最先进行实际应用的是利用气-固色谱分离低沸点物质，但是如今在气相色谱中取得巨大成功却是在气-液色谱领域。虽然高灵敏度检测器、一些改性固体吸附剂及部分新颖固体吸附剂的高速发展，使得气-固色谱在进行分析分离某些高沸点及某些极性样品等方面取得了一些进展（赵国宏，2003）。但是它的应用仍然存在一些局限，其原因如下。

1）与气-液色谱相比，由于气-固色谱会有比较大的平衡常数，使保留值较高。

2）由于气-固色谱的分布等温线呈非线性，因此会形成一些不对称的拖尾色谱峰，同时其保留值将随进样量发生变化。

3）由于用作固定相的吸附剂种类较少，并且这些吸附剂有时可能会具有某种催化活性。

4）固体吸附剂具有性能重复性差的缺点，因此很难获得有重复性的色谱分析数据。

2. 按固体吸附剂

固体吸附剂作为气-固色谱的固定相，常用的有非极性炭质吸附剂、中等极性的氧化铝、强极性的硅胶及特殊吸附作用的分子筛。

（1）炭质吸附剂

活性炭是炭质吸附剂中的一种，它的吸附活性特别大，比表面达到 300～

$500m^2 \cdot g^{-1}$，并且它的最高使用温度在 300℃以下。活性炭可以用来进行分析一些永久性气体及部分小分子碳氢化合物。正常的市售活性炭在使用前需进行处理，具体处理方式是经过粉碎道筛后，使用苯进行浸泡。之后在 350℃时使用过热水蒸气洗至无浑浊存在，最后在 180℃烘干备用。

（2）硅胶

硅胶主要是脱水硅胶。它属于氢键型极强的一种极性吸附剂，比表面为 500～$700m^2 \cdot g^{-1}$，孔径为 10～70 Å，并且孔径的大小和含水量将决定硅胶的分离能力，在使用硅胶前要将其在 150～180℃下进行活化。通常用它来进行分析 C_1～C_4 烃、N_2O、CO、H_2S 及 SO_2 等。在常温下，由于硅胶对 CO_2 存在可逆吸附，因此可以用来分离 CO_2 和 C_2H_4、C_2H_6 等。

由于硅胶表面存在不均匀的活性吸附点，因此为了消除这种现象常使用涂渍固定液作为减尾剂。除此之外，还可以将其制成薄层硅胶，就是将一定的硅胶乙酯涂渍到载体的表面，之后进行水解，这样在载体表面将形成薄层硅胶，进行活化后使用。

（3）氧化铝

氧化铝的比表面积为 100～300 $m^2 \cdot g^{-1}$，在使用前需在 200～1000℃下进行活化，用来分离 C_1～C_4 烃类，并且其组分保留时间与氧化铝的含水量有关系。如果要对氧化铝的含水量进行控制，可将载气通过恒温水泡或者通过含有 10 个结晶水的硫酸钠，当载气进入色谱柱后，带入恒量的水。

（4）分子筛

分子筛是具有特殊吸附活性的一种吸附剂，它的主要成分是合成的硅铝酸钠盐或钙盐。分子筛孔隙结构十分均匀，并且表面积（700～800 $m^2 \cdot g^{-1}$）较大，过去人们常认为它可以对具有不同分子直径的物质起到过筛的作用（马静红等，2007）。分子筛通常用来进行分离永久性气体和一些无机气体，如 He、Ar、H_2、CO、NO、CH_4 等，但常用来进行 O_2 与 N_2 的分离。由于分子筛在常温下对 CO_2 存在不可逆吸附，因此不能用它来分离 CO_2。使用分子筛需在 400～500℃温度下活化 2 h，但这个过程很容易吸水从而失去活性。因此，在使用的过程中要特别注意，切勿使水气进入色谱柱内。

3. 按过程物理化学原理

1）吸附色谱：利用固体吸附表面对不同组分物理吸附性能的差异达到分离的色谱（冷爱民，2014）。

2）分配色谱：利用不同的组分在两相中有不同的分配系数以达到分离的色谱。

3）其他：利用离子交换原理的离子交换色谱；利用胶体的电动效应建立的电色谱；利用温度变化发展而来的热色谱等。

4. 按色谱条件下的物理状态

按色谱条件下的物理状态分类，可将其分为固体固定相和液体固定相两大类。

1）柱色谱：固定相装在色谱柱内，如填充柱、空心柱、毛细管柱等。

2）纸色谱：纸色谱通常以滤纸为载体（蔡秀真和刘德发，1982）。

3）薄膜色谱：固定相为粉末压成的薄膜。

固体固定相包括固体吸附剂及多孔性聚合物等。液体固定相采用的固定液多数是各种高沸点有机化合物，它通常在色谱工作条件下呈液态。固定液通常是直接涂渍在一种惰性固体的表面上，这种固体称为载体。

（1）纸色谱

纸色谱是使用滤纸作为支持物的一种色谱方法，主要用来分离检验多官能团或高极性的亲水化合物，如醇类、糖类、羟基酸、氨基酸及黄酮类等化合物。纸色谱具有的特点是：微量、快速、高效及灵敏度高。纸色谱的原理实际上比较复杂，它涉及分配、吸附及离子交换等几种机理，但在这些机理中，分配机理是起主要作用的，因此，通常认为纸色谱属于分配色谱。由于色谱纸的选择，对 R_f 值相差特别小的化合物，适宜采用慢速滤纸，而对 R_f 值相差特别大的化合物，适宜使用快速滤纸。通常选择水、甲酰胺、二甲基甲酰胺、丙二醇或缓冲溶液作为固定相。

（2）薄膜色谱

薄层色谱，也称薄层层析（thin-layer chromatography），它采用涂布在支持板上的支持物作为固定相，采用合适的溶剂作为流动相，对混合样品进行分离、鉴定和定量的一种层析分离技术。其原理是利用各成分对同一吸附剂具有不同的吸附能力，使其在流动相流过固定相的过程中，连续地产生吸附、解吸附、再吸附、再解吸附，最终使各成分相互分离（古丽曼和史梅，2003）。

薄层色谱是进行快速分离物质的、特别有效的一种层析方法，从 20 世纪 50 年代开始发展起来到现在仍被广泛使用（林珊，2010）。

最常用的薄层层析硅胶有硅胶 G、硅胶 GF〈[254]〉、硅胶 H、硅胶 HF〈[254]〉，还有硅藻土、硅藻土 G、氧化铝、氧化铝 G、微晶纤维素、微晶纤维素 F〈[254]〉等。薄层层析硅胶的颗粒大小，直径通常要求为 10～40 μm。薄层涂布，通常可以分为无黏合剂和含黏合剂的两种类型；无黏合剂是将固定相直接涂布在玻璃板上，含黏合剂是在固定相中加入一些黏合剂，通常使用 10%～15%的煅石膏（$CaSO_4 \cdot 2H_2O$ 在 140℃下烘干 4 h），混合均匀后加入适量的水即可使用。或者将适量的羧甲基纤维素钠水溶液（0.5%～0.7%）调成糊状，之后均匀涂布在玻璃板上。当然也有的薄层含有一定的固定相或缓冲液。

（3）填充柱气相色谱

填充固定相的色谱柱称为填充柱。使用填充柱的气相色谱，称为填充柱气相色谱。填充柱中使用的固定相主要是固体吸附剂、多孔性有机聚合物及在惰性载体表面上均匀涂渍一层固定液膜的液体固定相。由于填充柱制备比较简单，同时具有多种可供选择的吸附剂、固定液及载体，因此它具有十分广泛的适用性，可以分离分析各种混合试样，是目前普遍应用的一种气相色谱方法。由于填充柱的固定相用量比较大样品负荷高等特点，也适于用其制备气相色谱。但填充柱的渗透性不好，同时传质阻力较大，因此柱效较低。填充柱的分离选择性和柱效主要是由色谱固定相的类型和性质决定的。

（4）毛细管柱气相色谱

毛细管柱又称开管柱，但毛细管柱并不总是开管柱。事实上，毛细管柱也可以分为填充型和开管型，但人们习惯上将开管柱称为毛细管柱。除特别说明外，本书用毛细管柱来代表开管柱。填充柱与毛细管柱主要参数的比较见表 10.1，从表中可以看出毛细管柱与填充柱相比具有更高的分离效率。

表 10.1　填充柱与毛细管柱的比较

柱子类型	内径/mm	常用长度/m	每米柱效 n	柱材料	柱容量	程序升温应用	固定相
填充柱	2～5	0.5～3	1000	玻璃、不锈钢	mg 级	基线飘移	载体+固体液
毛细管柱	0.1～0.53	10～60	3000	熔融石英	<100 ng	基线稳定	固定液

毛细管柱与填充柱相比具有更高的分离效率是因为毛细管柱中没有固体填料，气阻要比填充柱小很多，因此可以使用比较长的柱管，比较小的柱内径及比较高的载气流速。这样既可以解决填充柱中的涡流扩散问题，又在很大程度上减小了纵向扩散所造成的谱带展宽。如果采用较薄的固定液膜，可以在一定程度上抵消因载气流速增大而引起的传质阻力增大问题。通常来说，一根 30 m 长的毛细管柱可以非常容易达到 100 000 的总理论塔板数，而一根 3 m 长的填充柱最多只有 4500 的总柱效。

另外，毛细管柱也有其局限性。因为它的内径较小，所以其容量较小，并且对进样技术有更高的要求，同时要求载气流速的控制更加精确。如果进样量过大，容易造成柱超载，因此要求检测器的灵敏度更高。通常来说，填充柱可接受的单个组分的量是 10^{-6} g 数量级，而毛细管柱则只能承受 10^{-8} g 数量级或更低（周维义和范国粱，2001）。

气相色谱也有一定的缺点。在没有纯样品时，对未知物的准确定性和定量较困难，这时常常需要与红外、质谱等定性仪器联用。一般来说，沸点高、易分解、腐蚀性和反应性较强的物质使用气相色谱分析比较困难。有人统计过，大约 20%的有机物可以用气相色谱进行测定。因此，气相色谱的应用有一定的局限性。

10.2　气相色谱基本理论及操作条件选择

10.2.1　色谱图

气相色谱法（gas chromatography，GC）是 1952 年英国生物化学家 Martin ATP等创立的极其有效的一种分析分离方法，它可以进行分析并且分离组分比较复杂的混合物。现如今，由于高效能的色谱柱及高灵敏度的检测器和微处理机的应用，气相色谱法已经成为分析速度快、灵敏度高、应用范围广的一种分析分离方法。并且随着色谱的不断发展，气相色谱法也逐渐走向成熟，如气相色谱与质谱联用（GC-MS）、气相色谱与核磁共振波谱（GC-NMR）联用、气相色谱与红外光谱（GC-FTIR）联用、气相色谱与原子发射光谱（GC -AES）联用等（司波，2010）。

试样中经过分离后的各组分经过电子捕获后依次进入检测器，检测器将组分的浓度变化转化为电压信号后，记录仪描绘出所得信号随时间的变化曲线，称为色谱流出曲线，即色谱图。

1）基线：指单纯载气经过检测器时，对应响应信号的记录值，通常稳定的基线应该是一条水平线，如保留值。

2）死时间 t_M：载气携带混合物通过柱子，它只表示通过柱子的空间需要的时间。即在固定相上不被保留的样品组分通过色谱柱所需要的时间，其中还包括经过进样器、色谱柱前后连接管和检测器等部位所消耗的时间。

3）调整保留时间 t'_R：当混合物通过色谱柱时，凡是可以溶在溶剂中的分子，必然会在溶于溶剂时消耗一部分时间，这个时间称为调整保留时间，用 t'_R 表示

4）保留时间 t_R：保留时间是死时间和调整保留时间的总和（王芳贵，2010）。

5）相对保留值 a：相对保留值又称为选择性因子，它是指在特定的分离条件下，保留时间大的组分与保留时间小的组分调整保留时间的比值，理论上等于分配平衡理论中的分配系数之比，同时也等于容量因子的比值。相对保留值的大小与色谱柱的类型、柱直径、柱长及载气的流速等无关，仅与柱温及固定相的性质有关。当固定相和流动相一定时，a 是常数。因此，a 常用来对色谱峰进行定性分析，并且在动力学分离理论中，通常用 a 表示一对物质分离程度的好坏。

6）仪器噪声：基线的不稳定程度称为噪声。

7）基流：属于氢焰色谱，在没有进样时，仪器本身存在的基始电流或底电流。

8）峰高与半峰宽：由色谱峰的浓度极大点向时间坐标引垂线与基线相交点间的高度称为峰高，通常表示为 h。色谱峰高一半处的宽为半峰宽，通常表示为 $x_{1/2}$。

10.2.2 气相色谱仪

气相色谱仪的组成为气路系统、进样系统、温控系统（柱箱）、分离系统（色谱柱）、检测系统（检测器）和数据处理系统（刘继兵，2017）。

近几年来，气相色谱法越来越受到人们的青睐，使得气相色谱仪得到较为迅速的发展。目前气相色谱仪拥有几十种检测器，如 TCD、FID、FPD、ECD、NPD、ADD、DID、HID 检测器等。这样就可以根据分析对象来选择适当的检测器。依据检测原理可以将检测器分为浓度型检测器和质量型检测器两种。

1）浓度型检测器是用来测量载气中某个组分浓度瞬间的变化，即检测器的响应值是与组分的浓度成正相关的，如电子捕获检测器与热导检测器。

2）质量型检测器是用来测量载气中某个组分进入检测器时的速度变化，即检测器的响应值是与单位时间内进入检测器的某个组分的量成正相关的，如火焰光度检测器和火焰离子化检测器等。按照检测化合物的范围和种类可将其分为通用型检测器和选择性检测器。

通用型检测器：TCD 和 FID。以氢火焰离子化检测器（FID）为例，其工作原理是使用氢气或空气燃烧的火焰作为能源，利用含碳的有机物在火焰中燃烧时会产生离子，之后在外加电场的作用下，使离子形成离子流，最后根据离子流所产生的电信号强度，用以检测被色谱柱所分离出的组分（彭元怀等，2007）。FID 的优点：灵敏度比较高，与热导检测器的相比高 10 倍左右；检出限比较低；可以检测大部分的含碳有机化合物，并且体积小、响应速度快；线性范围特别广，可以达到 10^6 以上；结构相对简单，操作方便，是目前应用最广的色谱检测器之一。FID 也存在一些缺点：它不能检测永久性气体、水、一氧化碳、二氧化碳、氮的氧化物、硫化氢等物质（张天龙，2010）。

选择性检测器：氮磷检测器（NPD），它是用来测含有氮或者磷的化合物。火焰光度检测器（FPD），又称为硫、磷检测器，它是对含磷、硫等有机化合物具有高选择性和高灵敏度的一种质量型检测器。电子捕获检测器（ECD）也称为电子俘获检测器，它是选择性很强的一种检测器，并且对具有电负性的物质（如含卤素、硫、磷、氰等的物质）的检测有非常高的灵敏度（苏建峰等，2009）。

10.2.3 气相色谱法的两大理论

近些年气相色谱得到了快速发展，色谱理论的发展是气相色谱发展速度特别快的重要原因之一，这使得色谱柱正朝着高选择性及高效能的方向迅速发展。

根据色谱分析的目的（将样品中各组分彼此分离），如果想要将组分达到完全分离，那么必须使两峰间有足够远的距离，而两峰间的距离主要是由待测组分在两相间的分配系数决定的，即与色谱过程的热力学性质有关（塔板理论）。要将组分完全分离是十分困难的，因为即使色谱的两峰间会存在一定距离，但是如果每个峰都非常宽，会导致它们彼此重叠，组分不能分开。色谱峰的宽窄主要是由组分在色谱柱中传质和扩散行为所决定的，即与色谱过程的动力学性质有关（速率理论）。

1. 塔板理论

1941 年，Martin 和 Synge 阐明了色谱、萃取及蒸馏三者的相似性。他们把色谱柱假想成是由很多的液-液萃取单元或理论塔板所组成的；这与精馏相似，因此色谱分离也是一个分配平衡的过程。这就是 Martin 等提出的塔板理论。

塔板理论基本假设：色谱柱是由一系列的塔板组成的。塔板内，组分在两相间可以迅速达到平衡（理想色谱）；并且组分的分配系数是不随它的浓度变化而变化的（线性分布等温线）；组分的轴向扩散为零；流动相的流动是跳跃过程。

在气相色谱体系中，组分是在气相与液相间分配的，气相和液相间的分配行为原理实际上与蒸馏塔的塔板理论十分相似。因此，可以将色谱柱看作是正常的蒸馏塔，蒸馏塔内有些塔板，因此待测组分可以在每个塔板上的气相与液相间达成一次分配平衡。在经过多次的分配之后，挥发度不同的组分就可以得到分离。将在柱内每达成一次平衡所需的柱长称塔板高度，简称板高。这种概念虽然不完全符合色谱柱内的实际分配过程，却也能说明一些问题，因此非常受人们的青睐。

理论塔板数的计算方法为

$$n = 5.54(\frac{V_R}{W_h})^2 = 5.54(\frac{t_R}{W_h})^2 = 5.54(\frac{d_R}{W_h})^2 \tag{10.1}$$

$$n = 16(\frac{V_R}{W_b})^2 = 16(\frac{t_R}{W_b})^2 = 16 \tag{10.2}$$

其中，W_h、W_b 的单位与 V_R、t_R、d_R 一致。从式（10.1）和式（10.2）中可以看出在保留值是定值时，这时的 n 和峰宽是一致的。n 越大，峰宽也越大，柱效能也越高，因此理论塔板数是衡量柱效能的重要指标。在同一色谱柱上，峰宽随保留值的增加变宽，早出的峰就较窄，迟出的峰扩张特别显著。

假设色谱柱的长度为 L，则理论塔板高度为 $H = \frac{L}{n}$。

2. 速率理论

塔板理论是把色谱过程分为单个的不连续步骤，每步中体系都会达到平衡。可以看出，这是一种"平衡过程研究方法"。速率理论把色谱分离认为是一个连续的流动过程，每个组分都会以一定的速率通过色谱柱，而体系并没有达到平衡，这是一种"非平衡过程研究方法"或"速率"模型。谱带展宽的本质是扩散和传质。速率理论可以较好地描述色谱过程，速率理论方程的物理意义十分明确，并且可以有效地解释影响色谱峰展宽的各种因素，为高效色谱提供了有意义的理论指导（张兴华，2012）。

1956 年，范第姆特开始研究扩散、传质与色谱过程的物料平衡或质量平衡的关系，主要考察了溶质在通过色谱体系时总体的浓度变化，导出了速率理论方程（赵春霞 2007）。

$$H = A + B / u + Cu \qquad (10.3)$$

1958 年，Giddings 用随机行走模型描述了色谱过程，并且导出了速率理论方程（刘国诠和余兆楼，2006）。

$$H = HL + HS + HM + HSM \qquad (10.4)$$

速率理论依据的分配平衡假设实际上是理想的，事实上色谱体系根本不存在平衡状态，并且它的分配系数和浓度是完全无关的，当然这个也只是在一定的范围内才成立。因此塔板理论并不能真正解释板高实际上是受什么因素影响等一系列根本的问题。1956 年范第姆特等提出了速率理论，他们引用了塔板理论的板高概念，并且和影响板高的载气流速、扩散、传质等多种动力学因素相结合。根据这些，导出了速率理论方程：

$$H = 2\lambda d_y + \frac{2rD_\lambda}{u} + 0.01 \frac{K'^2 d_p^{\,2}}{(1+K')^2 D_g} u + \frac{2}{3} \frac{K' d^2 f}{(1+K')^2 D_1} u \qquad (10.5)$$

10.2.4 操作条件的选择

操作条件的正确选择决定了分离分析的准确度，因此可以根据范第姆特方程式和总分离效能的指标，选择合适的操作条件。

1. 固定液及其配比

$$固定液配比 = \frac{固定液质量}{相体质量} \times 100\%$$

从上式看出，可以通过减少液膜厚度来减少液相的传质阻力，那么就需要使用低的固定液配比。同时固定液的质量要能确保载体的表面可以完全被覆盖，否则会产生色谱峰拖尾的现象，因此比表面积大的载体要使用比较高的配比。对于分离气体或低沸点组分可以采用 10%～25% 的配比，其他组分则采用 5%～20% 的配比。这样就可以有效地降低液相传质阻力。

2. 载体

我们可以选择化学惰性、多孔性且孔径分布均匀的颗粒来作为载体。另外，为了避免涡流扩散项，通常应该选择粒度较小的载体。但是如果选择载体的粒度太小，相应的气流阻力就会增大，如果同时增加柱压力，可能会增大一些不规则因素。综上所述，对于长柱可以选择用较粗粒度的载体，如 40～60 目载体。对于短柱常用粒度较细载体，如 80～100 目载体。

3. 进样

对进样条件，通常要求进样速度快，这样可以使样品在汽化室中立刻汽化为气体，如果进样缓慢的话有可能造成峰形扩张，这样不利于组分的分离。对于进样量的条件，要使进样量控制在特定的范围内。如果进样量过大，则容易造成峰形不对称，并且会使保留值发生变化；如果进样量过小，则会导致灵敏度过低，就有可能检测出不是想要的结果。通常来说，气体样品进样量多数为 0.1～5 mL，液体样品进样量为 0.1～20 μL。

4. 载气及其流速

根据范第姆特方程式可以知道，载气流速会对理论的塔板高度有非常显著的影响。涡流相 A 和流速 u 是无关的；分子扩散相 B/u 和流速成反比，当流速很大时，它是可以忽略的；传质扩散项 Cu 和载气流速是呈正相关关系，当流速很大时，它将是影响板高的较主要因素。H-u 曲线有一最小值点，在这一最小点处，理论塔板高度最小。

5. 柱温

当柱温高时，气相或液相的传质速度便会加快，这有利于降低塔板高度。但是如果柱温过高，就会出现明显的纵向扩散现象及塔板高度增大，最终降低分离度；另外当在降低柱温时，还需要同时减少固定液的含量，因为如果组分的平衡缓慢，会造成峰形变宽。因此，柱温对组分的分离有较大影响。

6. 柱子尺寸

柱子的尺寸是指柱子的长短，通常情况下如果柱子越长，那么理论塔板数 n

便会越大，即分离效果越好。无论柱子过长还是过短都将影响组分的分离，如果柱子太长，就会使分析时间增长及色谱峰增宽，这样不利于分析。如果柱子太短，理论塔板数 n 会减少，这样组分得不到分离。一般根据分离度 $R{\geqslant}1.5$ 的要求及公式，可以计算出柱子长度。

7. 载气的净化

载气关乎检测系统的环境，载气不纯净会增加检测系统的噪声，而且有时可能出现基线较大的波动现象或者负峰现象。如果载气的纯度达不到工作要求时，必须对其进行净化处理。录井气相仪器一般用硅胶或分子筛除去水分，用活性炭除去载气中的少量杂质。

10.3 气相色谱的定性定量分析

气相色谱定性分析的目的是确定各色谱图中各个色谱峰具体所代表的化合物。虽然人们已经建立了多种定性分析方法，如化学反应定性法、保留值定性法等。但是，这些分析方法都存在一定的缺点。近年来研发出了先进的 GC-MS、LC-MS 等联用技术，将色谱、光谱、质谱联合起来。这样既可以利用色谱的高效分离能力，又可以利用质谱、光谱的高鉴定能力，此外由于计算机可以高效地处理数据及进行检索，这些都为未知化合物的定性分析打开了一个广阔的前景。

10.3.1 定性分析

气相色谱越来越受到学者的青睐，其根本原因是气相色谱可以对含有多种组分的混合物进行分离分析，而这恰恰是光谱、质谱法不能做到的。但可以运用色谱进行分析的组分非常多，而不同组分在同一个固定相上，色谱峰的出现时间很有可能是十分相近的甚至是相同的，这时仅依据色谱峰来对未知物进行定性还具有一定困难。对于一个未知样品，首先要知道它的来源、性质及分析目的；之后要对样品做一个初步估计；最后要根据已知的纯物质或与其有关的色谱定性作为参考数据，采用一定的方法对其进行定性鉴定。气相色谱定性分析的方法主要有以下几种（刘布鸣和苏小川，2006）。

1. 利用保留值定性

因为不同物质在一定的色谱条件下都会有保持不变的保留值，因此保留值可以作为一种定性指标，当然也是一种最为常用的定性分析方法。它是通过对已知纯物质和未知组分的保留值进行比较，进而来确定某一色谱峰具体可能代表的组分，最终分析出化合物中各个组分。在相同的色谱条件下，如果待测组分的保留值与已知纯物质的保留值相等，就可以初步认定它们属于同一种物质。由于两种不同组分可能在同一色谱柱上有相同的保留值，因此只用一根色谱柱进行定性，结果往往是不可靠的。这时可以使用另外一根具有不同极性的色谱柱进行定性。这种方法十分简单，不需要其他仪器设备，但存在一些缺点：不同的物质在相同的条件下，也会具有十分相近甚至相同的保留值。所以这种情况限制了它的应用，它仅限于在未知物已经通过其他方法的考察后发现可能是某几种化合物时，或者属于某种类时用作最后的确证；对于那些完全未知的化合物，这种方法不能确保其准确性。利用纯物质进行对照定性，首先要对试样的组分有初步的了解，预先准备好用于对照的已知纯物质，最常用的保留值是调整保留时间。在操作条件一定的情况下，t_M 不变，也可以采用保留时间 t_R 定性。

2. 加入已知纯物质峰高增加法定性

当待测试剂的组分较为复杂时，而且相邻两组分的保留值又十分相近，并且同时操作条件又很难控制保持不变时，可以向待测试样中加入已知纯物质。如果加入纯物质后某一组分的色谱峰出现增高的现象，说明该组分就是刚刚加入的已知纯物质。这就是利用加入已知纯物质峰高增加法定性的方法。

3. 双柱（多柱）定性

由于两种组分在同一色谱柱上可能有相同的保留值，因此只使用一根色谱柱进行定性，结果往往是不可靠的。因此可另外使用一根极性不同的色谱柱再次进行定性分析，比较待测组分和已知纯物质在两根色谱柱上的保留值。如果最后结果为多柱分析都具有相同的保留值，就可以确定待测组分和已知组分是同一物质。双柱（多柱）定性结果通常要比单柱测得的结果更可靠。

4. 相对保留值法

相对保留值法是对那些组分比较简单且已知范围的混合物或已知物，选定基准物参照文献所报道的色谱条件来进行实验。之后计算两组分的相对保留值，并与文献报道值进行比较，如果二者相同，就可以认为是同一物质。基准物往往选择容易得到的纯品，并且和被分析组分的保留值相近的物质。

5. 保留指数法

与其他的保留数据进行比较，保留指数法是一种重现性较好的定性参数。保留指数是将正构烷烃作为标准物，将一个组分的保留行为换算成相当于含有几个碳的正构烷烃的保留行为来描述，这个相对指数称为保留指数。某种物质的保留指数可以根据式（10.6）进行计算：

$$I=100\left(\frac{\lg X_i - \lg X_Z}{\lg X_{Z+1} - \lg X_Z} + Z\right)$$　　　　　　　（10.6）

其中，X 表示保留值，可以通过调整保留时间 t'_R，调整保留体积 V'_R 或者相应的记录纸的距离来表示；i 表示被测物质；Z、$Z+1$ 分别表示具有 Z 个和 $Z+1$ 个碳原子数的正构烷烃。被测物质的 X 值应该恰好在这两个正构烷烃的 X 值之间，即 $X_Z<X_i<X_{Z+1}$。正构烷烃的保留指数通常定为它的含碳数乘以 100，如正戊烷、正己烷、正庚烷，它们的保留指数分别是 500、600、700。因此，如果想要求某种物质的保留指数，只需要将其与相邻的正构烷烃混合在一起（或分别的），在给定的条件下进行色谱实验，之后按照式（10.6）计算其指数。

在测出组分保留指数 I 后，可以通过查阅文献对保留指数 I 进行定性。保留指数具有一定的物理意义：它是与被测物质具有相同调整保留时间的假想的正构烷烃的碳数乘以 100。保留指数只与固定相的性质及柱温有关，与其他实验条件无关，并且其准确度和重现性非常好。通常来说，只要柱温和固定相是相同的，就可以通过文献值来进行鉴定，不需要再通过纯物质进行对照。在相关文献特定的操作条件下，将选定的标准与待测组分进行混合后进行色谱实验（要求被测组分的保留值要在两个相邻的正构烷烃的保留值之间）。由式（10.6）计算出待测组分 X 的保留指数 I_X，然后再与文献值进行对照，即可定性。

　6. 联用技术

　　虽然气相色谱对多组分复杂混合物具有很高的分离效率，但在定性方面还存在一定困难。质谱、红外光谱及核磁共振等都是进行鉴别未知待测组分的有效工具，但是现在对欲分析的试样组分的要求越来越高。因此现在人们将气相色谱和质谱、红外光谱、核磁共振谱进行联用，来提高待测物质的分析效率。联用技术的原理是先将复杂的混合物经过气相色谱分离成单一的组分后，再利用质谱仪、红外光谱仪或核磁共振谱仪对成分进行定性。未知待测物经过色谱分离后进入质谱就可以很快地给出未知组分的相对分子质量及电离碎片，这就可以进一步确定待测组分中是否含有某些元素或基团。红外光谱也可以很快得到未知待测组分中所含的各种基团。近年来，随着电子计算机技术的快速发展与应用，有效促进了气相色谱法与其他方法联用技术的发展（司波，2010）。

10.3.2　定量分析

　　根据气相色谱的定性、定量分析就可以求出不同混合待测样品中各个组分的百分含量。色谱定量分析的依据是：在严格的操作条件下，分析组分 i 的质量（m_i）或其在载气中的浓度是与检测器的响应信号（色谱图上表现为峰面积 A_i 或峰高 h_i）

成正比的，公式为

$$m_i = f'_i A_i \ 或 \ m_i = f''_i h_i \tag{10.7}$$

由式（10.7）可知，在进行气相色谱的定量分析时需要：①准确测量出峰面积或峰高；②准确求出比例常数 f'_i；③根据式（10.7）可以正确选用进行定量计算分析的方法，要会将峰面积换算为质量分数。下面分别进行讨论。在一定的严格气相色谱操作条件下，流入检测器的待测组分 i 的含量 m_i（质量或浓度）与检测器的响应信号是（峰面积 A 或峰高 h）成正比，公式为

$$m_i = f_i A_i \ 或 \ m_i = f_i h_i \tag{10.8}$$

式（10.7）和式（10.8）是色谱进行定量分析的理论依据。其中，f_i 表示定量校正因子。如果要对物质进行准确的定量分析，就必须准确地测量其响应信号（褚素霞等，2012）。

1. 峰面积的测量

（1）峰高乘半峰宽法

峰高乘半峰宽法是将色谱峰看作一个近似的等腰三角形，然后再根据等腰三角形面积的计算方法，将峰面积认为近似等于峰高乘以半峰宽，公式为

$$A = hY_{1/2} \tag{10.9}$$

根据式（10.9），所测出的峰面积是实际峰面积的 0.94 倍，另外，实际峰面积公式为

$$A_{实际} = 1.06hY_{1/2} \tag{10.10}$$

这个方法有一个特定的使用条件，它适应于对称峰，也就是呈高斯分布的情况。如果遇到不对称的峰，峰形窄或者峰很小的时候，因为 $Y_{1/2}$ 的测量误差比较大，这个方法就不适合用。

（2）峰高乘平均峰宽法

峰高乘半峰宽法是对于对称峰适用的，但如果是不对称峰时，可以采用峰高乘平均峰宽法。

$$A = h \times \frac{Y_{0.15} + Y_{0.85}}{2} \tag{10.11}$$

其中，$Y_{0.15}$ 和 $Y_{0.85}$ 分别表示峰高 0.15 倍和 0.85 倍处的峰宽。这个方法是针对不对称峰的，因此不对称峰使用这个方法可以得到比较准确的结果。

（3）峰高乘保留值法

在一定严格的操作条件下，同系物的半峰宽与保留时间成正比，即

$$Y_{1/2} \propto t_R$$

$$Y_{1/2} = b \cdot t_R \tag{10.12}$$

$$A = hY_{1/2} = hbt_R \tag{10.13}$$

由于在计算时，可以简化过程，因此可以将公式简化为：$A = h \cdot Y_{1/2} = h \cdot t_R$，这个方法也有一定的使用范围，它适用于测量狭窄的峰，并且多应用于工厂控制分析中。

（4）积分仪

现代的色谱仪通常都会配有自动积分仪，自动积分仪具有微处理机（工作站、数据站等），可以自动测量色谱峰面积，同时可以自动测量出曲线包含的面积，并且对不同形状的色谱峰能采用相应的计算程序进行自动计算。精度可达 0.2%～2%。利用积分仪进行测量不用考虑色谱峰形是否对称，因为积分仪对色谱峰形没有选择，都可以得到比较准确的结果，并且最后可以用打印机打印出保留时间和 A 或 h 等数据。

2. 定量校正因子

色谱定量分析的原理是被测组分的量与其峰面积呈正相关的。但峰面积的大小却不仅仅由组分的质量决定，还和它自身的性质有很大的关系。也就是说有时会出现两个质量相同但是组分不同的待测物质在相同条件下使用同一检测器进行测定时，所得的峰面积不相同的现象。

混合物中某种组分的百分含量并不等于该组分的峰面积占各组分峰面积总和的百分率。因此，如果利用峰面积来计算物质的含量很有可能是计算不出来的。这时为了使峰面积可以真实地反映物质的质量，就需要对峰面积进行校正，也就是在定量计算时要引入校正因子（郭梦林，1980）。

（1）绝对校正因子 f_i'

在特定严格的操作条件下，某组分 i 的进样量（m_i）与检测器的相应信号（A_i 或 h_i）成正比

$$m_i = f_i' A \text{ 或 } f_i' = m_i / A_i \tag{10.14}$$

其中，f_i' 表示绝对校正因子，即单位峰面积所代表组分的量。由式（10.14）可以看出，如果要进行色谱的定量分析，就必须知道 f_i'。而要测量 f_i' 就要知道组分的绝对进样量，这是十分困难的，因此无法直接测定。即使使用间接法测出了

f_i'，但是由于 f_i' 是与检测器的灵敏度和色谱的操作条件有关，因此数据不能直接应用，所以在实际工作中通常使用相对校正因子。

（2）相对校正因子

相对校正因子是某组分与一个标准物质（对 TCD 为苯，对 FID 为正庚烷）绝对校正因子之比。相对校正因子只与检测器类型及标准物质有关，与任何操作条件都无关，各种物质的相对校正因子可根据文献查得。通常省去"相对"二字。

按 m_i 所使用的单位不同，可分为

质量校正因子 f_m

$$f_m = \frac{f_i'_{(m)}}{f_s'_{(m)}} = \frac{A_s m_i}{A_i m_s} \quad (10.15)$$

摩尔校正因子 f_M

$$f_M = \frac{f_i'_{(M)}}{f_s'_{(M)}} = \frac{A_s m_i M_s}{A_i m_s M_i} = f_m \cdot \frac{M_s}{M_i} \quad (10.16)$$

体积校正因子 f_V

$$f_V = \frac{f_i'_{(V)}}{f_s'_{(V)}} = \frac{A_s m_i M_s \times 22.4}{A_i m_s M_i \times 22.4} = f_M \quad (10.17)$$

（3）相对校正因子的测定方法

由于相对校正因子只与被测物、标准物及检测器的类型有关，与任何操作条件都无关。因此，可以利用文献查出 f_i 值。如果文献中找不到需要的 f_i 值，可以自己进行测定。常用的标准物质有苯和正庚烷，对热导检测器（TCD）是苯，对氢焰检测器（FID）是正庚烷。

测定时首先要准确地称量标准物质及待测物的纯品，将它们混合均匀后进样，然后分别测出其峰面积，最后进行计算。

（4）相对响应值 s'

相对响应值 s' 是物质 i 与标准物质 s 的响应值（灵敏度）之比。单位相同时，它与校正因子互为倒数。

$$s' = 1/f' \quad (10.18)$$

同一检测器对不同的物质有不同的响应值，因此当相同质量的不同物质通过检测器时，它所产生的峰面积（或峰高）不一定相等（孙永红，1987）。为了使峰面积可以准确地反映出待测组分的含量，必须首先使用已知量的待测组分进行测定在所用色谱条件下的峰面积，然后计算出定量校正因子。通常校正因子是由实

验者自己进行测定。具体操作是：准确称取一定量的组分及标准物，将它们配成溶液，之后取一定体积将其注入色谱柱，经过分离后，测出各组分的峰面积，再根据式（10.15）或式（10.16）计算 f_m 或 f_M。

绝对校正因子的表示方法为

$$m_i = f_i'A_i \Rightarrow f_i' = \frac{m_i}{A_i} \qquad （10.19）$$

其中，f_i' 表示绝对校正因子；m_i 表示进入检测器的物质的量或质量。在定量分析中经常使用相对校正因子，即某一组分与标准物质的绝对校正因子之比，即

$$f_{mi} = \frac{f_i'}{f_s'} = \frac{m_i / A_i}{m_s / A_s} = \frac{A_s m_i}{A_i m_s} \qquad （10.20）$$

其中，A_i、A_s 分别表示组分和标准物质的峰面积；m_i、m_s 分别表示组分和标准物质的量。当 m_i、m_s 分别以质量和摩尔质量为单位。相对质量校正因子和相对摩尔校正因子，分别用 f_m 和 f_M 来表示。

（5）校正因子的测定方法

准确称取一定量待测组分（m_i）及标准物质（m_s），进行混合后，取一定量在特定的色谱条件下注入色谱仪，即可得到标准物质的色谱图。之后分别测量待测物和标准物质的色谱峰面积 A_i 和 A_s，最后计算出校正因子。

3. 定量方法

（1）面积归一化法

如果试样中的所有组分都可以流出色谱柱，并在检测器上出现响应信号，都能出现色谱峰，可以使用面积归一化法计算出各个待测组分的含量。归一化法简便、准确，而且进样量的多少不会影响定量的准确性，操作条件的变动对结果也没有很大的影响，尤其适用于多组分的待测样品进行同时测定。但是如果试样中有的组分不能出峰，就不能采用这种方法。

$$C_i(\%) = \frac{A_i f_i'}{\sum_{i=1}^{n} A_i f_i'} \times 100\% = \frac{A_i f_i'}{A_1 f_1' + \cdots + A_i f_i' + \cdots A_n f_n'} \times 100\% \qquad （10.21）$$

（2）内标法

内标法是在试样中加入一定量的纯物质作为内标物来测定组分的含量。要注意内标物要选择试样中不存在的某种纯物质，其色谱峰应该位于待测组分色谱峰的附近或者几个待测组分色谱峰的中间，并且要与待测组分完全分离，内标物的

加入量也需要接近试样中待测组分的含量（吴艳和和娟，2013）。具体操作是：准确称取一定量的试样，加入一定量的内标物，之后根据试样和内标物的质量比及相应的峰面积之比，根据式（10.22）计算出待测组分的含量。

$$X_i = \frac{A_i f_i m_s}{A_s f_s m} \qquad (10.22)$$

内标法具有定量准确的优点。因为内标法是使用待测组分及内标物的峰面积的相对值来进行计算，因此不需要严格控制进样量及操作条件。即使试样中某些组分不出峰时也可以使用，但是要注意每次分析时都要准确称取试样及内标物的量，会比较费时。

（3）标准曲线法——简化内标法

在一定的实验条件下，待测组分的含量 m_i 是与 A_i/A_s 成正比的。首先是用待测组分的纯品配成一系列已知浓度的标准溶液，然后加入相同量的内标物；最后将同样量的内标物加到相同体积的待测样品溶液中，分别进样。测出 A_i/A_s 后作 A_i/A_s-m 或 A_i/A_s-C 图，由 A_i（样）$/A_s$ 就可以从标准曲线上查出待测组分的含量。

（4）外标法

取待测试样的纯物质配成一系列不同浓度的标准溶液，分别取一定的体积，进行进样分析。之后在色谱图上测出峰面积（或峰高），以峰面积（或峰高）对含量作图即是标准曲线。然后要在相同的色谱操作条件下，分析待测试样，从色谱图上测出试样的峰面积（或峰高），再由上述标准曲线查出待测组分的含量。

如果试样中待测组分的浓度变化不大，也可以不作标准曲线，采用单点校正法。就是配制一个和待测组分的含量特别接近的标准溶液，记含量为 C_s，然后取相同量的标准物及试样分别进行色谱分析，这时会得到相应的峰面积 A_s 和 A_i（或峰高 h_s 和 h_i），再由待测组分和标准溶液的峰面积比（或峰高比）从而求出待测组分的含量，即

$$X_i = C_s A_i / A_s \text{ 或 } X_i = C_s h_i / h_s \qquad (10.23)$$

外标法是色谱分析中最常用的一种定量方法。具有计算简单、操作简便、不需要测定校正因子等优点。其结果的准确性往往取决于进样的重视性及色谱操作条件的稳定性。

4. 定量分析

方法验证就是要去证明开发的方法是否具有实用性和可靠性。实用性是指所用仪器的配置是否全部都可以作为商品买到，样品处理方法是否简单易操作，分析时间是否合理，分析成本是否可被同行接受等。可靠性包括定量的线性范围、

重现性、检测限、方法回收率、重复性等。在实际工作中，当拿到一个样品，需要建立一套完整的分析方法。下面以样品的来源和预处理方法为例介绍一些常规的步骤：GC 可以直接进行分析的样品必须是气体或液体，所以固体样品要在分析前溶解在合适的溶剂中，并且要保证样品中不能含有 GC 不能进行分析的组分，如无机盐。这些组分可能会对色谱柱的组分有损害。在拿到一个未知样品时，首先必须了解它的来源，估计样品中可能含有哪些组分及样品的沸点范围等。如果可以确认样品就可以直接进行分析。如果样品中含有一些不能直接用 GC 进行分析的组分，或者是样品的浓度过低，这时就必须进行一些必要的预处理，如各种萃取技术、浓缩和稀释方法、提纯方法等。

10.4　气相色谱法的应用

虽然气相色谱的出现比 LC 晚了 50 年，但气相色谱在之后的 20 多年的发展却是 LC 所不能比拟的。自 1955 年第一台商品气相色谱仪器的推出，直到 1958 年毛细管色谱柱的问世，气相色谱法很快变成了实验室常规的分析手段。1970 年以来，由于电子技术的快速发展，使得 GC 色谱技术更加迅速地发展起来，1979 年弹性石英毛细管柱的出现使 GC 上了一个新台阶。反过来，色谱技术也很大程度上促进了现代物质文明的发展。在现代社会的各个方面，色谱技术都发挥着极其重要的作用。以下将从七个方面具体介绍气相色谱在各领域的应用。

10.4.1　在食品分析中的应用

民以食为天。食物作为人类生存的最基本需要，是国家稳定和社会发展的永恒主题。而食品的营养成分及食品安全是当今世界特别关注的重大问题，因此食品分析越来越受到大众的重视。食品分析包括营养成分的分析及食品添加剂的分析。而气相色谱在这两个方面都能发挥其优势，因为比较重要的一些营养组分，如氨基酸、脂肪酸及糖类，都可以使用 GC 进行分析。食品中的添加剂有几千余种，这其中的很多种都可以使用 GC 进行检测。色谱法的发展史几乎与色谱技术在食品分析中的应用是同步的。1952 年诺贝尔化学奖获得者英国化学家 James 和生物学家 Martin 最先发明了气-液色谱，它是用来分析脂肪酸等混合物的。

它可以与多种波谱分析仪器进行联用，这样就可以将分离和测定一次完成。如色谱-质谱联用技术（GC-MS、HPLC-MS、CE-MS 等）、固相萃取技术（SPE）超临界流体色谱技术（SFC）、毛细管电脉仪技术（CE）及最新出现的全二维气相色谱等。这些新技术的综合应用，大大简化了分析步骤，并且提高了分析效率。而且使分析检测的结果更加可靠。例如，Shne 在海产品、肉类和蜂蜜中氯霉素残留的检测方法研究中，在使用简便的酶联免疫法粗筛后，用 GC-ECD 和 HPLC-UVD 进行了检测，最后用 GC-MS-EI-SIM 和 GC-MS-NCl-SMI 对检测结果进行确证实验（吕志祥，2012）。

10.4.2 在农药残留检测方面的应用

在当今世界，食品安全作为全民关心的头等大事，对食品和药物中的污染物及有害物质的检测技术的研究也愈发受到重视。对农作物使用大量的除真菌剂、杀虫剂、除草剂、灭鼠剂、植物生长调节剂等，虽然可以提高农作物的产量，但也使农产品、畜产品中有大量的农药残留，残留量超标将对人类的健康带来很大威胁，因此保证食品安全的当务之急是研究开发出快速、可靠、灵敏和实用的农药残留分析技术。农药残留分析是对复杂混合物中的痕量分析技术，农残分析既需要特别精细的微量操作手段，又需要灵敏度特别高的痕量检测技术。自气相色谱技术飞速发展起来后，很多灵敏的检测器开始得到应用，解决了过去几十年难以检测的农药残留问题。

10.4.3 在药物和临床分析中的应用

尽管在药物及临床分析中 HPLC 应用较多，但是近几年气相色谱在药物和临床分析中的应用也越来越多。因为气相色谱法的操作比较简单，如果在使用气相色谱就可以满足分析要求时，它就应该是首选的方法。特别是现在把 GC 与 MS 结合起来使用后可以达到分离和鉴定的目的。如果把固相微萃取（SPME）和 GC 或 GC-MS 联合使用，这样又可以把样品处理和定性与定量集于一体，这在临床分析中有很重要的意义。

在医药分析中主要包括以下方面：①雌三醇的测定；②尿中孕二醇和孕三醇的测定；③尿中胆甾醇的测定；④儿茶酚胺代谢产物的分析；⑤血液中乙醇、麻醉剂及氨基酸衍生物的分析；⑥血液中睾丸激素的分析；⑦某些挥发性药物的分析。

10.4.4 在石油和化工分析中的应用

气相色谱的快速发展推进了石油及石化的快速发展，石油及石化的快速发展又大大促进了气相色谱的飞速前进，气相色谱也在石油及石化领域发挥着极大的作用。尽管近些年红外光谱及高效液相色谱在石油及石化分析中的应用也变得更多，但气相色谱在石油及石化分析中仍然作为最主要的一种分析手段。因为气相色谱法在所有的色谱方法中是最简单易操作的，因此可以对各种化工生产的产品检验中进行多成分及可挥发性组分的测定。这不仅可以对石油气、轻馏分及芳烃的组成进行分析，而且能对生产的中间控制及产品检验起到重要的作用，大大地促进了石油工业的高速发展。GC 在石化分析中的应用主要涉及以下几个方面（傅若农，2005）：①油气田勘探中的地球化学分析；②原油分析；③炼厂气分析；④模拟蒸馏；⑤油品分析；⑥单质烃分析；⑦含硫和含氮化合物分析；⑧汽油添加剂分析；⑨脂肪烃分析；⑩芳烃分析。

10.4.5　在环境污染物分析中的应用

当今社会环境问题已成为人类面临的重大挑战，为了改善生存环境及对环境污染进行治理，对污染物的检测分析成为当今世界的一个重要的课题。我国投入了大量的人力、物力对环境污染物进行分析研究及实际检测，在众多检测分析手段中，气相色谱法是特别重要的手段之一，它可以对大气、室内气体、各种水体及其他类型的污染物进行分析研究及测定。GC 在环境分析中的应用主要有以下几个方面：①大气污染分析（有毒有害气体、气体硫化物、氮氧化物等）；②饮用水分析（多环芳烃、农药残留、有机溶剂等）；③水资源（包括淡水、海水和废水中的有机污染物）；④土壤分析（有机污染物）；⑤固体废弃物分析（张莘民，1996）。

10.4.6　在物理化学研究中的应用

无机物及金属有机化合物通常挥发性比较小，这样进行气相色谱分析就比较困难。为了解决这个问题，通常把一些无机物及金属有机化合物通过一定的手段转化为挥发性较大且能在比较高的温度下进行气相色谱分析的物质，例如，将硫酸、磷酸等无机酸和脂化试剂反应之后，可以生成较易挥发的硅脂衍生物，在物理化学中的应用主要分为以下部分：①比表面和吸附性能研究；②溶液热力学研究；③蒸气压的测定；④络合常数测定；⑤反应动力学研究；⑥位力系数测定。

10.4.7　其他应用

气相色谱法具有分离效率高、样品用量少、速度快、灵敏度高等特点，广泛应用于生产及科研等方面。通常，只要是沸点在 500℃以下，热稳定性良好及相对分子质量在 400 以下的物质，原则上都可以使用气相色谱法进行分析的。目前气相色谱法可以进行分析的有机物，占到全部有机物的 15%～20 %，而可以进行分析的这些有机物恰好是目前应用范围很广泛的那一部分，因此气相色谱法的应用是十分广泛的（孙金花等，2009）。

参 考 文 献

蔡秀真, 刘德发. 1982. 纸色谱法分离测定金属离子. 化学教育, 3 (6): 45-46

陈婉华. 1985. 气相色谱法在生物固氮研究中的应用. 河南农业科学, (1): 19-21

褚素霞, 宋更申, 郭毅. 2012. 气相色谱-电子捕获检测器法测定异氟烷的含量. 中国药房, (44): 4210-4211

董霞, 罗涓, 曾凉雄, 等. 2016. 对安居区绿色畜牧业发展的思考. 农家科技旬刊, (1): 1

古丽曼, 史梅. 2003. 薄层色谱法应用中的注意环节. 饲料工业, 24(1): 45-45

郭梦林. 1980. 气相色谱分析中定量校正因子的应用. 当代化工, (4): 36-45

冷爱民. 2014. 浅谈色谱仪对白酒微量元素的分析. 中小企业管理与科技, (20): 314-315

林珊. 2010. 运用薄层色谱法对氨基酸分析实验的改进. 职业, (1Z): 162-162

刘布鸣, 苏小川. 2006. 气相色谱和气相色谱/质谱法分析高级脂肪伯醇混合物的化学组分.色谱, 24(2): 211-211

刘国诠, 余兆楼. 2006. 色谱柱技术. 北京: 化学工业出版社

刘继兵. 2017. 化学分析用气相色谱仪的使用和准确性判定. 中国科技投资, (2): 1

罗扶课. 2010. 水质监测中气相色谱法的研究. 科学之友, (22): 38-39

吕志祥. 2012. 色谱技术在手性药物拆分中的应用进展. 中外健康文摘, (47): 60-62

马静红, 白蓉, 赵忠林, 等. 2007. 一种高吸附量分子筛吸附剂的制备方法: CN200610102045.5

马小平, 田胜利, 白一海, 等. 2016. Agilent 4890 气相色谱日常维护保养与故障分析诊断. 中外交流, (24): 1

彭元怀, 杨国龙, 毕艳兰, 等. 2007. 棒状薄层色谱/氢火焰离子化检测器(TLC/FID)在脂质分析中的应用. 粮油加工, (1): 49-51

司波. 2010. 气相色谱基础理论. 科学与财富, (10): 158-159

孙金花, 郝然, 孙金英. 2009. 气相色谱仪在生产中的应用. 石油化工设备, 38(S1): 60-63

孙永红. 1987. 己酸乙酯定量校正因子的测定. 辽宁化工, (4): 61-62

王芳贵. 2010. 整环的赋值扩环及赋值维数. 四川师范大学学报(自然科学版), 33(4): 419-425

王悦. 2008.CT 与气相色谱联用探测肺癌特征呼吸气体. 中华现代中西医杂志, 6(5): 321-327 吴艳, 和娟. 2013. 如何在食品色谱定量分析中选择内标法或外标法. 中国信息化, (6):1

苏建峰, 张金虎, 林永辉, 等. 2009. 正相硅胶/选择洗脱-气相色谱法、液相色谱-质谱法检测食品中甲胺磷残留及其作用机理研究. 分析化学, 37(10): 1426-1432

张莘民. 1996. 气相色谱/原子发射检测器(GC/AED)在环境化学分析中的应用. 环境科学研究, 9(1): 42-45

张天龙. 2010. 科创高灵敏度微型热导池检测器(MTCD). 低温与特气, 28(3): 44-46

张兴华. 2012. 平衡塔板理论与非平衡塔板理论的对比研究. 天津: 天津大学硕士学位论文

赵春霞. 2007. 多层螺旋管行星式离心过程的基础研究及应用. 杭州: 浙江大学博士学位论文

赵国宏. 2003. 高效多孔层(PLOT)毛细管吸附色谱柱的研究. 中国科学院研究生院

周维义, 范国梁. 2001.分流比对精密度的影响. 分析试验室, 20(5): 82-83

Yang S S, Smetena I, 李炎强. 2000. 快速气相色谱法在烟草分析中的应用评价. 烟草科技, (5): 33-35

第 11 章 高效液相色谱法

11.1 概 述

11.1.1 高效液相色谱法的发展历史

1903 年，俄国植物化学家茨维特首次提出"色谱法"（chromotography）和"色谱图"（chromatogram）的概念。在希腊语中，chroma 意思是颜色，graphy 意思是记录，色谱法直译过来就是颜色记录。茨维特使用色谱法来描述他的彩色实验，他在论文中写道："植物色素的石油醚溶液从一根主要装有碳酸钙吸附剂的玻璃管上端加入，沿管滤下，后用纯石油醚淋洗，结果按照不同色素的吸附顺序在管内观察到它们相应的色带，就像光谱一样，称为色谱图"。

1930 年以后，纸色谱、离子交换色谱和薄层色谱等液相色谱技术相继出现。

1952 年，英国学者 Martin 和 Synge 基于他们在分配色谱方面的研究工作，提出了关于气-液分配色谱比较完整的理论和方法，将色谱技术向前推进了一大步，这使气相色谱在此后的十多年间发展十分迅速。

1958 年，基于 Moore 和 Stein 的工作，离子交换色谱的仪器化导致了氨基酸分析仪的出现，这是近代液相色谱的一个重要尝试，但分离效率并不理想。

1960 年中后期，由于气相色谱理论和实践的发展，以及机械、光学、电子等技术上的进步，液相色谱又开始活跃。到 60 年代末期将高压泵和化学键合固定相用于液相色谱就出现了高效液相色谱。

1970 年中期以后，微处理机技术用于液相色谱，进一步提高了仪器的自动化水平和分析精度。

1990 年以后，生物工程和生命科学在国际和国内的迅速发展，为高效液相色谱技术提出了更多、更新的分离、纯化、制备的课题，如人类基因组计划、蛋白质组学用高效液相色谱作预分离等。

高效液相色谱还可称为现代液相色谱，与经典液相（柱）色谱法比较，高效液相色谱能在短的分析时间内获得高柱效和高的分离能力。

11.1.2 定义

高效液相色谱（high performance liquid chromatography，HPLC）也称高压液

相色谱（high pressure liquid chromatography）、高速液相色谱（high speed liquid chromatography）、高分离度液相色谱（high resolution liquid chromatography）。传统液相色谱包括传统的柱色谱、薄层色谱和纸色谱。20 世纪 50 年代后气相色谱法在色谱理论研究和实验技术上迅速崛起，而液相色谱技术仍停留在经典操作方式上，其操作烦琐，分析时间较长，因此未受到重视。60 年代以后，随着气相色谱法对高沸点有机物分析局限性的逐渐显现，人们又重新认识到液相色谱法可弥补气相色谱法的不足之处（王惠和吴文君，2007）。

高效液相色谱与经典液相色谱法的区别是：高效液相色谱填料颗粒小而均匀，小颗粒虽具有高柱效，但是会引起高阻力，需用高压输送流动相，故又称高压液相色谱，又因分析速度快而称为高速液相色谱。气相色谱是一种良好的分离分析技术，沸点较低，适用于加热不易分解的样品，这些样品占全部有机物的 20%，高效液相色谱对于这些样品有很好的分离分析效果。但是，对于剩余的 80%，那些沸点高、相对分子质量大、受热易分解的有机化合物、生物活性物质及多种天然产物，高效液相色谱又是如何分离分析的呢？实践证明如果用液体流动相去替代气体流动相，则可达到分离分析的目的，对应的色谱分析方法称为液相色谱法。

11.1.3 高效液相色谱的基本原理

高效液相色谱仪系统的组成主要有储液器、泵、进样系统、色谱柱、检测器、记录仪等几部分。储液器中的流动相由高压泵打入系统，样品溶液经进样器进入流动相，再由流动相载入色谱柱（固定相）内。由于样品溶液中的各组分在两相中具有不同的分配系数，在两相中做相对运动时，经过反复多次的吸附-解吸的分配过程，各组分在移动速度上产生较大的差别，被分离成单个组分依次从柱内流出。通过检测器时，样品浓度被转换成电信号传送到记录仪，数据以图谱形式打印出来（刘家尧和刘新，2010）。其基本方法是用高压泵将具有一定极性的单一溶剂或不同比例的混合溶剂装入有填充剂的色谱柱，经进样阀注入的样品被流动相带入色谱柱内进行分离后依次进入检测器。由记录仪、积分仪或数据处理系统记录色信号或进行数据处理而得到分析结果（吕良和陈霈，2008）。

高效液相色谱的基本术语有以下几个。

1）色谱图（chromatogram）：样品流经色谱柱和检测器，所得到的信号-时间曲线，又称色谱流出曲线（elution profile）。

2）基线（base line）：经流动相冲洗，柱与流动相达到平衡后，检测器测出一段时间的流出曲线。一般应平行于时间轴。

3）噪声（noise）：基线信号的波动。通常由电源接触不良或瞬时过载、检测器不稳定、流动相含有气泡或色谱柱被污染所致。

4）漂移（drift）：基线随时间的缓慢变化。主要由操作条件，如电压、温度、流动相及流量的不稳定所引起，柱内的污染物或固定相不断被洗脱下来也会产生漂移。

5）色谱峰（peak）：组分流经检测器时响应的连续信号产生的曲线，流出曲线上的突起部分。正常色谱峰近似于对称形正态分布曲线（高斯曲线）。不对称色谱峰有两种：前伸峰（leading peak）和拖尾峰（tailing peak），前者少见。

6）峰底（peak base）：基线上峰的起点至终点的距离。

7）峰高（peak height）：峰的最高点至峰底的距离，用 h 表示。

8）峰宽（peak width）：峰两侧拐点处所作两条切线与基线的两个交点间的距离，用 W 表示，$W=4\sigma$。

9）半峰宽（peak width at half-height）：峰高一半处的峰宽，用 $W/2$ 表示。

10）峰面积（peak area）：峰与峰底所包围的面积，用 A 表示。

11）保留时间（retention time）：从进样开始到某个组分在柱后出现浓度极大值的时间，用 t_R 表示。

12）理论塔板数（theoretical plate number）：用于定量表示色谱柱的分离效率（简称柱效），用 N 表示。

13）分离度（resolution）：相邻两峰的保留时间之差与平均峰宽的比值。也称为分辨率，表示相邻两峰的分离程度，用 R 表示，$R \geqslant 1.5$ 称为完全分离。

1. 高压输液系统

高压输液系统由储液器、流动相、高压输液泵、过滤器、梯度洗脱装置等组成。

（1）储液器

由玻璃、不锈钢或氟塑料等耐腐蚀材料制成。储液器的放置位置要高于泵体，以保持输液静压差。使用过程应密闭，防止因蒸发引起流动相组成改变，还可以防止气体进入。

（2）流动相

流动相常用甲醇-水或乙腈-水为底剂的溶剂系统。流动相在使用前必须脱气，否则很容易在系统的低压部分逸出气泡，气泡的出现不仅影响柱分离效率，还会影响检测器的灵敏度，甚至不能正常工作。脱气的方法有加热回流法、抽真空脱气法、超声脱气法和在线真空脱气法等。

（3）高压输液泵

高压输液泵是高效液相色谱仪的关键部件之一，用以完成流动相的输送任务。对泵的要求有耐腐蚀、耐高压、无脉冲、输出流量范围宽、流速恒定，且泵体易于清洗和维修。高压输液泵可分为恒压泵和恒流泵两类，常使用恒流泵。

2. 进样系统

常用六通阀进样器进样，进样量由定量环确定。操作时先将进样器手柄置于采样位置（LOAD），此时进样口只与定量环接通，处于常压状态，用微量注射器（体积应大于定量环体积）注入样品溶液，样品停留在定量环中。然后转动手柄至进样位置（INJECT），使定量环接入输液管路，样品由高压流动相带入色谱柱中（常晓娟，2010）。

3. 色谱柱

色谱柱由柱管和填充剂组成。柱管多用不锈钢制成，柱内填充剂有硅胶和化学键合固定相。在化学键合固定相中有十八烷基硅烷键合硅胶（又称 ODS 柱或 C18 柱）、辛烷基硅烷键合硅胶（C8 柱）、氨基或氰基键合硅胶等，在中药制剂的定量分析中，主要使用 ODS 柱。由于 ODS 属于非极性固定相，在分离分析时一般使用极性流动相，所以属于反相色谱法。常用流动相有甲醇-水或乙腈-水等，洗脱时极性大的组分先出柱，极性小的组分后出柱。

4. 检测器

在高效液相色谱法中主要使用紫外检测器（UVD），可分为固定波长、可变波长和二极管阵列检测器三种类型，以可变波长紫外检测器应用最为广泛。检测器由光源、流通池和记录器组成，其工作原理是进入检测器的组分对特定波长的紫外光能产生选择性吸收，其吸收度与浓度的关系符合光吸收定律（周杰和曲祥全，2008）。

11.1.4　高效液相色谱法的特点

1）高压：流动相为液体，流经色谱柱时，受到的阻力较大，为了能迅速通过色谱柱，必须对载液加高压。压力一般高达 $150 \times 10^5 \sim 350 \times 10^5$ Pa。

2）高速：分析速度快、载液流速快，较经典液体色谱法速度快得多。通常分析一个样品需要 $15 \sim 30$ min，有些样品甚至在 5 min 内即可完成，一般小于 1 h（李继睿等，2010）。

3）高效：分离效能高。可选择固定相和流动相以达到最佳分离效果，比工业精馏塔和气相色谱的分离效能高出许多倍。HPLC 的分离效率高于普通液相色谱，在发展过程中又出现了许多新型固定相，使分离效率大大提高。

4）高灵敏度：高效液相色谱已广泛采用高灵敏度的检测器，进一步提高了分析的灵敏度。例如，荧光检测器的灵敏度可达 $10 \sim 11$ $\mu g \cdot mL^{-1}$。另外，用样量小，一般单位为微升，紫外检测器可达 0.01 ng，进样量在微升数量级。

5）应用范围广：70%以上的有机化合物可用高效液相色谱分析。特别是高沸点、大分子、强极性、热稳定性差化合物的分离分析，更显示出其优势（王铮，2015）。气相色谱法虽具有分离能力好、灵敏度高、分析速度快、操作方便等优点，但是受技术条件的限制，沸点太高的物质或热稳定性差的物质都难以应用气相色谱法进行分析。而高效液相色谱法，只要求试样能制成溶液，而不需要气化，因此不受试样挥发性的限制。对于高沸点、热稳定性差、相对分子质量大（大于 400）的有机物（这些物质几乎占有机物总数的 75%～80%）原则上都可以应用高效液相色谱法进行分离、分析。据统计，在已知化合物中，能用气相色谱分析的约占 20%，而能用液相色谱分析的占 70%～80%。

6）色谱柱可反复使用：用一根色谱柱可以分离不同的化合物。

7）样品量少，容易回收：样品经过色谱柱后不被破坏，可以收集单一组分（汪世龙，2012）。此外，高效液相色谱还有色谱柱可以反复使用、样品不被破坏、易回收等优点。但它也有缺点，与气相色谱相比各有所长，相互补充。高效液相色谱的缺点是有"柱外效应"（周红，2012）。在进样到检测器之间，除了柱子以外的任何死空间（进样器、柱接头、连接管和检测池等）中，如果流动相的流型有变化，被分离物质的任何扩散和滞留都会显著地导致色谱峰的加宽，使柱效率降低。高效液相色谱检测器的灵敏度不及气相色谱（周纯宏，2010）。

11.2　高效液相色谱仪

11.2.1　高效液相色谱仪主要组成部件

高效液相色谱的发展速度十分迅猛，应用十分广泛，其仪器结构和流程也多种多样。高效液相色谱仪一般都具备高压泵、梯度洗提装置（用双泵）、进样器、色谱柱、检测器等主要部件。

1. 高压泵

高效液相色谱使用的是很细的色谱柱（内径 1～6 mm），所用固定相的粒度也非常小，所以流动相在柱中流动所受到的阻力非常大。在常压条件下，流动相流速度十分缓慢，柱效低且费时。因此，为了使分离更加快速、高效，加快样品在柱中的流动速度，就必须给流动相施加很大的压力。高压泵在高效液相色谱中起到很大的作用，HPLC 使用的高压泵应满足以下条件：①流量恒定，无脉冲，并有较大的调节范围（一般为 1～10 mL·min^{-1}）；②能抗溶剂腐蚀；③有较高的输液压力；对一般分离，$60×10^5$ Pa 的压力就满足了，对高效分离，要求达到 $150×10^5$～$300×10^5$ Pa。高压泵中主要使用一种往复式柱塞泵。往复式柱塞泵工作时，当柱塞推入缸体，泵头出口的单向阀打开，流动相进入的单向阀关闭，输出少量的流体。反之，当柱塞向外拉时，流动相入口的单向阀打开，出口的单向阀同时关闭，一定量的流动相由储液器吸入缸体中。这种往复式柱塞泵的特点是不受整个色谱体系中其余部分阻力变化的影响，连续供给恒定体积的流动相。

2. 梯度洗提装置（用双泵）

梯度洗提就是载液中含有两种甚至多种不同极性溶剂，在分离过程中按一定的程序连续改变载液中溶剂的配比和极性，通过载液中极性的变化来改变被分离组分的分离因素，提高分离效果。梯度洗提可以分为低压梯度和高压梯度。低压梯度，也称为外梯度，在常压条件下，预先按一定程序将两种或多种不同极性的溶剂混合输入色谱柱；高压梯度，也称内梯度系统，是利用两台高压输液泵，将两种不同极性的溶剂按设定的比例送入梯度混合室，混合后进入色谱柱（谭湘成，2008）。

3. 色谱柱

色谱柱是色谱仪最重要的部分。通常是用后壁玻璃管或内壁抛光的不锈钢管制作而成，对于一些有腐蚀性的样品且要求耐高压时，也可用铜管、铝管或聚四氟乙烯管来制作色谱柱。色谱柱柱子内径一般为 1～6 mm。常用的标准柱型是内径为 4.6 mm 或 3.9 mm、长度为 15～30 cm 的直形不锈钢柱。填料颗粒度为 5～10 μm，柱效以理论塔板数计为 7000～10 000。

4. 检测器

紫外光度检测器是最常用的检测器之一，其作用原理是基于被分析试样组分对特定波长紫外光的选择性吸收，组分浓度与吸光度的关系遵守朗伯-比尔定律，从而对样品进行定量定性分析。紫外光度检测器的特点有：①灵敏度高，其最小检测量为 $9～10 \, g \cdot mL^{-1}$，即使对紫外光吸收很弱的物质，也可以检测；②线性范围宽；③流通池可以做得很小（1 mm×10 mm，容积为 8 μL）；④对流动相的流速和温度变化不敏感，可用于梯度洗提；⑤波长可选，易于操作，如使用装有流通池的可见-紫外分光光度计。但是对于紫外光完全不吸收的试样紫外光度检测器不能对其检测，同时溶剂的选择受到限制。

光电二极管阵列检测器是在紫外检测器的基础上发展起来的，有 1024 个光电二极管阵列，每个光电二极管宽仅 50 μm，各检测一窄段波长。在检测器中，光源发出的紫外或可见光通过液相色谱流通池，在此流动相中的各个组分进行特征吸收，然后通过狭缝，进入单色器进行分光，最后由光电二极管阵列检测，得到各个组分的吸收信号。经计算机快速处理，得三维立体谱图。

荧光检测器是一种高灵敏度、高选择性的检测器。对多环芳烃、维生素 B、黄曲霉素、卟啉类化合物、农药、药物、氨基酸、甾类化合物等有响应。荧光检测器的结构及工作原理和荧光光度计相似。

示差折光检测器是除紫外检测器之外应用最多的检测器。示差折光检测器借连续测定流通池中溶液折射率的方法来测定试样浓度。溶液的折射率是纯溶剂（流动相）和纯溶质（试样）的折射率乘以各物质的浓度之和。因此，溶有试样的流动相和纯流动相之间的折射率之差表示试样在流动相中的浓度。

11.2.2 基本原理

储液器中的流动相被高压泵打入系统，样品溶液经进样器进入流动相，被流动相载入色谱柱（固定相）内。由于样品溶液中各组分在两相中具有不同的分配系数，在两相中做相对运动时，经过反复多次吸附-解吸的分配过程，各组分在移动速度上产生较大的差别，被分离成单个组分依次从柱内流出。通过检测器时，样品浓度被转换成电信号传送到记录仪，数据以图谱形式打印出来。

高效液相色谱的原理与分配系数 k 有关，分配系数与组分、流动相和固定相的热力学性质有关，也与温度、压力有关（凌沛学，2007）。在不同的色谱分离机制中，K 有不同的概念：吸附色谱法中为吸附系数；离子交换色谱法中为选择性系数（或称交换系数）；凝胶色谱法中为渗透参数。但一般情况可用分配系数来表示。

在流动相、固定相、温度和压力等条件一定的情况下，样品浓度很低时，K 只取决于组分的性质，而与浓度无关。这只是理想状态下的色谱条件，在这种条件下，得到的色谱峰为正常峰；在许多情况下，随着浓度的增大，K 减小，这时色谱峰为拖尾峰；而有时随着溶质浓度的增大，K 也增大，这时色谱峰为前伸峰。因此，只有尽可能减少进样量，使组分在柱内浓度降低，K 恒定时，才能获得正常峰。

根据使用的固定相及流动相的极性不同，可以将高效液相色谱分为正相液相色谱和反相液相色谱。正相液相色谱就是固定相为极性、流动相为非极性的液相色谱，一般固定相为硅胶和氧化镁，流动相为正己烷、醚等；反之，固定相为非极性，流动相为极性的液相色谱称为反相液相色谱，固定相为碳粒和氧化铝，流动相为水、醇等。在液相色谱中，分离有机化合物，一般情况下用直接与标准物对照的方法，根据保留时间（t_0）的不同进行化合物的定性分析。当未知峰的保留值与某一已知标准物完全相同时，则能判定未知峰可能与已知标准物为同一物质；如果色谱柱条件改变，未知峰的保留值与已知标准物的保留值仍一致，则基本判定是同一物质；定性分析后，即可通过峰面积对样品进行定量分析。标准物配成不同的标准，测定峰面积，作浓度和峰面积的标准曲线，然后根据未知物的峰面积，在曲线上求浓度。

11.2.3 色谱柱

市售的用于 HPLC 的各种微粒填料，如多孔硅胶及以硅胶为基质的键合相、氧化铝、有机聚合物微球（包括离子交换树脂）、多孔碳等，其粒度一般为 3 μm、5 μm、7 μm、10 μm 等，柱效理论值可达 50 000～160 000 m^{-1}。对于一般的分析只需 5000 塔板数的柱效；对于同系物分析，只要 500 即可；对于较难分离的物质对，可采用高达 20 000 的柱子，因此一般为 10～30 cm 的柱长就能满足复杂混合物分析的需要。

1. 柱的构造

色谱柱由柱管、压帽、卡套、筛板、接头、螺丝等部分组成。柱管多用不锈钢制成，压力不高于 70 kg·cm^{-2} 时，也可以采用厚壁玻璃或石英管，管内壁要求光洁度很高。为提高柱效，减小管壁效应，不锈钢柱内壁多经过抛光。也有人在不锈钢柱内壁涂敷氟塑料来提高内壁的光洁度，其效果与抛光相同。还有使用熔融硅或玻璃衬里的，用于细管柱。色谱柱两端的柱接头内装有筛板，是烧结不锈钢或钛合金，孔径为 0.2～20 μm（5～10 μm），取决于填料粒度，目的是防止填料漏出。

色谱柱按用途可分为分析型和制备型两类，尺寸规格也不同：①常规分析柱（常量柱），内径 2～5 mm（常用 4.6 mm，国内有 4 mm 和 5 mm），柱长 10～30 cm；②窄径柱［narrow bore，又称细管径柱、半微柱（semi-microcolumn）］，内径 1～2 mm，柱长 10～20 cm；③毛细管柱［又称微柱（microcolumn）］，内径 0.2～0.5 mm；④半制备柱，内径大于 5 mm；⑤实验室制备柱，内径 20～40 mm，柱长 10～30 cm；⑥生产制备柱内径可达几十厘米。柱内径一般是根据柱长、填料粒径和折合流速来确定的，目的是避免管壁效应。

2. 柱的发展方向

因强调分析速度而发展出短柱，柱长 3～10 cm，填料粒径 2～3 μm；为提高分析灵敏度，与质谱（MS）联用，而发展出窄径柱、毛细管柱和内径小于 0.2 mm 的微径柱（microbore）。细管径柱的优点是：①节省流动相；②灵敏度增加；③样品量少；④能使用长柱达到高分离度；⑤容易控制柱温；⑥易于实现 LC-MS 联用。

3. 柱的填充和性能评价

色谱柱的性能除了与固定相性能有关外，还与填充技术有关。在正常条件下，填料粒度大于 20 μm 时，干法填充制备柱较为合适；颗粒小于 20 μm 时，湿法填充较为理想。填充方法一般有 4 种：①高压匀浆法，多用于分析柱和小规模制备柱的填充；②径向加压法，Waters 专利；③轴向加压法，主要用于装填大直径柱；④干法。柱填充的技术性很强，大多数实验室使用已填充好的商品柱。

装填技术是高效液相色谱柱获得的重要环节，但根本问题还在于填料本身性能的优劣及配套的色谱仪系统的结构是否合理。无论是自己装填的还是购买的色谱柱，使用前都要对其性能进行考察，使用期间或放置一段时间后也要重新检查。柱性能指标包括在一定实验条件下（样品、流动相、流速、温度）的柱压、理论塔板高度和塔板数、对称因子、容量因子和选择性因子的重复性或分离度。一般来说，容量因子和选择性因子的重复性在±5%或±10%以内。进行柱效比较时，还要注意柱外效应是否有变化。

一份合格的色谱柱评价报告应给出柱的基本参数，如柱长、内径、填料的种类、粒度、色谱柱的柱效、不对称度和柱压降等（黄洪和毛淑才，2007）。

总之，高效液相色谱是一种应用范围广泛的测试仪器，不同种类的高效液相色谱原理不同，但结构基本一致。因此只要更换其中的零件，就可以用于测试不同的物质。中国的市场上，随着医药、化工、环保行业的发展，高效液相色谱的市场前景不可限量。

11.3　高效液相色谱法的分类

选择正确的色谱分离方法，首先要多了解样品的相关性质，其次必须熟悉各种色谱方法的主要特点及应用范围。选择色谱分离方法的主要依据是样品相对分子质量的大小，在水中和有机溶剂中的溶解度，极性和稳定程度及化学结构等物理、化学性质。对于相对分子质量较小（一般在 200 以下）、挥发性比较好、加热又不易分解的样品，可以选择气相色谱法进行分析；相对分子质量在 200～2000 的化合物，可用液-固吸附、液-液分配和离子交换色谱法；相对分子质量大于 2000 的则可用尺寸排阻色谱法。水溶性样品最好用离子交换色谱法和液-液分配色谱法；微溶于水，但在酸或碱存在下能很好地电离的化合物，也可以用离子交换色谱法；油溶性样品或相对非极性的混合物，可用液-固色谱法。若样品中包含离子型或可离子化的化合物，或者能与离子型化合物相互作用的化合物（如配位体及有机螯合剂），可首先考虑用离子交换色谱，但尺寸排阻色谱和液-液分配色谱也都能顺利地应用于离子化合物；异构体的分离可用液-固色谱法；具有不同官能团的化合物、同系物可用液-液分配色谱法；对于高分子聚合物，可用尺寸排阻色谱法。

11.3.1　液-固色谱法

液-固色谱是用固体吸附剂作为固定相。固体吸附剂是一些多孔的固体颗粒物，位于其表面的原子、离子或分子的性质多少不同于在内部的原子、离子或分子的性质（姚开安和赵登山，2014）。表层的键因缺乏覆盖层结构而受到扰动。因此，表层一般处于较高的能级，存在一些分散的具有表面活性的吸附中心。液-固色谱法是根据各组分在固定相上吸附能力的差异进行分离，所以也称为液-固吸附色谱。

吸附剂吸附试样的能力，主要取决于吸附剂的比表面积和理化性质、试样的组成和结构及洗脱液的性质等。组分与吸附剂的性质相似时，易被吸附，呈现高的保留值；当组分分子结构与吸附剂表面活性中心的刚性几何结构相适应时，易于吸附，从而使吸附色谱成为分离几何异构体的有效手段；不同的官能团具有不同的吸附能，因此，吸附色谱可按族分离化合物（李从军等，2009）。吸附色谱对同系物没有选择性（对相对分子质量的选择性小），不能用该法分离相对分子质量不同的化合物。液-固色谱法采用的固体吸附剂按其性质可分为极性和非极性两种类型。极性吸附剂包括硅胶、氧化铝、氧化镁、硅酸镁、分子筛及聚酰胺等。非极性吸附剂最常见的是活性炭。极性吸附剂可进一步分为酸性吸附剂和碱性吸附剂。酸性吸附剂包括硅胶和硅酸镁等，碱性吸附剂有氧化铝、氧化镁和聚酰胺等。酸性吸附剂适于分离碱，如脂肪胺和芳香胺。碱性吸附剂则适于分离酸性溶质，如酚、羧和吡咯衍生物等（陈家华，2005）。

各种吸附剂中，最常用的吸附剂是硅胶，其次是氧化铝。在现代液相色谱中，硅胶不仅作为液-固吸附色谱的固定相，还可作为液-液分配色谱的载体和键合相色谱填料的基体（郭定宗，2006）。液相色谱的流动相必须符合下列要求：①能溶解样品，但不能与样品发生反应；②与固定相不互溶，也不发生不可逆反应；③黏度要尽可能小，这样才能有较高的渗透性和柱效；④应与所用检测器相匹配，例如，利用紫外检测器时，溶剂要不吸收紫外光；⑤容易精制、纯化，毒性小，不易着火，价格尽量便宜等（曾泳淮和林树昌，2010）。

在液-固色谱中，选择流动相的基本原则是：极性大的试样用极性较强的流动相，极性小的则用低极性流动相。为了获得合适的溶剂极性，常采用两种、三种或更多种不同极性的溶剂混合起来使用，如果样品组分的分配比 k 值范围很广，则使用梯度洗脱（天津大学分析化学教研室，1998）。

11.3.2　液-液色谱法

液-液色谱又称液-液分配色谱。在液-液色谱中，一个液相作为流动相，另一个则涂渍在硅胶上作为固定相。流动相与固定相应互不相溶，两者之间应有明显的分界面。分配色谱过程与两种互不相溶的液体在一个分液漏斗中进行的溶剂萃取相类似（李明，2009）。与气-液分配色谱法一样，这种分配平衡的总结果导致各组分的差速迁移，从而实现分离。分配系数（K）或分配比（k）小的组分，保留值小，先流出柱。然而与气相色谱法不同的是，流动相的种类对分配系数有较大的影响（曾泳淮和林树昌，2004）。

1. 固定相

液-液色谱的固定相由载体和固定液组成。常用的载体有以下几类。

1）表面多孔型载体（薄壳型微珠载体），由直径为 30～40 nm 的实心玻璃球和厚度为 1～2 nm 的多孔性外层组成。

2）全多孔型载体，由硅胶、硅藻土等材料制成，直径 30～50 nm 的多孔型颗粒。

3）全多孔型微粒载体，由纳米级的硅胶微粒堆积而成，又称堆积硅珠。这种载体粒度为 5～10 nm。由于颗粒小，柱效高，其是目前使用最广泛的一种载体。

2. 流动相

除一般要求外，在液-液色谱中还要求流动相对固定相的溶解度尽可能小，因此固定液和流动相的性质往往处于两个极端。例如，当选择固定液是极性物质时，所选用的流动相通常是极性很小的溶剂或非极性溶剂。以极性物质作为固定相，非极性溶剂作流动相的液-液色谱，称为正相分配色谱，适合于分离极性化合物。反之，如果选用非极性物质为固定相，极性溶剂为流动相的液-液色谱称为反相分配色谱，这种色谱方法适合于分离芳烃、稠环芳烃及烷烃等化合物（刘志宏和蒋永衡，2012）。

11.3.3　化学键合相色谱

将固定液机械地涂渍在载体上组成固定相。尽管选用与固定液不互溶的溶剂作流动相，但在色谱过程中固定液仍会有微量溶解。流动相经过色谱柱的机械冲击，固定相会不断流失，即使将流动相预先用固定相液体饱和或在色谱柱前加一个前置柱，使流动相先通过前置柱，再进入色谱柱，但仍难以完全避免固定液的流失。

20 世纪 70 年代初发展了一种新型的固定相—化学键合固定相。这种固定相是通过化学反应把各种不同的有机基团键合到硅胶（载体）表面的游离羟基上，代替机械涂渍的液体固定相。这不仅避免了液体固定相流失的困扰，还大大改善了固定相的功能，提高了分离的选择性。化学键合色谱几乎适用于分离所有类型的化合物。

根据键合相与流动相之间相对极性的强弱，可将键合相色谱分为极性键合相色谱和非极性键合相色谱。在极性键合相色谱中，由于流动相的极性比固定相极性小，所以极性键合相色谱属于正相色谱。弱极性键合相既可以作为正相色谱，也可以作为反相色谱。但通常所说的反相色谱是指非极性键合相色谱。反相色谱在现代液相色谱中应用最为广泛。

1. 化学键合固定相法

化学键合固定相一般都采用硅胶（薄壳型或全多孔微粒型）为基体。在键合反应之前，要对硅胶进行酸洗、中和、干燥活化等处理，然后再使硅胶表面上的硅羟基与各种有机物或有机硅化合物起反应，制备化学键合固定相。键合相可分为以下四种键型。

（1）硅酸酯型（＝Si—O—C＝）键合相

将醇与硅胶表面的羟基进行酯化反应，在硅胶表面形成（＝Si—O—C＝）键合相。反应生成单分子层键合相。一般用极性小的溶剂洗脱，分离极性化合物。

（2）硅氮型（＝Si—N＝）键合相

如果用 $SOCl_2$ 将硅胶表面的羟基先转化成卤素（氯化），再与各种有机胺反应，可以得到各种不同极性基因的键合相。可用非极性或强极性的溶剂作为流动相。

（3）硅碳型（＝Si—C＝）键合相

将硅胶表面氯化后，使 Si—Cl 键转化为 Si—C 键。在这类固定相中，有机基团直接键合在硅胶表面上。

（4）硅氧烷型（＝Si—O—Si—C＝）键合相

将硅胶与有机氯硅烷或烷氧基硅烷反应制备。这类键合相具有相当的耐热性和化学稳定性，是目前应用最广泛的键合相（曾泳淮和林树昌，2010）。

2. 反相键合相色谱法

目前，对于反相色谱的保留机制还没有统一的看法，大致有两种观点：一种认为属于分配色谱；另一种认为属于吸附色谱。

分配色谱的作用机制是假设混合溶剂（水+有机溶剂）中极性弱的有机溶剂吸附于非极性烷基配合基表面，组分分子在流动相中被非极性烷基配合基进行分配（于世林，2009）。吸附色谱的作用机制是将非极性的烷基键合相看作是在硅胶表面上覆盖了一层键合的十八烷基的"分子毛"，这种"分子毛"有强的疏水特性。当以水与有机溶剂所组成的极性溶剂为流动相来分离有机化合物时，一方面，非极性组分分子或组分分子的非极性部分，由于疏溶剂的作用，会从水中被"挤"出来，与固定相上的疏水烷基之间产生缔合作用；另一方面，被分离物的极性部分受到极性流动的作用，使它离开固定相，减少保留值，即解缔过程。显然，这两种作用力之差，决定了分子在色谱中的保留行为（李似姣，2014）。

一般地，固定相的烷基配合基或分离分子中非极性部分的表面积越大，或者流动相表面张力及介电常数越大，则缔合作用越强，分配比也越大，保留值越大。在反相键合相色谱中，极性大的组分先流出，极性小的组分后流出（袁先友和张敏，2007）。

3. 正相键合色谱法

在正相色谱中，一般采用极性键合固定相，硅胶表面键合的是极性的有机基团，键合相的名称由键合上去的基团而定。最常用的有氰基（—CN）、氨基（—NH₂）、二醇基（DIOL）键合相。流动相一般用比键合相极性小的非极性或弱极性有机溶剂，如烃类溶剂，或其中加入一定量的极性溶剂（如氯仿、醇、乙腈等），以调节流动相的洗脱强度。通常用于分离极性化合物（周建庆，2010）。

　　一般认为正相色谱的分离机制属于分配色谱。组分的分配比 K 值，随其极性的增加而增大，但随流动相中极性调节剂极性的增大（或浓度增大）而降低。同时，极性键合相的极性越大，组分的保留值越大。该法主要用于分离异构体，极性不同的化合物，特别是用来分离不同类型的化合物（袁先友和张敏，2007）。

　　4. 离子性键合相色谱法

　　当以薄壳型或全多孔微粒型硅胶为基质，化学键合各种离子交换基团，如—SO_3H、—CH_2NH_2、—$COOH$、—$CH_2N（CH_3）Cl$ 等时，形成了离子性键合色谱。其分离原理与离子交换色谱一样，只是填料是一种新型的离子交换剂而已。化学键合色谱具有以下优点：①适用于分离几乎所有类型的化合物。一方面通过控制化学键合反应，可以将不同的有机基团键合到硅胶表面，从而大大提高分离的选择性；另一方面可以通过改变流动相的组成种类来有效地分离非极性、极性和离子型化合物。②键合到载体上的基团不易被剪切而流失，这不仅解决了固定液流失所带来的困扰，还特别适合于梯度洗脱，为复杂体系的分离创造了条件。③键合固定相对不太强的酸及各种极性的溶剂都有很好的化学稳定性和热稳定性（周建庆，2010）。

11.3.4　离子交换色谱法

　　离子交换色谱以离子交换树脂为固定相，树脂上具有固定离子基团及可交换的离子基团。当流动相带着组分电离生成的离子通过固定相时，组分离子与树脂上可交换的离子基团进行可逆交换，根据组分离子对树脂亲和力不同而得到分离（李从军等，2009）。

　　1. 固定相

　　离子交换色谱常用的固定相为离子交换树脂。目前常用的离子交换树脂分为三种形式：第一种是常见的纯离子交换树脂；第二种是玻璃珠等硬芯子表面涂一层树脂薄层构成的表面层离子交换树脂；第三种是大孔径网络型树脂。

　　典型的离子交换树脂是由苯乙烯和二乙烯苯交联共聚而成的。其中，二乙烯苯起到交联和加牢整个结构的作用，其含量决定了树脂交联度的大小。交联度一般控制在 4%～16% 范围内，高度交联的树脂较硬且脆，但选择性较好。在基体网状结构上引入各种不同酸碱基团作为可交换的离子基团。

　　按结合的基团不同，离子交换树脂可分为阳离子交换树脂和阴离子交换树脂。阳离子交换树脂上具有与阳离子交换的基团。阴离子交换树脂上具有与阴离子交换的基团。阳离子交换树脂又可分为强酸性树脂和弱酸性树脂。强酸性阳离子交换树脂所带的基团为—SO_3^{2-}、H^+，其中—SO_3^{2-} 和有机聚合物牢固结合形成固定部分，H^+ 是可流动的，能被其他阳离子所交换。阴离子交换树脂具有与样品中阴离子交换的基团。阴离子交换树脂也可分为强碱性树脂和弱碱性树脂（马志英，2013）。

2.流动相

离子交换树脂的流动相最常使用水缓冲溶液，有时也使用有机溶剂，如甲醇或乙醇与水缓冲溶液混合使用，以提高特殊的选择性，并改善样品的溶解度（凌笑梅，2006）。

11.3.5　排阻色谱法

排阻色谱法也称尺寸排阻色谱法或凝胶渗透色谱法，是一种根据试样分子的尺寸进行分离的色谱技术。尺寸排阻色谱法以凝胶（gel）为固定相。它类似于分子筛的作用，但凝胶的孔径比分子筛要大得多，一般为数纳米到数百纳米。溶质在两相之间不是靠其相互作用力的不同进行分离，而是按分子大小进行分离。分离只与凝胶的孔径分布和溶质的流动力学体积或分子大小有关。试样进入色谱柱后，随流动相在凝胶外部间隙及孔穴旁流过。在试样中一些太大的分子不能进入胶孔而受到排阻，因此就直接通过柱子，首先在色谱图上出现。一些很小的分子可以进入所有胶孔并渗透到颗粒中，这些组分在柱上的保留值最大，在色谱图上最后出现（曾照芳和余蓉，2013）。

排阻色谱的色谱柱填料是凝胶，它是一种表面惰性，含有许多不同尺寸的孔穴或立体网状物质。凝胶的孔穴仅允许直径小于孔开度的组分分子进入，这些孔对流动相分子来说是相当大的，以致流动相分子可以自由地扩散。对不同大小的组分分子，可分别渗入凝胶孔内的不同深度，较大的组分分子可以渗入凝胶的大孔内，但进不了小孔甚至完全被排斥。较小的组分分子，大孔小孔都可以渗入，甚至渗入很深，一时不易洗脱出来。因此，大的组分分子在色谱柱中停留时间较短，很快被洗脱出来，它的洗脱体积很小；小的组分分子在色谱柱中停留时间较长，洗脱体积较大（黄洪和毛淑才，2007）。直到所有孔内的最小分子到达柱出口，这就是按分子大小而分离的洗脱过程。

尺寸排阻色谱被广泛应用于大分子的分级，即用来分析大分子物质相对分子质量的分布。排阻色谱的固定相一般可分为软性、半刚性和刚性凝胶三类。凝胶是指含有大量液体（一般是水）的柔软而富有弹性的物质，它是一种经过交联而具有立体网状结构的多聚体。

1）软性凝胶，如葡聚糖凝胶、琼脂糖凝胶都具有较小的交联结构，其微孔能吸入大量的溶剂，并能溶胀到它干体的许多倍。它们适用于水溶性作流动相，一般用于小分子物质的分析，不适宜在高效液相色谱中使用。

2）半刚性凝胶，如高交联度的聚苯乙烯。常以有机溶剂作流动相。

3）刚性凝胶，如多孔硅胶、多孔玻璃等，它们既可以用水溶性溶剂作流动相，又可以用有机溶剂作流动相，可在较高压强和较高流速下操作（刘志宏和蒋永衡，2012）。

11.4　高效液相色谱法的应用

11.4.1　在生物化学和生物工程中的应用

随着生命科学和生物工程技术的迅速发展，人们对氨基酸、多肽、蛋白质及核碱、核苷、核苷酸、核酸（核糖核酸 RNA、脱氧核糖核酸 DNA）等生物分子的研究兴趣日益增加。这些生物活性分子是人类生命延续过程必须摄取的成分，也是生物化学、生化制药、生物工程中进行蛋白质纯化、DNA 重组与修复、RNA 转录等技术中的重要研究对象（许柏球等，2011）。因此涉及它们的分离、分析问题也日益重要，高效液相色谱法在生物化学和生物工程中的应用也逐渐增多。

1. 氨基酸的分析

氨基酸样品的来源主要有两个方面，一是由动物或植物蛋白质水解产生，二是存在生物体的血浆或体液中。由摩尔（S. Moore）等提出用离子交换法分离氨基酸，现已发展成氨基酸自动分析仪。此法利用经硫化的阳离子交换柱，可分离 20 多种氨基酸，再经柱后与茚三酮反应，在可见光范围（570 nm）测定吸光度，从而完成检测和定量测定。此法使用的树脂粒度已由 40 μm 减小至 6 μm，分析时间由几小时减少为约 1 h，技术已经趋于完善。除了这种分析氨基酸的方法外，采用高效液相色谱进行氨基酸的分析也日趋完善，由于仅有少数氨基酸，如酪氨酸、苯丙氨酸、色氨酸、脯氨酸、组氨酸具有紫外吸收性质，可用紫外吸收检测器测定外，其他氨基酸皆需在柱前或柱后衍生后，使用紫外吸收或荧光检测器进行测定。当用反相键合相柱分离氨基酸时，由于氨基酸的等电点、极性和分子大小不同，组分洗脱顺序也不相同，通常遵循以下规律：①通常呈酸性和带羟基的氨基酸先洗脱下来，然后是中性氨基酸，最后是碱性氨基酸。②在同类型氨基酸中，短碳链的小分子先洗脱下来，长碳链的大分子后洗脱下来，如甘氨酸（Gly）先于丙氨酸（Ala）流出，缬氨酸（Val）先于亮氨酸（Leu）流出。③对碳数相同的氨基酸，有支链的先流出，无支链的后流出，如异亮氨酸（Ile）先于亮氨酸（Leu）流出。④碳链上存在羟基可加速洗脱，如丝氨酸（Ser）先于丙氨酸（Ala）流出，酪氨酸（Tyr）先于苯丙氨酸（Phe）流出（汪世龙，2012）。

2. 蛋白质的分析

蛋白质是由几十到几千个氨基酸分子借助肽键和二硫键相互连接的多肽链。

随肽链数目、氨基酸组成及排列顺序的不同，蛋白质分子呈现三维空间结构，可为弯曲链状或因形成 α-螺旋、β-折叠、β-折角卷曲而近似呈球状结构，相对分子质量达 $10^4 \sim 10^6$，并具有生物活性。作为生物大分子的蛋白质，不仅相对分子质量大，而且它们在溶液中的扩散系数比较小，黏度大，易受外界温度、pH、有机溶剂的影响而发生变性，并引起结构改变。生物大分子的上述特性使它们的色谱分离行为远离理想情况，给实现它们的 HPLC 分离带来了实际困难。因此解决它们的分离和分析问题至今仍是具有挑战性的课题。

对一般蛋白质分子，其分子内是由疏水侧链组成的疏水核心，在其表面上分布有许多亲水基团，形成表面亲水区，这就是蛋白质分子的结构特点。进行蛋白质分离时，可使用尺寸排阻色谱法、离子交换色谱法、反相键合相色谱法和亲和色谱法。当使用反相 HPLC 时应考虑蛋白质变性问题，蛋白质分子接触到有机溶剂或吸附在反相固定相时，会引起变性，并丧失生物活性。若使用中等极性反相键合柱，以磷酸盐的异丙醇-水体系为流动相，保持 pH=3～7 的范围，许多蛋白质经反相 HPLC 分离后，仍能保持生物活性（于世林，2000）。

11.4.2　在食品分析中的应用

食品贸易的全球化使大量高品质、价格合理、安全的食品应运而生，满足了广大消费者的需要，而且使广大消费者受益。日趋加速的城市化状况导致食品的制作、运输、储存、销售需求不断增加，但仍有一些不法商贩制造或贩卖伪劣食品，甚至在食品中掺入有毒化学品，给消费者造成极大伤害，这就需要有一套完整的监测监督机制。

作为降低食源性危害的有效手段，许多食品安全项目越来越侧重于从农田到餐桌的整个过程。虽然国家在保证食品安全方面做了大量的工作，但每年仍有相当数量的消费者因进食受污染的食品而中毒、发病乃至死亡（吴广枫，2007）。农产品、食品安全已成为世人关注的热门话题，食品安全监测面临着严峻挑战。因此，急需建立快速调查食源性疾病和监测食品污染的措施和方法。据报道，每年世界上发生的食品污染病例在 7000 万例以上。食源性疾病的爆发已引起媒体的广泛关注和消费者的关心。当前食品中的不安全因素主要表现在以下几个方面：微生物、寄生虫等生物污染；环境污染；农用、兽用化学物质的残留；自然界存在的天然毒素；营养素不平衡；食品加工和储藏过程中产生的毒素；食品添加剂的非法使用；食品掺伪；新开发的食品资源及新工艺产品；包装材料。食品中最常见的有毒有害物质是有机合成农药、兽药残留物及污染物和致病菌。HPLC 的出现，无疑为食品成分的分析提供了一种有效的手段。

乳及乳制品的质量评价比较复杂，包括营养成分及含量、乳品的风味物质、药物残留和毒物种类及含量等多个方面，HPLC 法可用于乳品中多种质量控制指标的检测。乳及乳制品中富含糖、脂、蛋白质、维生素等营养及强化的营养物质，HPLC 技术几乎可用于各种营养成分的检测。

在低分子糖类的测定中多采用氨基键合柱、糖类分析专用柱进行分离，也有研究者利用低成本非特定色谱柱测定低分子糖，如 Mullin 等通过树脂柱分离，脉冲安培检测器测定奶酪和牛奶中的乳糖等并取得良好的效果。在氨基酸的检测中，苗红等利用 6-氨基喹啉基-N-羟基琥珀酰亚氨基甲酸酯柱前衍生氨基酸，Nova-Pak C18 色谱柱，乙腈-磷酸缓冲液梯度洗脱，利用紫外 UV 在 248 nm 下测定，可同时准确测定奶粉中 Lys、Met、Asp 等 16 种氨基酸。丁晖等用 YWG C18 色谱柱，甲醇-乙酸胺为流动相，紫外检测器 230nm 处测定了 AD 奶和活性乳中的山梨酸和苯甲酸含量。张春燕等采用 ORH-801 型有机酸专用色谱柱，以浓度 0.01 $mol \cdot L^{-1}$ 硫酸溶液为流动相，用折光检测器对全脂奶粉和酸奶中乳酸与乳酸盐进行测定，最低检测限可达 1.53×10^{-10} kg。随着分离柱的不断改进和高灵敏度的检测仪器的引入，HPLC 法已深入到乳品分析中的方方面面。

它比化学分析法操作简便、快速，并能提供更多的有用信息。相信在不久的将来，HPLC 法将在乳品工业中发挥更大的作用。

11.4.3 在环境污染分析中的应用

近年来，高效液相色谱技术发展较快，尤其在环境监测中得到广泛应用。在发达国家更是将高效液相色谱方法作为常用的环境监测方法，如美国 EPA531 方法，用高效液相色谱仪配置荧光检测器测定饮用水中的 N-甲基氨基甲酸酯杀虫剂；EPA547 方法用高效液相色谱/荧光法测定饮用水中的草甘膦；EPA550 方法用高效液相色谱/UV 和荧光法测定饮用水中的多环芳烃；EPA605 方法是用高效液相色谱仪中电化学法测定废水中的联苯胺类化合物；EPA610 方法用高效液相色谱/UV 和荧光法测定废水中的多环芳烃；EPA6610 方法用高效液相色谱柱后衍生荧光法测定废水中的氨基甲酸酯农药；EPA6651 方法用高效液相色谱法测定废水中的草甘膦除草剂；EPA8310 方法用液相色谱/荧光分析固体废弃物中的多环芳烃。就连气体中的有害有机物不少也是用高效液相色谱方法测定。

高效液相色谱方法适用于对环境中存在的高沸点有机污染物的分析，如大气、水、土壤和食品中存在的多环芳烃、多氯联苯、有机氯农药、有机磷农药、氨基甲酸酯农药、含氮除草剂、苯氧基酸除草剂、酚类、胺类、黄曲霉素、亚硝胺等（王宇成，2004）。

高效液相色谱仪已在环境监测中得到广泛应用，特别适用于相对分子质量大、挥发性低、热稳定性差的有机污染物的分离和分析，如多环芳烃、酚类、多环联苯、邻苯二甲酸酯类、联苯胺类、阴离子表面活性剂、有机农药、除草剂等。

11.4.4　在精细化工分析中的应用

在精细化工生产中使用的具有较大相对分子质量和较高沸点的有机化合物，如高碳数脂肪族或芳香族的醇、醛和酮、醚、酸、酯等化工原料及各种表面活性剂、药物、农药、染料、炸药等工业产品，都可使用高效液相色谱法进行分析。

11.4.5　高效液相色谱的发展前景及展望

高效液相色谱法只要求样品能制成溶液，不受样品挥发性的限制，流动相可选择的范围宽，固定相的种类繁多，因此可以分离热不稳定和非挥发性的、解离的和非解离的及各种相对分子质量范围的物质。与试样预处理技术相配合，HPLC所达到的高分辨率和高灵敏度，使分离和同时测定性质上十分相近的物质成为可能，能够分离复杂相体中的微量成分。随着固定相的发展，有可能在充分保持生化物质活性的条件下完成其分离。HPLC 可以成为解决生化分析问题最有前途的方法。HPLC 具有高分辨率、高灵敏度、速度快、色谱柱可反复利用、流出组分易收集等优点，因此被广泛应用到生物化学、食品分析、医药研究、环境分析、无机分析等各种领域。高效液相色谱仪与结构仪器的联用是一个重要的发展方向。液相色谱-质谱联用技术受到普遍重视，如分析氨基甲酸酯农药和多核芳烃等；液相色谱-红外光谱联用也发展很快，如在环境污染分析测定水中的烃类、海水中的不挥发烃类，使环境污染分析得到新的发展（史高杨，2015）。

参 考 文 献

陈家华. 2005. 现代食品分析新技术. 北京: 化学工业出版社

郭定宗. 2006. 兽医临床检验技术. 北京: 化学工业出版社

黄洪, 毛淑才. 2007. 精细化学品常用仪器分析. 广州: 华南理工大学出版社

李从军, 罗世炜, 汤文浩. 2009. 生物产品分离纯化技术. 武汉: 华中师范大学出版社

李继睿, 杨迅, 静宝元. 2010. 仪器分析. 北京: 化学工业出版社

李明. 2009. 城镇供水排水水质监测管理. 北京: 中国建筑工业出版社

李似姣. 2014. 现代色谱分析. 北京: 国防工业出版社

凌沛学. 2007. 药品检验技术. 北京: 中国轻工业出版社

凌笑梅. 2006. 高等仪器分析实验与技术. 北京: 北京大学医学出版社

刘家尧, 刘新. 2010. 植物生理学实验教程. 北京: 高等教育出版社

刘志宏, 蒋永衡. 2012. 农产品质量检测技术. 北京: 中国农业大学出版社

马志英. 2013. 现代色谱技术及其在中药分析中的应用. 兰州: 兰州大学出版社

全国医药职业技术教育研究会组织. 2004. 现代中药制剂检验技术. 北京: 化学工业出版社

史高杨. 2015. 有机化学实验. 合肥: 合肥工业大学出版社

谭湘成. 2008. 仪器分析. 3 版. 北京: 化学工业出版社

天津大学分析化学教研室. 1998. 实用分析化学. 天津: 天津大学出版社

汪世龙. 2012. 蛋白质化学. 上海: 同济大学出版社

王惠, 吴文君. 2007. 农药分析与残留分析. 北京: 化学工业出版社

王宇成. 2004. 最新色谱分析检测方法及应用技术实用手册. 长春: 银声音像出版社

王铮. 2015. 有机化学实验. 北京: 清华大学出版社

吴广枫. 2007. 农产品质量安全及其检测技术. 北京: 化学工业出版社

许柏球, 丁兴华, 彭珊珊. 2011. 仪器分析. 北京: 中国轻工业出版社

姚开安, 赵登山. 2014. 仪器分析. 南京: 南京大学出版社

于世林. 2000. 高效液相色谱方法及应用. 北京: 化学工业出版社

于世林. 2009. 图解高效液相色谱技术与应用. 北京: 科学出版社

袁先友, 张敏. 2007. 现代仪器分析与食品质量安全检测. 成都: 西南交通大学出版社

曾泳淮, 林树昌. 2004. 分析化学: 仪器分析部分. 北京: 高等教育出版社

曾泳淮, 林树昌. 2010. 分析化学: 仪器分析部分. 北京: 高等教育出版社

曾照芳, 余蓉. 2013. 医学检验仪器学. 武汉: 华中科技大学出版社

周纯宏. 2010. 无机与分析化学基础. 北京: 科学出版社

周红. 2012. 定量分析化学. 北京: 中国农业出版社

周建庆. 2010. 无机及分析化学. 合肥: 安徽科学技术出版社

周杰, 曲祥金. 2008. 无机及分析化学. 北京: 科学出版社

第12章 离子交换色谱法

12.1 概　　述

12.1.1 发展历史

自 1970 年以来，有机物的液相色谱成为"高效"色谱，而无机离子所涉及的色谱技术则相对落后。20 世纪 70 年代离子色谱分析法出现，并且在 80 年代迅速发展起来，它以无机的、尤其是以无机阴离子混合物作为主要分析对象的一种分析方法，利用固定相与需要被分离组分之间离子交换能力的差异来实现分离。20 世纪 80 年代前，离子色谱仅限用于分析简单的无机阴离子或阳离子。而离子色谱固定相的主要缺点是硅质填料对 pH 的不稳定性，但随着具有反相性质的、与有机溶剂可相匹配的聚合物离子相交换填料的研制，离子色谱的应用出现了翻天覆地的变化。目前离子色谱可分析多种类型的离子型化合物，包括各种极性有机物及含有大分子和有机溶剂的多种复杂样品（宋江峰和韩晨，2007）。

12.1.2 定义

离子交换树脂一般是离子交换色谱的固定相，通常许多可以电离的活性中心存在于树脂分子结构中，待分离组分中的离子会和这些可以电离的活性中心发生离子交换，进而形成离子交换平衡，自此在流动相和固定相之间形成分配。固定相的固有离子和待分离组分的离子之间，会互相为固定相中的离子交换中心竞争，随着流动相的运动，固定相的固有离子和待分离组分中的离子也会随之运动，最终实现分离（师治贤和王俊德，1992）。

简单地说，离子交换色谱就是借助物质在离子交换柱上，或在被浸透过的离子交换剂薄膜上移动的差异来分离的一项技术。阴离子和阳离子根据各个离子的交换反应，从而实现分离的现象。如糖类、羧酸类，对有机离子和无机离子的分离目前已经有了大量的离子交换方法。大多数的色谱分离使用的树脂颗粒比较大，淋洗液则是靠重力而流动，需要收集馏分和用手动来检测被分离的物质。这种分离较为缓慢，而且限制了可被分离的样品组分数。从比较分析的观点来看，色谱法的高效分离才具有真正的价值。这可以用小内径并且内含均匀小颗粒树脂的分离柱和少量的样品，通常用泵获得恒定的流速，自动检测分离的样品组分。

1. 老式离子交换色谱

老式离子交换色谱是为了消除定量分析中的干扰无用离子，以及借助离子交换色谱分离阳离子或阴离子混合物的机敏度而使用的离子交换方法。虽然这些方法缺少现代色谱分析所具有的快速化和自动化特点，但仍是有效的高价值分离方法。

老式的离子交换色谱法与现代色谱技术在淋洗液、样品送进柱内使用的树脂类型及柱子、检测方式等方面是不同的。通常使用商品阴离子和阳离子树脂交换，而且这些树脂只用过目筛来分离颗粒大小，经常使用 100 目筛但是不能通过 200 目筛的树脂。典型的柱子内径一般为 1～3 cm，长为 11～16 cm。树脂装柱过程按说明书即可。当样品溶液流到柱子顶头后，相应的淋洗液也连续流过柱子，带动样品离子沿着柱子移动，实现分离。分离通常是借助重力流动，因此导致流速有时变得缓慢并且不稳定，致使分离需要较长时间（吴宏，1988）。

离子交换分离的经典方法通常是不连续的，自动馏分收集器可借助柱子流出的馏分，通过计算滴数，收集固定体积或在一定时间间隔后的变化来测量馏分量，并对馏分进行收集。对每一馏分进行化学分析并用每一馏分的质量对馏分分数或对馏分的平均体积绘制出色谱图。老式离子交换分离所使用的树脂容量通常为 2～4 meq·mg^{-1}。这些体系的高柱容量（树脂容量乘以树脂量）以多种方式影响分离。需要高浓度的淋洗液来淋洗更多的样品离子。这可以获得最好的分配率或淋洗体积的组合，通常使用的方法是逐渐增加淋洗液的浓度。

2. 现代离子交换色谱

现代离子交换色谱法与老式方法相比要快速一些，较便捷并有较高的分离能力。可以从这四个方面大大改进其性能：①质量较好的色谱构件；②更有效的离子交换树脂和柱子；③较少的样品量；④自动检测分离的样品物质。

现代离子交换色谱使用的树脂颗粒较为均匀，直径一般在 6～50 μm，离子交换树脂的颗粒与反相液相色谱相比，所用填料颗粒稍大一点。离子交换剂形状为球形的有机树脂或键合离子交换相的多孔二氧化硅树脂。与有机液相色谱一样，柱内径小，为 2～5 mm，柱长为 25～100 cm。目前系统使用的小孔连接管约 0.3 mm，以减少峰的扩展。在用腐蚀性淋洗液时，建议使用不锈钢柱。老式离子交换色谱法一般规定需要较大的样品量，这可能是为了保证有足够的物质来适应手动检测。在高效色谱中，样品体积小，一般为 10～100 μL，每种样品成分的量常在较低的范围内，精确的测量一般与检测器的灵敏度相关。由这些条件可大大改进分辨率。

12.1.3　有机酸、碱的分析

离子色谱法也是目前分析有机酸的有效方法之一。离子色谱法完全改变了我们对常见的无机阴离子如 F^-、Cl^-、Br^-、NO_2^-、NO_3^-、PO_4^{3-} 和 SO_4^{2-} 等分析化学的现状,这几种阴离子的分析时间在 20 世纪 70 年代为 25 min 左右,目前仅需 7 min。从用相等浓度淋洗一次进样分离 7 种离子,现在发展到用梯度来淋洗,一次进样在 30 min 内分离 30 多种阴离子。美国 Dionex 公司推出的 IonPacAS9 型阴离子分离柱（交联度为 20%聚丙烯酸树脂填料）,可用于一次进样测定饮用水中消毒副产物和常见阴离子,成为目前测定饮用水中阴离子的最佳方法。化学抑制型离子色谱中,用盐酸和二胺基丙酸（DAP）作淋洗液分别分离 Li^+、NH_4^+、Na^+、K^+、Ca^{2+}、Mg^{2+}、Sr^{2+}、Ba^{2+} 已经是很成熟的技术。抑制型 IC 中所用的阳离子交换固定相是在苯乙烯/二乙烯基的聚合物表面聚合了带磺酸基的阳离子交换乳胶,碱土金属离子对它的亲和力要远大于碱金属离子,一次进样相同浓度淋洗,但是同时分离这两组离子是非常困难的。美国 Dionex 公司新推出的 IonPacCS11 阳离子分离柱,通过改变阳离子交换位置的功能基或离子交换位置的密度来改变其选择性。它可用等浓度淋洗,一次进样,15 min 内分离碱金属与碱土金属离子。最近几年,梯度洗脱技术有了质的飞跃和飞速的发展,这种方法对碱金属与碱土金属离子的分离很有效果。

12.2　离子交换色谱的基本原理

12.2.1　离子交换色谱的原理

离子交换的原理是采用低交换容量的离子交换树脂来分离离子,在离子色谱中应用最为广泛。主要填料类型是有机离子交换树脂,其骨架是苯乙烯-二乙烯基苯共聚体,在苯环上引入磺酸基,形成强酸型阳离子交换树脂,引入叔氨基形成季铵型强碱性阴离子交换树脂,它具有大孔、薄壳型或多孔表面层型的物像结构,以便于快速达到所需要的交换平衡。离子交换树脂可在任何 pH 范围内使用,可以再生处理,其最大的优点是使用寿命长（储亮侪,1983）。

12.2.2　离子交换色谱的分离机理

离子交换色谱分离天然的生物大分子,一直以来受到科学家的重视和运用,但是离子交换分离蛋白质的模型直到今天研究地并不透彻。离子交换填料表面上的静电作用和蛋白质两性三维结构反应形成了一种复合物,这个形成的过程随着静电荷的减少而减少,而且一般蛋白质带有大于等电点时的静电荷。因此,可以将离子交换色谱用式（12.1）表示：

$$P + L \Longrightarrow PL \qquad\qquad （12.1）$$

这一简易的模型中忽略了在填料表面上形成的复合物，这种复合物溶质被流动相中的小分子饱和，并渐进地进行计量置换反应。考虑到这些因素，有人提出的反应形式为

$$P_0 + ZD_0 \Longrightarrow P_b + ZD_b \qquad\qquad （12.2）$$

其中，P_0 表示流动相中溶质；P_b 表示被吸附的溶质（在填料表面上）；D_0 表示流动相中洗脱剂；D_b 表示填料表面上洗脱剂，D_b 与填料表面上的配位密度形成一定的比例；Z 表示一个数目，这个数目是蛋白质在吸附过程中从填料表面上被置换的洗脱剂的。其反应常数可写成式（12.3）：

$$K_4 = [P_b] \times [D_b]^Z / ([P_0] \times [D_0]^Z) \quad （K_4 \text{为反应常数}） \qquad （12.3）$$

在离子交换色谱体系中，当 Z 值可以忽略不计时，反应常数变为分配系数：

$$K_d = [P_b] / [P_0] \qquad\qquad （12.4）$$

一般当 Z 值不能被忽略时，则有

$$K_4 = K_d \times [D_b]^Z / [D_0]^Z \qquad\qquad （12.5）$$

在等度洗脱蛋白质的步骤中，容量因子 k^* 与保留的体积成比例。同时洗脱过程中，K_0、$[D_0]$ 是常数，两者的关系用 K_x 来表示，所以有

$$K^* = K_x \times (1/[D_0]^Z) \qquad\qquad （12.6）$$

$$\lg k^* = \lg K_x + Z\lg (1/[D_0])$$

其中，$[D_0]$ 实际上是流动相中盐的浓度，也为置换剂的浓度。

这本身是一个较为简单的在离子交换色谱上分离蛋白质的模型，一般蛋白质的分离纯化都采用梯度洗脱。因此，在线性分析过程中，Z 值与盐的浓度无关，它的测定往往是通过 $\lg k^*$ 与 $1/[D_0]$ 通过作图算出斜率，便为 Z 值。由于盐的类型不同，其 Z 值也不同，如表 12.1 所示

表 12.1　不同盐作为置换剂对某些核苷酸 Z 值的影响

溶质	NaCl	$MgCl_2$	Na_2SO_4	$MgSO_4$
CAMP	1.20	1.0	1.0	0.9
5-AMP	1.90	2.2	1.8	2.3
dT	5.4	5.3	5.6	6.0

在不同的 pH 条件下，伊乳球蛋白在强阴离子交换柱上用 NaCl 作置换剂，而得到的 D_0 是 k^*（邹汉法等，2001）。

在先前的研究中，离子交换分离蛋白质的保留模型指出：①有一部分而不是全部的蛋白质表面和离子交换填料表面之间表现出相互作用；②蛋白质在吸附过程中由于不对称性而带电，从而引起蛋白质分子发生定向排列；③蛋白质在离子交换柱上的停留时间明显与填料上反应活性点的多少构成比例；④蛋白质的保留能随置换盐类型的不同而改变（陈立刚和廖丽霞，2014）。

12.2.3　离子交换色谱的固定相

在离子交换色谱中高分子类型填料比低分子类型填料有更大的优越性，这一类的固定相可在全程 pH 范围内利用，对于广泛选择各种缓冲液淋洗体系有利；当填料的使用寿命长时，即使柱子受到污染破坏，也比较容易通过再处理技术使其性能得以恢复。高分子离子交换固定相通常有较高的色谱容量，甚至可以比硅胶键合相离子交换固定相提升一个数量级；固定相的基本骨架结构，通常很少有非特异性吸附，对于保证样品生物活性是很有优势的（于世林，2009）。常见的高分子分类离子交换色谱固定相通常用交联共聚的苯乙烯-二乙烯苯作为基质，同时也出现了许多其他的交联高聚物基质的固定相，如用亲水性高聚物凝胶和 N-乙烯吡啶共聚物为基质。这些固定相一般都是高交联大孔结构的、微球状的、具有良好刚性的和小而均匀粒度的物质。固定相按自身所带基团，一般分为强碱性阴离子型（含季胺类）、弱碱性阴离子型（含伯、仲氨基）、强酸性阳离子型（含磺酸基）、弱酸性阳离子型（含碳酸基）。在通过交联聚苯乙烯为基质的固定相中，Mono Beads 系列固定相对于活性生物大分子的分离纯化，在柱效、分离度、回收率、负载量和穿透性方面所表现出的优异性能，使其得到广泛的利用。以亲水性高聚物凝胶作基质的离子交换色谱来进行填料。一种利用高聚物为基质的阴离子交换复合树脂已经在我国研制成功，是一种粒度在 10 μm 左右的树脂。当它作为高效柱填料时，在柱效、选择性、分离度、穿透性、回收率和流速适应范围等方面，均表现出较好的特征，对蛋白质、多肽和基因工程药物等都有较好的分离作用。

无机基质型高效离子交换色谱介质可分为薄壳型和全多孔硅胶型离子交换介质。薄壳型离子交换介质（pellicular ion exchanger）是目前最早应用于 HPLC 的介质，是无机基质离子交换。一个硬质无机内核的表面涂抹或黏结上一层有机聚合物层，再经化学作用衍生成离子交换介质。无机基质提供了一个强硬的基体，而薄膜离子交换也不致增加体系的压力。这类填料孔径大，可以分析分子质量超过 10^5 Da 的蛋白质。

12.2.4　离子交换色谱的流动相

离子交换色谱通常以水溶液为流动相，因为水是目前理想的溶剂，还具有使组分离子化的作用（赵燕峡和丁明玉，2006）。当然，有时也可以在流动相中加入少量的有机溶剂，其目的是增加某些组分的溶解度，从而改变分离的选择性，这对分离可电离的有机复合物非常有利。此外，少量有机溶剂的加入，有时可减少其峰拖尾的现象。在以水为流动相的离子交换色谱中，组分的保留值和分离度主要是通过控制流动相的 pH 和离子强度来调节的。

离子交换容量容易受流动相的 pH 的影响，这是由于改变 pH 可以改变离子交换基上可解离的 H^+ 或 OH 的个数。对阳离子交换剂而言，当 pH 降低，则交换剂的离子化就会受到抑制。因此交换容量会下降，组分的保留值也会减少；对于阴离子交换剂而言，其作用就恰恰相反。不过在某一 pH 范围内，交换容量是恒定的。当 pH 大概在 2 以上时，强酸型阳离子交换剂具有实用的全部离子化交换容量，同样地，强碱型阴离子交换剂的交换容量在 pH10 左右以下时是有用的；弱酸型阳离子交换剂在 pH8 左右以上时才有恒定实用的交换容量，而弱碱型阴离子交换剂的交换容量在 pH6 左右以下时才是实用的。通过改变流动相的 pH，也会影响弱电离的酸性或碱性组分的电离情况，从而可以改变组分的保留值。当 pH 增大，其阴离子交换各种阳离子与阳离子交换剂作用能力的差别会较小，因此样品组分会随不同的阳离子洗脱而引起保留值数值下降。在离子交换色谱中，常用 $NaNO_3$ 来控制属于流动相的离子强度，又因为卤化物能腐蚀不锈钢柱管，所以市面上很少使用（孙毓庆，2006）。

12.2.5　离子交换色谱的影响因素

1. 填料孔径

样品分子的大小和填料孔径直接影响到色谱柱的分离度和柱容量。高效离子交换色谱（HPIEC）的保留值通常由两个因素控制。大孔径填料会使溶质产生不同的内在渗透和离子交换表面层的静电作用。在尺寸排阻色谱中，溶质的大小接近填料的孔径大小，在孔径内溶质分子大小受到严格限制。这种作用直接抑制了溶质在填料和流动相中的相互传递，其结果会使分离度降低。

HPIEC 中也有溶质的大小接近填料孔径的，这个内在的排阻选择性同样会导致峰的扩张。在高效离子交换色谱中采用的是大孔径的填料，易于控制溶质在流动相中的传递过程，孔径和溶质大小的最佳关系虽然很难确定，但通过实验证明，30～50 nm 孔径有较好的分离度，可以分离分子质量大于 10^5 Da 的蛋白质。

2. 柱长

柱长对蛋白质分离度的影响很小，25 cm 和 5 cm 的柱长对蛋白质的分离度几乎是相同的。

3. 流速

关于流速对分析图的峰扩张和分离度的影响，有人推断出分子扩散系数将会下降，使扩散到填料孔内和孔外的分子也随之减少。当相对分子质量增大，扩散系数会随之降低，传质的问题当然也会随之而来，因此增加柱中的流速一般只会恶化传质。

4. pH

蛋白质在离子交换色谱中分离的基础是用 pH 来控制蛋白质的电荷。如果流动相的 pH 高于蛋白质的等电点（pI），它将带有负电荷；如果流动相的 pH 低于蛋白质的等电点时，则表现出正电荷。因此，蛋白质的 pI 值决定了是选择阳离子交换柱还是阴离子交换柱，pI 高的蛋白质应在阳离子交换柱上进行分离，pI 低的蛋白质应选择阴离子交换柱进行分类。

经典离子交换色谱和高效离子交换色谱，通常是非常类似的，处于不同离子强度的变化，其分离度和分离需要的时间也受到影响。蛋白质在离子交换柱上的依附需要较高的离子强度，并且它与填料的配基密度有不可分割的关系。采用不同方法所合成的填料，其依附动力学也有所不同，所以只能在相对洗出的位置上进行比较。在高效离子交换色谱中，酶活性的回收率要比经典离子交换色谱有很大的提高，如果在流动相中加入稳定剂，可以在离子交换柱上得到较为稳定的蛋白质（何华，2014）。

5. 离子强度

在流动相中，离子强度具有和 pH 一样的作用，这两个因素共同影响蛋白质在离子交换色谱柱上的分离度与回收率。蛋白质的带电性和离子化决定了蛋白质在离子交换色谱柱上参数的改变。单一的阳离子和单一的阴离子通常是靠实验来确定的，因为其并没有一定的规律。无论是阳离子还是阴离子对于某一蛋白质的作用效果和次序都不相同。离子的类型对蛋白质保留行为的影响大致可分为三种：强顶替作用、中间顶替作用和弱顶替作用。强顶替作用的盐会降低蛋白质的保留时间；弱顶替作用的盐影响了蛋白质的回收率；所以一般选择中间顶替作用。

12.3 离子交换色谱分类

12.3.1 阳离子交换柱的色谱分离

1. 借亲和力差的分离法

Strelow 与其合作者研究表明，在有磺化的聚苯乙烯阳离子交换剂

BIO-RADAG 50W-X8 的酸性溶液中，有大量的数据与阳离子选择性有关。这种交换剂是具有 8Q6 交联的 Dow 离子交换树脂的提炼品。目前所得到的结果是以金属离子质量分配系数作为液相中的无机酸浓度的函数方式所推导的。用过氯酸溶液也许能显示出较为真实的选择性，因为过氯酸根阴离子是比较弱的络合剂之一。

有人利用具有二价乙二铵阳离子的溶液作为淋洗液进行淋洗，可以分离二价和三价的金属离子。当使用无机酸淋洗液淋洗时，与 $1\sim2$ mol·L^{-1} 的氢离子进行比较，仅用 0.1 mol·L^{-1} EnH_2^{2+} 就可以把大多数的二价金属离子从短的阳离子柱上有效地淋洗出来。当然，用 0.5 mol·L^{-1} 的过氯酸乙二铵也可以淋洗出大多数三价金属离子（已研究过的）。通过盐酸的数据指出，在某些例子中金属阳离子和氯离子之间有络合作用。

2. 借形成络合物的分离

利用几种无机酸对金属离子有选择络合效应。其中被络合的金属离子转变为中性或阴性离子的络合物，将其迅速地淋洗出来，而将其他阳离子保留在阳离子交换柱上，有络合效应的酸有 HF、HCl、HBr、HI、HSCN 和 H_2SO_4。例如，在 $0.1\sim0.6$ mol·L^{-1} 氢溴酸中，Hg、Bi、Cd、Zn、Pb 等形成溴化络合物，并依次地被淋洗出来。事实上，大多数的其他金属阳离子可以保留在分离柱上。

一些金属离子能形成阴离子氟化络合物，并可以很快地从氢型阳离子交换柱上淋洗出来，如铝、钼、铌、锡、钽、铀、钨、锆等。除所列的物质外，过氧化氢稀溶液也可以络合，并选择性地从阳离子分离柱上淋洗出锶、钼、钨和钒。

上述淋洗液进行加热是易挥发的，它们不干扰用比色法、滴定法和其他化学方法测定被分离的金属离子的实验。大多数的基团分离不是单个金属离子的分离，因此可以增加一根较短的离子交换柱。

使用 0.1 mol·L^{-1} 酒石酸和 0.01 mol·L^{-1} 硝酸作淋洗液是另一有价值的判定基团"有无"的分离方法。目前在这种酸性的溶液中，锑、钽、锡和钨形成酒石酸盐络合物，而铅及许多其他金属阳离子不与酒石酸络合，因此被阳离子交换剂保留。含锡样品必须加入含酒石酸盐溶液的分离柱中。

在个别情况下，必须使所用的分离柱平衡以维持所需的 pH。有时使用梯度液淋洗，即在色谱分离过程中，改变淋洗液浓度或连续改变 pH。

3. 有机溶剂效应

通常情况下，在有机溶剂中，金属离子与无机阴离子形成的络合物，要比在水中形成容易得多。例如，粉红色的钴阳离子在约 4 mol·L^{-1} 或 5 mol·L^{-1} 盐酸水溶液中，可以转变为颜色为蓝色的氯化钴阴离子；在较为稀的盐酸溶液中，并且在丙酮溶液较为占优势的情况下，钴就形成了深蓝色溶液，用水与有机溶剂混合液进行分离，可较大程度地扩大离子交换基团分离的范围。有学者指出，在低浓度盐酸淋洗液浓度保持不变的情况下，将水/丙酮溶液中的丙酮比例从 40% 逐渐增加到 95%，在短阳离子交换柱上就可分离锌、铁、钴、铜和锰（吴宏，1988）。

12.3.2　阴离子交换柱的色谱分离

1. 借亲和力差的分离

在很多情况下，普通阴离子对阴离子交换树脂的亲和力来说影响是非常大的。选择系数会随树脂相中氯化物的当量分数而改变。因此，把相对选择的有效性，用于定性可能比定量更好。

一般说来，用同样浓度的盐酸淋洗液样品在具有相当浓度的盐酸阴离子交换柱中，可淋洗出未吸附的金属离子，再通过逐量的减少盐酸淋洗液浓度，可淋洗出被吸附的金属离子，再进行分离。以相似的方法，用含有 HF 和 HCl 的混合淋洗液在阴离子交换柱上淋洗，可以将形成氟化络合物阴离子的元素分离或与其他元素分离。用 H_2SO_4-HF、HNO_3-HF 混合淋洗液对金属离子在阴离子交换柱上的特性进行系统的研究。

已经测定过了的大多数金属元素在硫酸溶液中的阴离子交换分配系数，可选择性地在此溶液中保留铀、钍、钼和其他少量元素。在阴离子交换柱上用约 $6 \ mol \cdot L^{-1}$ 硝酸便可选择性地吸附钍。

2. 有机溶剂的影响

在有机溶剂占较大优势的情况下，进行阳离子分离时可较大地改进金属离子与卤化物和假卤化物离子形成络合物的能力。通常情况下，这种络合物会被阴离子交换树脂吸附。并且有学者发表了许多在部分非水溶液中，阴离子交换分离的方法。从这些不能生成氯化络合物的离子中，进行基团分离时，有一种方法特别有效，该方法使用的是 90%～95% 的甲酸，$0.6 \ mol \cdot L^{-1}$ 盐酸液作为淋洗液，用一根短阴离子柱作为交换柱。被研究的金属离子利用尖锐的窄谱带被保留又或很快通过柱子。于是，我们有保留与不保留的状态使各组分进行很好的分离（吴宏，1988）。

12.4　离子交换色谱的应用

离子交换色谱技术的快速发展，使其应用的范围和检测的灵敏度都有了非常大的提高与突破。在目前大量的分离分析技术中，如离子色谱、原子吸收与发射光谱、电感耦合等离子体的质谱联用等。离子交换色谱分析灵活性较高、选择性较高、灵敏度较高，已经被广泛地应用于各种样品分析中，其所涉及的测量样品有化学实验试剂、工业废水、饮用水、酸沉降物、大气颗粒物等样品中的阴、阳离子等，对研究工业、生物、药物、食品、电镀、临床、土壤、水文地质等领域也得到充分的应用（郭立安，1993）。离子交换色谱的应用范围很广，主要有以下几个方面。

12.4.1　分离与纯化物质

离子交换色谱目前除了广泛地应用于无机离子、有机酸、核苷酸、氨基酸、抗生素等小分子物质的分离与纯化当中，也用于分离与纯化蛋白质等生物大分子物质。例如，用 DEAE-纤维素离子交换色谱法分离与纯化血清蛋白。在离子交换色谱中，基质是由带有电荷的纤维素组成的。当血清蛋白处于一定的 pH 条件下时，各蛋白质带电状况不同。阴离子交换基质带有结合负电荷的蛋白质，所以这类蛋白质被留在柱子上，然后通过提高洗脱液中的盐浓度等措施，将吸附在柱子上的蛋白质洗脱下来，结合较弱的蛋白质首先被洗脱下来。反之，阳离子交换基质结合带有正电荷的蛋白质，结合的蛋白质可以通过逐步增加洗脱液中的盐浓度或者提高洗脱液的 pH 洗脱下来（付晓玲，2012）。

12.4.2　分析物质

1. 无机阴离子的分析

采用阴离子交换法，抑制电导和非抑制电导可以解决大部分易电离无机阴离子的分析问题，包括常见的氟离子、氯离子、亚硝酸根离子、溴离子、硝酸根离子、磷酸根离子、硫酸根离子。此外，只要被测离子所对应的酸的 pH 小于 5 或小于 7 均可用于抑制电导检测，而抑制电导可采用间接检测法测定一些弱电离的无机酸根离子，包括卤素离子、卤素含氧酸根离子、磷含氧酸根离子、硫含氧酸根离子、含氮化合物、含硅化合物、含硼化合物、非金属含氧酸根离子、金属含氧酸根离子、EDTA 等类似的螯合物及金属离子的螯合物。

2. 有机酸的分析

阴离子交换分离，可以分离大量小相对分子质量的有机酸，包括一元、二元和三元羧酸，低分子亚磺酸盐和磷酸盐等。如果检测采用抑制电导检测，可以采用氢氧根淋洗液梯度淋洗，达到高分辨的分离。除了抑制电导，紫外检测、非抑制电导检测、间接光度等也可以用有机酸根阴离子来分析。采用二元羧酸为功能基团，可以用氢离子作淋洗液，一次性同时分离一价和二价阳离子，而抑制电导由于背景电导较低，具有更高的灵敏度；而非抑制电导由于采用间接电导方式，背景电导比较高，灵敏度和线性关系均比较差。

3. 脂肪胺类化合物的分析

低分子脂肪胺类和醇胺类化合物，由于它们的电离度较大。因此可以采用抑制电导检测。由于这些胺类化合物结构相似，易与阳离子保留重叠，因此要求采用高效的阳离子色谱柱才能用于脂肪胺和醇胺类化合物的检测，这类化合物包括生物胺类、醇胺等，如伯胺、仲胺、叔胺、季铵盐、羟胺、吡啶、吗啉、环己胺、叠氮化物等。

4. 过渡金属离子的分析

过渡金属易与氢氧根离子发生沉淀，不易用抑制电导检测，但可以采用非抑制电导法，将过渡金属与碱金属、碱土金属和铵离子在阳离子交换后同时分离和检测。此外，如果采用阳离子交换法，用螯合物作淋洗液，可以将过渡金属离子及它们的形态很好地分离，用柱后衍生可见光度检测分析。此外，将离子色谱与ICP 或 ICP-MS 联用，对检测元素及其形态、价态是更理想的方式。

5. 芳香胺类化合物的分析

芳香胺类化合物由于它们本身的电离很弱，不易用抑制电导检测，但作为一类阳离子芳香胺及类似带芳香氨基结构的化合物均可以用于阳离子分离。并且芳香胺类化合物具有一定的紫外吸收，均易于发生氧化反应。因此芳香胺及类似带芳香氨基结构的化合物可以采用紫外吸收检测。而对于要求高灵敏度、高选择性的分析，也可以采用铂电极或玻碳电极的直流安培检测。

6. 糖类及相关化合物的分析

糖醇、单糖、双糖及一些低聚糖羟基具有一定的电离度，因此可以采用高 pH 的淋洗液在阴离子交换下分离，虽然这些化合物没有电导值和紫外光度的信号，但采用金电极的催化氧化下的脉冲安培检测可以高灵敏地检测，是目前色谱分离糖类最佳的方法（朱岩，2007）。

7. 氨基酸的分析

作为两性离子的氨基酸化合物，不同的 pH 条件下具有不同的形态。传统的氨基酸分析方法可以采用酸性条件下的阳离子交换分离，柱后衍生紫外光或荧光检测，而新型的离子色谱法可以采用碱性条件下阴离子交换分离氨基酸，然后用积分脉冲安培检测，不必采用衍生而间接检测氨基酸，并且它具有较高的灵敏度和选择性（陈声，1993）。

12.4.3　在药物和生化分析方面的应用

离子交换色谱在药物和生物分析方面的应用有很多。例如，关于氨基酸的分离目前已经研究得很深入。将交联度 8%的磺酸基苯乙烯树脂用柠檬酸钠溶液洗脱，控制适当的浓度和酸度梯度，即可在一根交换柱上分离各种氨基酸。首先出来的是酸性氨基酸，如天冬氨酸、谷氨酸；其次是中性氨基酸，如丙氨酸、缬氨酸及酪氨酸、苯丙氨酸；最后是碱性氨基酸，如色氨酸、赖氨酸、精氨酸等。

药物及生化分析中的无机离子分离也常用离子交换色谱法。由于金属离子在树脂上亲和力的顺序正好与金属离子形成的配合物稳定常数大小的顺序相反，因此常在洗脱剂中加入适当的配位剂，以利于各种阳离子的分离（陈芬，2008）。例如，分离镍离子、锰离子、铜离子、铁离子和锌离子，可在盐酸溶液中使它们形成配阴离子，在强碱性的阴离子树脂上交换，然后用不同浓度的盐酸洗脱；镍离子不生成配阴离子，因此加入 12 mol·L^{-1}盐酸洗脱，镍离子会很快被洗脱出柱子；然后再进行洗脱，锰离子被洗脱出来；再用低浓度盐酸洗脱铜离子，并依次洗脱其他离子。

12.4.4　高纯水制备

离子交换色谱法是目前最简便且快速有效的去除水中杂质或是各种离子的方法之一。聚苯乙烯树脂普遍应用于高纯水的制备、硬水软化及污水处理等方面。蒸馏法制备纯水需要消耗大量的能源，而且制备产生的量小且速度慢，同时也不能得到高纯度的样品。如果用离子交换色谱的方法，便可大量并且快速地制备高纯水。其方法一般是将水依次通过强阳离子交换剂，再去除各种阳离子与阳离子交换剂吸附所带有的杂质；再通过强阴离子交换剂，去除各种阴离子与阴离子交换剂吸附所带有的杂质，便可得到纯水；接着通过弱型阳离子和弱型阴离子交换剂进一步纯化，就可以得到纯度较高的纯水。使用一段时间后的离子交换剂可以通过再生处理循环使用。

参 考 文 献

陈芬. 2008. 生物分离与纯化技术. 核化学与放射化学, (3): 151-151
陈立钢, 廖丽霞. 2014. 分离科学与技术. 北京: 科学出版社
陈声. 1993. 氨基酸及核酸类物质发酵生产技术. 北京: 地质出版社
储亮侪. 1983. 离子交换色谱在岩矿分析中的应用. 北京: 地质出版社
付晓玲. 2012. 生物分离与纯化技术. 北京: 科学出版社
高家隆. 1989. 无机离子色谱分析. 西安: 陕西师范大学出版社
郭立安. 1993. 高效液相色谱法纯化蛋白质理论与技术. 西安: 陕西科学技术出版社

何华. 2014. 生物药物分析. 北京: 化学工业出版社

牟世芬, 刘克纳, 丁晓静. 2005. 离子色谱方法及应用. 2 版. 北京: 化学工业出版社化学与应用
　　化学出版中心

师治贤, 王俊德. 1992. 生物分子的液相色谱分离和制备. 北京: 科学出版社

宋江峰, 韩晨. 2007. 离子色谱法在食品添加剂检测中的应用. 食品工程, (1): 30-32

孙毓庆. 2006. 现代色谱法及其在药物分析中的应用. 北京: 科学出版社

吴宏. 1988. 离子色谱及其应用. 重庆: 重庆出版社

扬州大学. 2010. 新编大学化学实验(一)——基础知识与仪器. 北京: 化学工业出版社

于世林. 2009. 图解高效液相色谱技术与应用. 北京: 科学出版社

赵燕峡, 丁明玉. 2006. 流动相中有机溶剂对阴离子在离子交换柱中保留行为的影响. 全国离子
　　色谱学术报告会

朱岩. 2007. 离子色谱仪器. 北京: 化学工业出版社

邹汉法, 张玉奎, 卢佩章. 2001. 高效液相色谱法. 北京: 科学出版社

第 13 章　薄层色谱法

13.1　概　　述

薄层色谱法首次出现在 1938 年，俄国科学家应用该法在氧化铝薄层上分离出一种天然的药物；随后德国化学家于 1965 年出版了《薄层色谱法》一书，大大推动了该技术的发展。

薄层色谱法由于其设备简单、分析速度快、分离效率高、结果直观等诸多优势，在定性和半定量分析实验中得到了广泛应用。20 世纪 70 年代中后期研制出高效薄层色谱，随后薄层色谱光密度扫描仪于 80 年代后出现，这使得薄层色谱法的应用不局限于定性分析，它还可以用于定量分析。现阶段，由于薄层色谱的固定相采用更细、更均匀的吸附剂，从而发展成高效薄层色谱（HPTLC），它的灵敏度与 HPLC 不相上下。但是由于薄层色谱法在实验过程中许多操作都会产生误差，如点样、展开、显色等。因此，为了减少误差，我们逐步研发出多种自动化实验仪器，如自动点样仪、薄层扫描仪等，同时还引入强制流动系统技术使其得到进一步的发展。在仪器自动化方面，与 HPLC 的整体自动化不同，薄层色谱的各个操作步骤是在独立状态下实现自动化的，这是由薄层色谱的分析特点决定的。

薄层色谱法与其他仪器分析方法的联合使用，进一步推进了薄层色谱法的应用。薄层色谱板不再仅限于使用紫外、荧光在板上直接测量，还可以与红外、拉曼、质谱直接联用。薄层色谱法具有多种分类方式，可根据所用吸附剂的性质、分离机制、流动相类型等方面进行分类。现今薄层色谱法在医疗卫生、化工、环境、食品、农业等众多领域皆有较为重要的应用，特别是在医药卫生和农药残留量的研究和测定方面占有不可或缺的地位。

13.1.1　定义

薄层色谱法（thin layer chromatography，TLC）是一种高效、快速、灵敏地分离微量物质和定性分析少量物质的重要实验技术方法，也可以用于跟踪反应进程，是最简单的色谱技术之一。

薄层色谱法是 20 世纪 50 年代由 Kirchner 等从经典柱色谱法及纸色谱的基础

上发展起来的一种色谱技术。1956 年在斯塔尔（Stahl）对仪器设备、吸附剂规格和操作方法进行改进之后，取得了迅猛的发展（马志英，2013）。薄层色谱法是将固定相涂布在玻璃等载板上，成一均匀薄层，将被分离物质点加在薄层的一端，放置在展开室中，展开剂（流动相）借助毛细管作用从薄层点样的一端展开到另一端，不同物质在此过程中可以得到分离的一种分析方法。其分离原理与柱色谱分离原理相似，但会由于所选取的固定相不同而不同，一般分为吸附薄层法、分配薄层法、离子交换薄层法及凝胶薄层法等。从理论上讲，薄层色谱法与高效液相色谱法都属于液相色谱的范畴，二者的适用范围也比较接近。但实际上，两种方法之间又存在较多差异，与高效液相色谱法相比，薄层色谱法对设备要求简单、固定相的使用为一次性，样品预处理较为简单、对被分离物质的性质没有限制、应用范围广、具有多路柱效应，可以同时进行多个样品的分离。在同一个色谱上，可以根据被分离化合物的性质不同，选择不同的显色剂或检测方法进行定性定量分析，并且可以重复测定。该方法适用于含有不易从分离介质脱附或含有悬浮微粒或需要色谱后衍生化处理的样品分析。

13.1.2　薄层色谱与高效液相色谱比较

1. 固定相和流动相比较

TLC 法流动相的运动是依靠毛细作用力进行的，对流动相的选择限制较少，且固定相不需要再生。而 HPLC 是在封闭的系统内进行操作，流动相流量是靠泵进行控制的，检测器对溶剂选择有限制，且固定相需要再生。另外，TLC 对样品预处理的要求没有 HPLC 严格。

2. 色谱分离比较

在色谱分离方面，TLC 可同时对多个样品进行分离，并可使用相同或不同溶剂进行同向或双相多次展开，一般采用正相色谱，色谱后衍生化较为方便。通常情况下，HPLC 一次只能分离一个样品，采用反相色谱，色谱后衍生化受限制（马志英，2013）。两者比较见表 13.1。

经典的薄层色谱法在仪器自动化程度、分辨率及重现性等方面不及后来发展起来的气相色谱法和高效液相色谱法，薄层色谱法一度被认为仅是一种定性和半定量的方法而未受到足够的重视。现阶段，薄层色谱法的不断发展，其操作逐步趋于标准化、仪器化，使薄层色谱法由一种半定量技术发展成具有较好准确度和精密度的定量方法（盛龙生，2003）。

表 13.1　高效薄层色谱和高效液相色谱的比较

比较项目	高效薄层色谱	高效液相色谱
准确度	相当	相当
重复性	相当	相当
灵敏度	相当	相当
特效性	相当	相当
少量样品	较长	较短
大量样品	较短	较长
流动相流速控制	不是关键	是关键
在检测波长下溶剂的影响	无	大
对全部被分离组分的检测	方便	局限性大
吸附剂再生	不要求	关键
时间有效利用	方便	不能
颗粒物质	无影响	影响大
腐蚀性物质	无影响	影响大
不可逆吸附物质	无影响	有影响
自动样品处理	可以	可以
色谱后衍生化	方便，便宜	受限，昂贵
操作成本	低	高
在线光谱图记录	可以	可以
进一步发展潜力	很大	较小

　　薄层色谱具有以下特点：①固定相为一次性使用，不会产生污染，样品的预处理较为简单；②平面色谱具有多路柱效应，可以同时对大量样品进行平行分离，有效降低分析时间；③对被分离物质的性质（挥发性或非挥发性、极性或非极性）无限制，应用范围广；④进行分离时，展开剂需求量较少，节约溶剂，较为环保；⑤固定相和流动相选择范围较广，有利于许多不同性质化合物的分离；⑥不受单一检测器的限制，在同一色谱上可根据被分离化合物的性质选择不同显色剂或检测方法，进行定性或定量分析；⑦可以根据分离物质性质的需求变换展开方式，有利于对难分离物质的分离；⑧所有被分离物质的斑点均储存在薄层板上，可随时在相同或不同参数下重复扫描检测谱图，得出最佳结果。

13.2　薄层色谱法的基本原理及特点

13.2.1　薄层色谱法的基本原理

　　薄层色谱法又称薄层层析，是一种吸附薄层色谱分离法。它利用各成分对同一吸附剂吸附能力的不同，在流动相（溶剂）流过固定相（吸附剂）的过程中，连续产生吸附、解吸附、再吸附、再解吸附，从而使各成分之间相互分离（朴香兰，2011）。

薄层色谱法是将适宜的固定相涂布于玻璃板、塑料片或铝箔上形成一均匀薄层，待点样、展开后，根据比移值（R_f）与适宜的对照物按同法所得色谱的比移值（R_f）进行对比，用以进行药品鉴别、杂质测定或含量测定的实验方法。

薄层色谱法中根据固定相的支持物不同，可将薄层层析大致分为薄层吸附层析（吸附剂）、薄层分配层析（纤维素）、薄层离子交换层析（离子交换筛）、薄层凝胶层析（分子筛凝胶）等几类（唐劲松，2012）。

薄层色谱法在操作时，先在平板表面将固定相涂布均匀使其形成薄层，称为薄层板。然后在薄层板上点待测样品，随后将点好待测样品的薄层板浸在溶剂中，所用的溶剂称为展开剂。展开剂的扩散是由于薄层中固定相具有颗粒间隙的毛细作用。在薄层上样品中的各组分会以不同的速度随展开剂移动，最后停留在不同位置，形成一个个斑点而被分离。这是由于样品中各组分与固定相之间的作用力不同，在流动相中溶解度也不同，各组分的上升速度不同，最终在板上形成分布不同的斑点；再根据这些斑点在薄层上的位置对样品进行定性分析，根据斑点的面积或吸光度对样品进行定量分析，从而分离混合物。

薄层色谱法按照所使用固定相的性质及分离机理可分为吸附薄层色谱法、分配薄层色谱法、离子交换薄层色谱法和分子排阻色谱法等，其分离机理也与液相色谱法中的吸附、分配、离子交换和分子排阻色谱法类似。当混合物在薄板上进行分离时，吸附、分配、离子交换等作用会同时对分离效果产生影响，按照其影响程度大小分为吸附色谱、分配色谱、空间排斥色谱、离子交换色谱等。

吸附色谱通常使用极性吸附剂。将极性吸附剂的板层放入展层内时，展开剂由于毛细管效应开始进入由不同的直径毛细管相互接连的薄层板中。薄层色谱展开剂上升情况的毛细管模型见图 13.1。

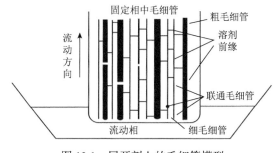

图 13.1　展开剂上的毛细管模型

1. R_f 值

比移值（R_f）的定义是：薄层色谱法中原点与斑点中心的距离和原点到溶剂前段距离的比值，用来反映组分在薄层板上的分离情况。固定相一定的情况下，混合物样品中不同的化合物在层析板上升的速度不同，这是因为它们与固定相之间的吸附能力不同，对于洗脱剂的溶解能力也有差异。通过改变洗脱剂的种类或者使用不同种类洗脱剂配制而成的混合洗脱剂，可以改变化合物的分离效果（罗川南，2012）。

$$R_f = \frac{b}{a} \tag{13.1}$$

其中，R_f 表示比移值；a 表示流动相迁移距离；b 表示溶质迁移距离。

由此可见，当 $R_f=0$ 时，表示组分处于原点位置，没有被分离展开；当 $R_f=1$ 时，表示组分随展开剂移动至前端，并被吸附在固定相。因此，R_f 只能在 0～1 波动。当溶质在流动相中溶解度大，在固定相中溶解度小时，其移动速度较快，R_f 随之增大；反之，R_f 会减小。在薄层色谱，测定条件会对 R_f 产生影响，因此要测定准确的 R_f 就必须保证两次测定条件一致。为获得真实的 R_f 应采用同一块薄层板在上面平行加入已知样和未知样，在相同条件下展开，进行对照（董文宾和徐颖，2009）。

2. 相对比移值

对于一般的薄层分离技术，由于被分离物在薄层上移动距离受影响的原因较多，R_f 的重现性较差，因此加入了相对比移值（R_{is}）的概念。相对比移值是表示被分离物质（S）与对照物（i）的 R_f 值之比，即被分离物质 S 的迁移距离和对照物 i 在薄层板上迁移距离的比值。对照物的 R_f 或迁移距离可大于也可小于被分离物质，R_{is} 可大于 1 或者小于 1。相对比移值（R_{is}）可用式（13.2）表示：

$$R_{is} = \frac{R_f(S)}{R_f(i)} \tag{13.2}$$

由于对照物与被测组分是在完全相同的条件下进行展开的，因此 R_{is} 的重复性及可比性要比 R_f 好。

3. 理论塔板数和塔板高度

理论塔板数（number of theoretical plate）是从热力学平衡角度描述组分在固定相和流动相中的动力学特征，能定量描述板效。在色谱中通常将分离过程看成是分馏塔分离液体混合物的过程，分馏过程中分馏效率受塔板数和塔板高度

（height equivalent to a theoretical plate）影响。单位高度的分馏塔板数越多且塔板高度越小时，分离效率越高。在薄层层析中，将薄层板看做分馏塔，塔板数（N）越大，分离效果越好。式（13.3）为 N 值表达式：

$$N = 16 \left(\frac{t'_R}{W} \right)^2 \tag{13.3}$$

其中，N 表示塔板数；t_R 表示各组分从进样到最大洗脱峰出现的时间；W 表示斑点的宽度。

塔板高度 H 为衡量板效的另一种表达方法，塔板高度 H 可由理论塔板数 N 和原点到展开剂前沿的距离 L 算出。式（13.4）为其表达式：

$$H = \frac{L}{N} \tag{13.4}$$

其中，H 表示塔板高度；L 表示原点到展开剂前沿的距离；N 表示理论塔板数。

4. 分配系数与容量因子

（1）分配系数 （distribution coefficient） K 是指在分离达到平衡时，组分在固定相的浓度和流动相的浓度之比。

分配系数 K 表示被分离组分在两相间的分配情况，它与固定相、展开剂、组分性质等因素有关。不同物质的分配系数不同。

（2）容量因子（capacity factor）K' 是在分配达到平衡后，组分在固定相的量（W_s）与流动相中的量（W_m）之比（张铁垣和杨彤，2008）。

5. 分离度

将薄层板上两个相邻的被测组分分离开是薄层色谱法的目的。两个组分的分离程度用分离度（resolution）表示，即两个斑点中心距离与其平均宽度之比。数学表达式为

$$R = \frac{t_{R2} - t_{R1}}{\dfrac{W_1 + W_2}{2}} = \frac{2\Delta t_R}{W_1 + W_2} \tag{13.5}$$

其中，t_{R1} 和 t_{R2} 分别表示峰 1 和峰 2 的保留时间；W_1 和 W_2 分别表示峰 1 和峰 2 在峰底（基线）的峰宽，即通过色谱峰的变曲点（拐点）所作三角形的底边长度。

13.2.2　薄层色谱法的特点

薄层色谱是以柱色谱和纸色谱为基础发展起来的，它具有以下特点。

1）检测速度快：薄层色谱的检测速度要比纸色谱快很多，做一次薄层色谱大概需要 10～60 min，而纸色谱则需要数小时乃至十几个小时。

2）效率高：薄层色谱法每秒钟的有效塔板数可以达到柱色谱的 10～100 倍。

3）灵敏度高：薄层色谱法灵敏度是纸色谱法的 100 倍，可以检出 0.01μg 的物质。

4）接收能力强：薄层色谱法可用各种方法进行显色，可以喷涂强腐蚀性的浓硫酸，也可以进行高温灼烧。这些都是纸色谱做不到的。

5）应用范围广：选择不同的薄层材料可以做不同色谱，如吸附色谱、分配色谱及离子交换色谱等。

但是，薄层色谱法也有一些不足。例如，薄层的质量好坏影响了 R_f 的重现性，其边缘的展开剂移动速度快，会出现边缘效应。此外，薄层色谱图保存较为困难。即便如此，薄层色谱法在微量技术分离分析方面也得到了十分广泛的应用，特别是在医学分析、环境分析等领域具有重要的地位。

13.3　薄层色谱的实验方法和应用

13.3.1　薄层色谱的实验方法

1）制板：选择合适的玻璃板，依次用水清洗，晾干。取 4 g 薄层色谱用的硅胶，加适量 CMC-Na 溶液（约 12 mL）在研钵调成糊，硅胶和 CMC-Na 的用量一般是 1∶3。调制时朝一个方向慢慢搅拌，以免产生气泡，使胶糊在玻璃板上，摇动摊平，晾干。使用前放入烘箱内，在 105～115℃烘干 40～50 min。冷却后使用。

2）点样：①药材试样的制备。②对照溶液的制备，用毛细管蘸取试样溶液和对照品溶液，分别在同一块薄层板上点样。在样点上轻轻画出一条平行于玻璃板底边的细线。薄层色谱板载样量有限，勿使点样量过多。③展开吹干样点，竖直放入盛有展开剂的有盖展开槽中。展开剂要接触到吸附剂下沿，但切勿接触到样点。盖上盖子，展开。待展开剂上行到一定高度，取出薄层板，再画出展开剂的前沿线。④显色，计算 R_f 值，挥发干展开剂，用三氯化铝试液显色。置紫外光灯下检视。量出展开剂和各组分的移动距离，计算各组分的相对移动值（王宇成，2004）。

13.3.2　操作步骤

1. 薄层板的制备

现阶段，在实验室使用薄层色谱进行分析检测时，通常使用市售普通高效薄层板，常见的类型为硅胶 G 型板。与自制薄层板相比，这种薄层板的分离效果稍好，这是因为硅胶表面的 pH 为 5～6，比较适合对酸性和偏中性的物质进行分离，如有机酸、酚类、醛类等；碱性物质会与硅胶发生作用，延展时容易出现被吸附在原点发生静止或斑点拖尾的现象，如果在制备薄层板时采用稀碱液，会使其变为碱性，从而获得理想的图谱。目前对薄层板的质量要求是厚度均一，表面光滑平整，没有气泡，表面无破损、无污染。自制薄层板时，控制好铺板用的匀浆稠度十分重要。如果匀浆浓度过稠，则薄层板表面容易出现纹路；如果匀浆浓度过稀，晾干后薄层板表面比较粗糙。薄层板在使用前通常应在 100℃下活化半小时，随后放入干燥器备用。市售板在阴凉干燥处存放，可直接取出使用。由于不同厂家、不同批次生产的薄层板质量会有一些差异，对分析结果的重现性会产生一定影响，因此，在进行重复性实验时应重点注意。

2. 点样

（1）点样方式

点样方式一般分为手动点样和自动点样两种。手动点样通常使用的器具有微量毛细管、微量注射器等。自动点样常常采用半自动点样仪，有时也采用全自动点样仪进行点样，根据预设程序进行自动点样。相比之下，手动点样的灵活性较好，常用于各种 TLC 的鉴别，器具使用方面，微量毛细管的使用率最高，而自动点样仪的优势是准确性较高，所以常用于对待测物质含量的测定。

（2）点样方法

点样方法分为接触式点样和喷雾点样两种。其中喷雾点样是由仪器进行控制，因此不进行详细叙述。在进行接触式手工点样操作时，应注意用点样器小心垂直来接触薄层板表面，这样可以防止对板面造成损坏。若损坏薄层吸附剂表面或者在表面点成洼孔，则后期展开时会形成形状不规则的斑点；靠近溶剂前端的化合物会形成三角形斑点，靠近原点的化合物会形成新月形斑点，这种不规则形状的斑点会对测量结果造成影响。其中原点损失所产生的误差，也会对展开后的定量与不精准判断产生影响（中国药品生物制品检定所，2005）。

（3）点样应注意的问题

首先应注意的是点样量。在原点位置上对样品容积的负荷量具有一定限制，体积一般为 0.5～10 μL，样品的浓度通常为 0.5～2 mg。若样品浓度太高，会对展开剂的运动产生影响，使其从原点外围绕行，不能通过整个原点带动样品向前移动，这会产生斑点脱尾或重叠现象，降低了分离效率；如果点样量过多，展开剂无法对样品全部负载，也容易出现拖尾现象；若点样量太小，则不能检测出清晰的斑点，会影响结果判断。因此只有当点样量在适合的范围内时，可采用点状点样；当点样量过大或原点无法负荷时，可采用条带状进行点样，提高分辨率，达到更好的分离效果。

其次是注意样品溶剂的选择。如果样品在溶剂中的溶解度较高，则原点会变成空心圆，这样会影响后期的线性展开。所以在选择时，应选择能够溶解被测组分，但溶解度又不是很高的溶剂，溶解试液的溶剂在原点上会有一些残留，对展开的选择性有影响。因此对原点残留的溶剂进行清理十分必要。对于不稳定或易蒸发水解的样品应避免进行高温加热，防止样品部分成分变质或被破坏。

最后是注意点样的手法。一般点样的直径应在 3 mm 左右，在点样的同时用吹风机吹干。当在同一原点上进行多次点样，应尽量使每次点样环的中心重合，保持直径大小统一，避免形成多个圆环。如果原点分布不均匀，则展开后的色谱图带的清晰度和整齐性不好。

3. 展开

展开是在密闭容器内进行分离的，目的是得到比较好的分离现象。展开一般分为以下几种方式。

（1）上行展开

上行展开通常分为倾斜上行展开与垂直上行展开两种方式。溶剂在槽的底部，将有试样的一端薄层点向下，可以使溶剂因毛细管的作用向上移动，进而通过薄层。值得注意的是，试样点不应浸入流动相溶剂中。两种方式中，倾斜上行法使用率较高，将薄层板上端加高，使板与水平面呈 20°～30°角。垂直上行法使用范围有限，它适用于含黏合剂的薄层板，板与槽底成直角或接近直角。当溶剂移动规定的距离或行至近于上端时即为展开完全，将其取出并使溶剂挥发，进行观察。

（2）下行展开

下行展开也分为倾斜下行与垂直下行两种方式。下行展开是指薄层上点有试样的一端处于上方，通过滤纸吸引流动相溶剂进行移动。这种展开方式在对移动距离小的组分进行分离时具有优势，且展开距离不受限制，可以使溶剂不断地从板下端流出，达到增加组分移动距离的目的。

（3）双向展开

双向展开也称为二维展开，是指在两个不同方向向两端展开两次的展开方式。将试样点在方形薄层板的一个角上，按正常方式展开两次之后，将板取出，旋转90°，随后蒸干溶剂，再沿另一方向进行展开，但一块板上只能点一个试样点。该种展开方式非常适用于分离难分离或组分复杂的试样。

4. 定位

试样经展开分离后，会形成一系列的斑点，这些斑点沿溶剂移动方向顺序排列。如各组分均有颜色，则容易看出；对于无色的组分，需使用一些方法使斑点显现。

　　显色是将可以与无色组分发生显色反应的试剂均匀地喷洒在薄层板上，组分与其发生反应显出色点。显色剂有专一性，如 pH 剂用于酸或碱类的显色反应，茚三酮试剂用于氨基酸类化合物等；有些实验过程也会使用通用性的显色剂，如高锰酸钾溶液、硫酸-醇溶液等，这些显色剂可与有机化合物反应出现颜色。有些化合物在紫外光照射下不产生荧光，所以可以在有紫外灯照射的暗室内对薄层板进行观察，有些试剂可以与化合物进行反应产生荧光物质，因此，这些方法都可以使用。此外，可以在制作薄层板时向吸附剂内添加荧光物质，展开后薄层板在紫外灯下呈现荧光，而组分斑点不产生荧光，可以被辨认出来。

　　5. 定量

　　过去薄层色谱大多用于定性分析，定量分析效果不是十分理想。但通过实验发现，只要进行严格的操作并且操作环境达到要求，也可以进行准确的定量分析。在薄层色谱光密度计（又称扫描仪）被大家广泛认可以前，一般情况下在进行适当的定位之后，将组分里面斑点处的吸附剂刮下，再用合适的溶剂对组分进行溶出，然后对组分进行定量测定。通常利用比色法、紫外分光光度法、荧光法、电量法、极谱法等方法进行分析（崔淑芬等，2004）。现阶段，随着科学技术的不断进步，光密度计的使用日趋广泛，对样品进行展开分离后，可将薄层板放在该仪器上，直接对斑点吸收可见或紫外光的吸收或激发出荧光的强度进行测量。通常情况下，使用光源对薄层板进行扫描，可以得到一系列峰的图谱，图谱的形状与气相色谱或高效液相色谱所得的图谱相似。在相同条件下将峰的积分值与已知对照物获得结果进行对比计算，求出组分含量。

13.3.3　薄层色谱法的应用

　　1. 用于中药指纹图谱分析

　　中药指纹图谱对中药质量的整体综合方面进行了描述，具有特殊的使用价值，中药指纹图谱在鉴别样品、研究样品的真伪、生产地、有效成分等方面具有非常重要的应用。薄层色谱法操作方便快捷、具有较高开放性灵活性等诸多优点，在中药指纹图谱分析中应用广泛。中药薄层图像指纹图谱薄层色谱法，可以提供较为直观的图像，且特征图像专属性好、分析速度快，适用于日常普通分析和现场检验。薄层扫描指纹图谱中，薄层扫描仪具有原位扫描的功能，前景十分广阔。沈阳药科大学孙毓庆等（1989）早先针对这项工作展开了深入的研究；崔淑芬等（2004）利用薄层扫描法对不同品种和产地的甘草进行测定并描述了指纹图谱，快速地对药材的品质进行了评判，对甘草质量进行了有效的控制；颜玉贞等（1993）

完成了黄连的薄层扫描指纹图谱研究；苏薇薇等（1991）对黄芩进行并完成了薄层扫描指纹图谱；李彩君等研究了高良姜的薄层扫描指纹图谱。王隶书（2004）对心痛宁胶囊中皂苷类的成分利用薄层色谱指纹图谱的方法进行了研究，并测定了10种样品色谱图，对心痛宁胶囊的内含量控制检验更加有效。

2. 药物和药物代谢

薄层色谱法在合成药物和天然药物中的应用也具有十分重要的作用。通常情况下，药物代谢产物的样品需进行预处理再用薄层分析，但有时样品中含量非常微小，不如气相色谱和高效液相色谱法这两种方式监测快速。

3. 毒物分析和法医化学

据了解，经典的毒物分析目前还存在许多不足，毒物分析和法医化学一般使用薄层色谱法等较为新颖的手段，对麻醉药、巴比妥、印度大麻、鸦片生物碱等物质进行分析（何世伟，2012）。此外，农药中的十多种有机磷和六种有机氯都可以在硅胶 G 薄层上分开并对其含量进行测定。因此，该方法也可以用于农药和植物上农药残留量的分析。

参 考 文 献

杜斌, 郑鹏武. 2009. 实用现代色谱技术. 郑州: 郑州大学出版社

崔淑芬, 蒋轶伦, 王小如. 2004. 薄层色谱指纹图谱在甘草 GAP 生产与质控中的应用. 现代中药研究与实践, 18(4): 3-6

董文宾, 徐颖. 2009. 生物工程分析. 北京: 化学工业出版社

何世伟. 2012. 色谱仪器. 杭州: 浙江大学出版社

罗川南. 2012. 分离科学基础. 北京: 科学出版社

马志英. 2013. 现代色谱技术及其在中药分析中的应用. 兰州: 兰州大学出版社

朴香兰. 2011. 民族药物提取分离新技术. 北京: 中央民族大学出版社

盛龙生. 2003. 药物分析. 北京: 化学工业出版社

苏薇薇. 1991. 聚类分析法在黄芩鉴别分类中的应用. 中国中药杂志, 16(10): 579-581

孙毓庆, 延琼, 林乐明, 等. 1989. 薄层扫描法在药物分析中的应用. 北京: 人民卫生出版社

唐劲松. 2012. 食品添加剂应用与检测技术. 中国轻工业出版社

王隶书, 程东岩, 李阳. 2004. 心痛宁胶囊中皂苷类成分 TLC 指纹图谱的研究. 中成药, 26(11): 864-866

王宇成. 2004. 最新色谱分析检测方法及应用技术实用手册(第 3 卷). 长春: 银声音像出版社

颜玉贞, 林巧玲, 谢培山. 1993. 黄连薄层指纹图谱研究. 中国中药杂志, 18(6): 329-331

张铁垣, 杨彤. 2008. 化验工作实用手册. 北京: 化学工业出版社

中国药品生物制品检定所. 2005. 中国药品检验标准操作规范. 北京: 中国医药科技出版社

第 14 章　柱色谱法及纸色谱法

14.1　柱　色　谱　法

14.1.1　柱色谱法原理

柱色谱法相较于其他色谱法而言，是最早形成起来的一种方法。具体操作方法是在竖直的填充色谱柱中置入固态的吸附剂，再自色谱柱的顶部注入待分离样品溶液，紧接着持续地添加洗脱液或者流动相，展开剂由上端流经下端，被分离出的成分于吸附剂的表面反复地吸附-解吸，再吸附-再解吸。因为组成成分有差异，所以它们同固定相吸附的能力就不同。如果组成成分与固定相吸附的能力较弱，组分在柱内移动的速率就快，则会较先流出色谱柱；若组分同固定相吸附的能力较强，在柱内移动的速率就较慢，流出色谱柱的时间较长，因此能够对组分进行分离。

组分能否在柱内互相分离，与流动相及吸附剂的选择是密不可分的。吸附剂应该具有相对较大的比表面积及吸附能力，对每种化学组成都要有不同的吸附力，能够同洗脱剂、溶剂与样品内各成分进行化学作用。吸附剂中的颗粒一定要均匀，大小适中，同时要具有一定的粒度。

吸附剂的吸附活性与它的含水量有关。若水分高，那么吸附剂的活性就低，吸附的能力就差。所以，在使用吸附剂之前必须要烘干其内部水分，该过程称为吸附剂的"活化"。在选择流动相时，要考虑吸附剂的活性及待分离成分的极性。若待分离成分的极性很小，则选取吸附活性比较高的吸附剂及极性相对较小的洗脱剂；若待分离成分的极性很大，则应选取吸附活性比较低的吸附剂及极性相对较大的洗脱剂。

14.1.2　快速柱色谱

快速柱色谱（flash column chromatography）又称闪柱，属于加压柱色谱，是利用柱前加压提高柱分离速度的方法（汪茂田，2004）。快速柱色谱相较于传统的柱色谱而言，其使用的硅胶粒度更为细小，通常在 300 目左右；填装的高度通常是柱直径的 1.5～4 倍；分离组分的速度快，在 15 min 之内便可分离 0.01～10.00 g 的样品，同时其分离的效果可以与薄层色谱相媲美，该色谱已经普遍地应用在化合物的分离领域中。

1. 装置

快速柱色谱的装置相较于常压柱色谱装置，仅仅多一个加压体系，在色谱柱的上部安装了储液瓶及流速控制器，流速控制器依靠导气管同供气源连接。流速控制器上方的针型阀主要用于调节气流速度，为色谱柱增加压力。针型阀不能全部关闭，应保持其中部分气体能够逸出，得以保证系统的安全性。玻璃磨口的连接部位用橡皮筋扣紧，防止在加压时脱开。对快速柱色谱进行增压的形式很多，一般包括空气压缩泵、小气泵及蠕动泵（鱼缸供气的加压泵）、双链球、氮气钢瓶。

2. 快速柱色谱操作程序

快速柱色谱的操作程序与常规的柱色谱相似。

（1）洗脱剂的选择

洗脱剂一般按照 TLC 实验的情况进行选取，通常使样品的 R_f 值在 0.3～0.4 为佳。如果存在多组分，如果 R_r 值差异不大，那么就需使中间组分的 R_r 值包含在这个范围之中；针对 R_r 值差异比较大的几个成分，可让 R_r 值最小的成分在 0.3 左右；针对普通的分离操作而言，一般常使用比例不同的乙酸乙酯-石油醚（沸程 30～60℃）作洗脱剂。但是在对极性化合物进行分离时，普遍使用二氯甲烷或丙酮和石油醚（沸程 30～60℃）的混合液作洗脱剂。

（2）色谱柱的选择

选择色谱柱时要依据所需处理的试样量及分离组分的难易程度而定（刘友平和陈鸿平，2014）。在试样量比较多且分离难度比较大时（即相邻组分的 AR 较小），则应该选择相对粗大的色谱柱以便能够填充更多的硅胶。为选择具有适宜直径的色谱柱，可参照表 14.1（施里纳，2007）。

表 14.1　快速柱色谱的直径同试样数量的关系

柱直径/mm	洗脱剂体积/mL	样品量/mg		分级接收量/mL
		$\Delta R_f \geqslant 0.2$	$\Delta R_f \geqslant 0.1$	
10	100	100	40	5
20	200	400	160	10
30	400	900	360	20
40	600	1600	600	30
50	1000	2500	1000	50

（3）填柱

快速柱色谱的硅胶使用量约为待分离组分总量的 50 倍,在直径各异的色谱柱中填充硅胶时其最适的填充高度在 15 cm 左右。若柱床太高则难于装匀与压紧,会降低分离的效果。填柱的方式要参照常压的柱色谱填充方式。若采用干法装柱,硅胶在装入色谱柱时,必须保证敲紧的同时在下端用水泵进行抽真空,使柱床抽紧,关闭活塞。随后填充低极性的溶剂,令色谱柱中干吸附剂能充满溶剂,之后开启活塞,水泵降压。在有液体流出时,要关闭活塞,断开水泵。接入加压球（泵）,使用橡皮筋进行固定,随即开启活塞,增加压力赶走硅胶中存在的气泡。直至溶剂能够全部浸透吸附剂且无气泡产生,关闭活塞,开启增压装置中的放气按钮,释放柱中的压力。在装紧之后,要在硅胶的上方再添加一层薄层的石英砂或者粗硅胶（60～100 目）。

（4）填样

把柱内的溶剂压到硅胶层的顶部,随即用尽量少的溶剂溶解的试样溶液加到柱的顶端,增加压力压至硅胶层内。或添加吸附有样品的硅胶,装平的同时压紧,上面再覆盖一层石英砂或粗硅胶。试样量（mL）为硅胶用量（g）的 16%～33%。

（5）洗脱

添加完试样后,首先填充少量的洗脱剂,增加压力到液面能够与硅胶层的顶面相平。之后加入大量的洗脱剂,接入流速控制器,用 5 cm/min 的速度来洗脱试样,依照所需添加溶剂至所有组分都被洗脱出来。在操作的过程中切勿让色谱柱内的液体流干,要保持溶剂液面持续高于吸附剂。溶剂总用量（mL）为色谱柱中硅胶总使用量（g）的 7～10 倍。若柱填充的效果比较好,平均每 10～20 s 内能收集一个组分。

14.1.3 微量柱色谱

因为微量柱色谱的操作便捷、对环境无害等优点,从而广泛使用在有机化学领域中。微量柱色谱能够使用滴管及 50 mL 的滴定管作色谱柱来对混合物进行分离。其结构如图 14.1 所示。

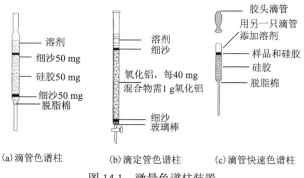

图 14.1 微量色谱柱装置

滴管色谱柱普遍使用干法装柱,此法能够对质量在 10～100 mg 的混合物进行分离。在滴管下部放置一团脱脂的棉花,添加 50 mg 的细沙,再置入 500 mg 的干吸附剂,吸附剂的表面再放置 50 mg 的细沙溶剂,直到溶剂能够完全地浸湿吸附剂,同时再无气泡产生即可(刘斌,2013)。

滴定管色谱柱也可采用湿法装柱,主要适用于对 50～200 mg 的混合物进行分离。具体操作是在 50 mL 的滴定管下端加入 10 cm 左右的玻璃棉以降低其高度,并在吸附剂上部与下部分别加入约 1 cm 的细沙,吸附剂能够分离 40 mg 的混合物。

微量快速柱色谱一般采用目数在 230～400 目内的硅胶作吸附剂,吸附剂的填装高度要在 5～6 cm,吸附剂顶部要留出 4～5 cm 的间隙以填充溶剂,最后使用橡胶滴头进行增压。微量色谱柱的使用方式同常量色谱柱一致。在浸湿微量色谱柱之后,切勿再使其干裂(吴美芳,2013)。

14.2　柱色谱的应用与影响因素

吸附色谱通常采用硅胶和 Al_2O_3 等物质作吸附剂,吸附剂能够把某些物质从溶液内部吸附至溶液表面。在用溶剂进行洗脱或者展开时,因为吸附剂的表面对每种化合物的吸附力有差异,每种化合物在同一溶剂内的溶解度也不尽相同。所以,吸附力比较强,溶解度相对小的化合物,在溶液中移动速度就稍微慢些;而对于吸附力较弱,溶解度大的物质,其移动速度相对会快些。吸附色谱就是根据每种化合物在吸附剂与溶剂间分布情况的差别而实现分离目的的。吸附色谱主要包括薄层色谱及柱色谱两种方式。

分配色谱是根据化合物在两种互不相溶的液体内的分布情况差异而实现分离的,与溶剂连续萃取的方法相类似。其中两种液体分别称为移动相及固定相。用于洗脱或展开的液体是移动相。固定相需要某种自身不会发生分离作用的固体将其吸住,如硅藻土、纤维素等,这些称为载体。容易溶解在移动相中的化合物,其移动的速率就相对快些;而固定相内溶解度较大的化合物,它的移动速率就要慢些。分配色谱的分离原理能够在柱、纸色谱及薄层色谱的操作中具体体现。

色谱法分离效果要远远优于重结晶与分馏等一般的分离方式,而且能够更好地应用在少量(或微量)化合物的处理中(赵建庄和高岩,2003)。

色谱法在化学、食品、生物及医学领域皆得到了广泛的应用,有效地解决了如氨基酸、天然色素、蛋白质、激素、生物代谢产物及稀土元素等物质的分离与分析。其中,柱色谱的应用更为普遍。

14.2.1　柱色谱的应用

因为柱色谱操作起来十分便捷，所以实验室中普遍采用该方法分离制备一定量的纯物质。柱色谱的操作条件，如对吸附剂及洗脱剂的选取、组分顺序及流出成分的纯度等，皆能够根据薄层色谱进行探索与检验。只需将摸索出的薄层色谱的分离条件稍微做些改变便能够用在柱色谱中。所以科学界往往将两种方法结合使用，在样品的定性及纯样品的定量分离制备方面是有效易行的方法（高绍康，2013）。

14.2.2　柱色谱法的影响因素

使用柱色谱法对混合物分离进行时，其分离的效果会受到诸多因素的影响。

1. 吸附剂的选取

使用柱色谱分离时，首先要考虑选取适宜的吸附剂。一般采用的吸附剂包括硅胶、氧化铝、氧化镁、活性炭、碳酸钙等。通常对吸附剂的要求如下：①具有较大表面积及一定的吸附力；②粒度要均匀，在操作中不会破碎，也不会发生化学反应；③对待分离物质中的所有组分都有不同的吸附力。研究表明，可供柱色谱法使用的固态吸附剂和各类极性化合物相结合能力的顺序如下：纸<纤维素<淀粉<糖类<硅酸镁<硫酸钙<硅酸<硅胶<氧化镁<氧化铝<活性炭。

普遍的吸附剂氧化铝，分为酸性、碱性与中性三种。酸性氧化铝（pH 为 4～5）一般用在氨基酸和对酸稳定的中性物质中。碱性氧化铝常用在碳氢化合物及对碱相对稳定的生物碱、中性色素、甾类等物质分离中。中性氧化铝（pH=7.5）的使用最为广泛，能够用在对生物碱、萜类、挥发油、蒽醌、甾体及在酸碱内不稳定的苷类、酯、内酯等物质的分离中。

吸附剂活性取决于其水分的含量。若水分含量越低，则吸附能力会越大，吸附剂的活性相应地便会升高。一般采用加热的方式将吸附剂活化。例如，将氧化铝置于高温炉（350～400℃）内加热 3 h，得到无水物，若添加不同量水分，就会获得活性不同的氧化铝。硅胶于 105～110℃内恒温处理 0.5～1 h，便能够达到使其活化的目的。

2. 洗脱剂的选取

吸附色谱内，洗脱剂通常要满足以下条件：①纯度要达到标准。即不管采用一种溶剂还是混合溶剂作洗脱剂时，它的杂质含量必须要低；②洗脱剂同试样及吸附剂间不能发生任何化学变化；③黏度要小，使其易于流动，不然洗脱时间会过长；④试样中各个成分的溶解度要有较大差异，同时洗脱剂沸点不能过高，通常在 40～80℃。一般来说，要依照被分离化合物间各个组成成分的极性、溶解度及吸附剂活性这三个方面进行综合考虑。通常而言，极性化合物要用极性的洗脱剂来洗脱，非极性化合物要用非极性的洗脱剂进行洗脱，以达到较好的效果。针对组分较为复杂的试样，首先应采用极性最小的洗脱剂进行洗脱，使其中最容易脱附的组分先从中分离出来，之后添加由不同比例极性溶剂配制成的洗脱剂，将其中极性相对较大的化合物从色谱柱上洗脱出来。常见洗脱剂根据其极性的大小进行如下排序：石油醚（低沸点<高沸点）<环己烷<四氯化碳<甲苯<二氯甲烷<三氯甲烷<乙醚<甲乙酮<二氧六环<乙酸乙酯<乙酸甲酯<异丁醇<乙醇<甲醇<水<吡啶<乙酸（李武客和宋丹丹，2014）。

14.3　纸 色 谱 法

纸色谱法（paper chromatography，PC），又称为层析纸法。其原理是以滤纸作载体，固定相为纸上含有的水或其他物质，展开剂在纸上利用毛细作用舒展开，与固定在纸纤维中的水形成两相，样品内各组成成分根据两相中分配系数的不同而达到分离目的（刘湘和汪秋安，2005）。纸色谱法的设备精简，操作便捷，普遍应用于食品、染料、药物、抗生素及生物制剂等领域的分析中，也能够对性质相同的离子进行分离。滤纸上的纤维素一般会吸收 22 %左右的水分，其中有 6 %左右的水分子会通过 H 键同纤维素上的—OH 发生结合，分离时不会随着有机溶剂流动，因此形成了纸色谱中的固定相；流动相采用的是有机溶剂，也称为展开剂。样品溶液滴在滤纸上，在进行色谱分析时，根据各成分在固定相及流动相内其溶解度的差异，即分配系数在两相的差别而实现分离。其常用在对含有多官能团及具有较高极性的亲水性物质，如羟基酸、醇类、糖类、氨基酸与黄酮类等化合物的分离与检测中（刘金龙，2012）。

14.3.1　基本原理

纸色谱法是固定相于滤纸纤维上的液-液分配色谱法。纸色谱技术的固定相通常是纸纤维中所吸附的水，流动相是不会和水相溶的有机溶剂。每种成分在两液相中都有不同的溶解度，从而造成了分配系数间的差异及迁移速率与尺寸的不同。极性较强及亲水性较强的物质，其分配系数相对较大，迁移速率较慢。相反地，极性相对较弱及亲脂性较强的物质，其分配系数小、迁移速率较快、比移值 R_f 大。比移值 R_f 和分配系数之间的关系可参见薄层色谱技术。

纸色谱技术的 R_f 受诸多因素的影响，如展开剂的极性、组成、蒸气饱和程度及在展开时的温度等。但是在一定的色谱条件下其成分的 R_f，主要与其自身极性密切相关。在同类的化合物中，拥有的极性基团越多，化合物的极性越强。鼠李糖、葡萄糖与洋地黄毒糖都属于糖类，但是因为彼此分子间含有的—OH 数量不相同，极性各异。所以 R_f 也不尽相同，详见表 14.2 所示（郭兴杰和温金莲，2012）。

表 14.2　不同糖类 R_f

糖	羟基数目	正丁醇-水	溶剂系统	
			正丁醇-乙酸-水（4：1：5）	乙酸乙酯-吡啶-水（25：10：35）
葡萄糖	5	0.03	0.17	0.10
鼠李糖	4	0.27	0.42	0.44
洋地黄毒糖	3	0.58	0.66	0.88

　　纸色谱技术的具体操作为：点好样的滤纸挂于封闭展开槽内，将纸的下部插进有机溶液（即展开剂）内，因为毛细管产生的作用，流动相会从下向上不断向上升。流动相和固定相遇见时，被分离的成分会在这两相间进行重复分配。因为组分间的分配比有差别，所以其上升的速率也是不相同的。所以，待分离完毕时，纸色谱内，每种成分的分离情况通常使用比移值 R_f 进行描述（图 14.2）。

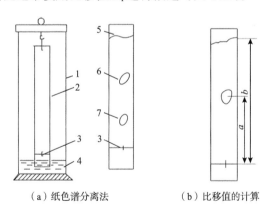

（a）纸色谱分离法　　（b）比移值的计算

图 14.2　纸色谱分离法（a）和比移值的计算（b）

1. 展开槽；2. 滤纸；3. 原点；4. 展开剂；5. 前沿；6、7. 斑点

　　因为色谱分离条件的不同会使 R_f 值发生较大的变化。所以，为了得到更为精确的值，一定要严格控制色谱分离条件。保证滤纸的材质足够纯净、宽松程度要适宜、质地均匀，同时令展开的方向与纤维素方向保持垂直；应适当选取并控制流动相及固定相的性能及组成；操作手法始终保持一致；温度变化的梯度需尽可能得小等。因为 R_f 的影响因素比较多，很难保证色谱的分离条件能够

完全相同，故文献中给出的 R_f 只可用作参考，定性鉴定时要使用已知的试剂作空白对照。

一般而言，进行纸色谱分离时不需要预先处理滤纸。滤纸纤维素吸附的水分作为固定相，使用含水的有机溶剂充当展开剂，样品中各成分于纤维素吸附的水中与有机溶剂间进行分配，从而实现分离。针对有色物质进行色谱分离的情况，分离后的所有斑点都能够清楚地观测出来。若样品为无色物质，就要在分离后采用物化方法处理滤纸，使各个斑点呈现出来。因为许多有机化合物会在紫外线的照射下，显示出特有的荧光。所以能够在紫外光下进行观测，并用铅笔圈出荧光斑点。也可采用化学显色法，如利用碘蒸气熏、氨熏或者喷显色剂溶液，使溶液同各组分反应而显色，普遍使用的显色剂包括茚三酮正丁醇溶液、$FeCl_3$水溶液等。

多数情况下，纸色谱属于正相分配色谱，化合物极性较大，亲水性极强，水中分配量较多，因此分配系数大，纸色谱的 R_f 小。而对于极性较小或亲脂性较强的组分，其分配系数小，R_f 大。

14.3.2　基本操作

纸色谱技术的操作与薄层色谱技术的操作基本相同。

　1. 色谱纸的选取与处理

（1）滤纸的选取

色谱分离中的滤纸应具备以下条件：①滤纸质地、厚薄均匀，全纸平整无褶皱；②具有一定机械强度，溶剂浸润后仍可悬起；③具有足够纯度，金属离子及显色物质的含量越少越好，需要时应对滤纸净化处理；④滤纸的纤维松紧度要适宜，展开剂的移动速率要适中；⑤滤纸分为厚型与薄型、也有快速与慢速之分，应结合待分离对象及分离目的进行选择。常见的滤纸是由 Macherey-Nagel（MN）公司、Whatman 公司及新华公司生产的。

（2）滤纸处理

适当处理滤纸，能够使滤纸拥有新性能。例如，在进行酸、碱物质分离时，可用一定 pH 的缓冲溶液处理滤纸，以维持层析纸恒定不变的酸碱度。如果分离亲脂性较强、水溶性较小的物质，操作时可以先制备疏水性的滤纸，通常使用丙二醇、甲酰胺等试剂来取代水作固定相，以便提高其在固定相中的溶解度（李武客和宋丹丹，2014）。

　2. 点样

点样的方式同薄层色谱技术相同。把试样溶解在适当溶剂里，最好使用具有同展开剂极性相类似的溶剂。如果样品是液体，通常可以直接进行点样。点样量取决于滤纸薄厚、性能及显色剂的灵敏程度，普遍在几毫克至几十微克之间。通常以圆点扩散直径不多于 3 mm 为佳。

3. 展开

（1）展开剂的选取

依照被分离物的极性，纸色谱的展开剂一般使用含水的有机溶剂，如水饱和的正戊醇、正丁醇与酚等。另外，为防止弱酸与弱碱发生解离，偶尔要添加少许酸碱，如吡啶、乙酸等。为提高展开剂的极性，增加对极性物质的展开能力，也会填入一定比例的甲乙醇溶液等。

（2）展开方式

纸色谱技术的展开室一般是圆形、长方形的玻璃缸，具有磨口的玻璃盖，可以密封。展开之前，先采用浸有展开剂的滤条贴于容器壁内，以加快容器被展开剂所饱和的速度。随后将点有试样的滤纸，浸在溶剂中展开。纸色谱展开方式，一般是上行法，使展开剂凭借毛细管的效应自下至上移动。上行法的操作简便，但是溶剂的渗透速率较慢，R_f 差较小的成分在分离时会相对困难，所以上行法通常用在 R_f 差较大的化合物的分离。

针对 R_f 比较小的试样，能够采用下行法，凭借重力作用使溶剂从毛细孔往下移动，使不同的成分得以分离。针对试样组分较为复杂的物质，也能使用多次展开、双向展开、径向展开及连续展开等方法。

4. 检视

纸色谱的检视方式同薄层色谱基本一致，但是不可采用腐蚀性显色剂，如硫酸等。此外，纸色谱技术还具有一些其他的检出方法，如含抗菌作用的组分，可利用生物检定法检视。该法是把纸色谱植入细菌培养基中，经培养后，依照抑菌圈的出现情况，确定物质在纸中的位置。也能够采用酶解方法，例如，没有还原性的多糖、苷类在纸色谱上发生酶解，生成还原性单糖，就可使用氨性硝酸银试剂进行显色。也能采用化合物所含的示踪同位素来进行化合物于纸色谱上的位置检视（容蓉和邓赟，2014）。

5. 分析

（1）定性

纸色谱定性分析和薄层色谱一致。对于有色物质而言，能够直接观测色斑颜色与位置（R_f），同时与对照品进行比较，针对无色物质，能够在显示完成后再检视（石慧和刘德秀，2014）。

（2）定量

纸色谱法主要的定量分析法包括剪洗法与直接比色法两种。剪洗法和薄层色谱技术的洗脱法类似，需在白纸中剪下层析之后未显色的斑点，在适宜适量的溶剂中浸泡、洗脱，然后利用比色法或者分光光度法进行定量；直接比色法是直接测斑点面积或比较颜色深度的一种方式，为一种半定量方式。即把浓度不同的标准试样做成系列，与试样同时点于一张滤纸中，展开、显色后进行目视比色，以求得试样含量近似值。但是，对于纸色谱技术的定量检测如今已很少使用（郭兴杰和温金莲，2012）。

14.4　纸色谱的实验方法与应用

14.4.1　实验方法

纸色谱技术的实验方法分为双向法及单向法两种。双向法是在方形滤纸的一角滴上一滴试液，晾干之后再将纸卷为筒形悬于展开液上。展开液为一种水和有机溶剂互相饱和的溶液，和纸相接触后两者开始上升。水展开地较快，变为固定相。有机溶剂渐渐向上移动将点中溶质带上去。在液体靠近纸上端时，拿出使其干燥并旋转 90°。再使用一种其他展开液进行相同的处理，因为每种组分分配系数的不同使彼此分离。一般双向法处理的样品溶液为无色，所以要使用显色剂令各斑点显现出来。

单向法在操作时只需进行双向法的前半部分，不需要进行 90° 的旋转。所以用一纸条即可实现。纸色谱技术要求滤纸的质地薄厚必须均匀、纸质要纯净、纸边整齐无折痕、疏松度适宜，强度微大不易破碎。

常见的展开剂一般由有机溶剂、酸及水相混合而成。若待分离组分间的 ΔR_f 小于 0.02 时，无法相分离，可通过改变展开剂极性来增加 R_f 的差值。若为增加展开剂极性溶剂的比例，则可增加极性物质的 R_f，并降低非极性物质 R_f。

样品于滤纸上展开，可依照化合物的理化性质喷淋合适的显色剂使其显色。茚三酮可使氨基酸发生显色反应而显色；有机酸使用酸碱指示剂进行显色；Cu^{2+}、Fe^{3+} 等金属离子可使用二硫代二酰胺来显色等。用于配制显色剂的溶剂应具有较大的挥发性，否则喷至滤纸上会造成斑点的扩散、移动及变形。显色后需立刻用铅笔标注出各斑点的位置，避免斑点褪色、变色而找不到。

纸色谱技术有诸多特点：用样量较少、操作简单、分离效果好，尤其适宜对样品的微量组分及性质相似的化合物进行分离。所以该项技术在有机化学、植物、生物及医药等领域中的组成成分分析方面得到了广泛应用。同时，在无机化学分析，尤其是对稀土元素分离及分析中也普遍采用此法（康立娟和申凤善，2006）。

14.4.2 应用

在待分离化合物的极性基团相似或相同时，而非极性基团（化合物母体结构）的构型与大小不相同；或者待分离化合物的溶解性相差大或极性过强（水溶性较大），不能够采用吸附薄层技术进行分离时，便使用纸色谱技术进行分析与分离。如多元醇类、酚酸类、糖类及氨基酸类等物质，常使用纸色谱技术来分离（汪茂田，2004）。

参 考 文 献

高绍康. 2013. 基础化学实验. 北京：化学工业出版社

郭兴杰, 温金莲. 2012. 分析化学. 2 版. 北京：中国医药科技出版社

康立娟, 申凤善. 2006. 分析化学. 北京：中国农业大学出版社

李武客, 宋丹丹. 2014. 基础化学实验教程. 武汉：华中师范大学出版社

刘斌. 2013. 无机及分析化学. 北京：高等教育出版社

刘金龙. 2013. 分析化学. 北京：中国农业出版社

刘湘, 汪秋安. 2005. 天然产物化学(高等学校教材). 北京：化学工业出版社

刘友平, 陈鸿平. 2014. 理化基本技能训练. 北京：中国医药科技出版社

容蓉, 邓赟. 2014. 仪器分析. 北京：中国医药科技出版社

施里纳. 2007. 有机化合物系统鉴定手册. 北京：化学工业出版社

石慧, 刘德秀. 2014. 分析化学. 北京：化学工业出版社

汪茂田. 2004. 天然有机化合物提取分离与结构鉴定. 北京：化学工业出版社化学与应用化学出版中心

吴美芳. 2013. 有机化学实验. 北京：科学出版社

赵建庄, 高岩. 2003. 有机化学实验. 北京：高等教育出版社

第三部分　电化学分析方法

第15章 电化学分析方法导论

15.1 电化学分析方法及其基本概念

电化学分析法是利用溶液中待测组分的电化学性质进行测定的一类化学分析方法。它通常是使待分析的试样溶液构成化学电池即电解池或原电池，然后根据所组成电池的某些物理量，如两电极间的电位差，通过电解池的电流或电量，电解质溶液的电阻等，与其化学量之间的内在联系来进行测定。因此电化学分析法可分为三种类型。第一类：通过试液的浓度在某一特定实验条件下与化学电池中某些物理量的关系来进行分析，主要包括电位分析、电导分析、库仑分析及伏安分析。第二类：以电物理量的突变作为滴定分析终点的指示，主要有电位滴定、电流滴定及电导滴定，所以又称为电容量分析。第三类：电重量分析，将试液中某一待测组分通过电极反应转化为固相（金属或其氧化物），然后由工作电极上析出的金属或其氧化物的质量来确定该组分的量，也称电解分析法。电化学分析法具有测定选择性好、灵敏度和准确度高的优点。极谱分析检出限可达 10^{-12} mol·L^{-1} 数量级。电化学分析仪器具有装置简单、操作方便、应用广泛等优点，还可以进行无机离子、有机化合物、药物和生物活性成分的分析。近年来，电化学分析在方法、技术和应用方面得到了长足的发展，并仍保持蓬勃上升的势头。在方法上，追求超高灵敏度和超高选择性的倾向致使由宏观向介观再到微观尺度的不断迈进，随之衍生出了多种新型的电极体系。技术上，随着表面科学、纳米技术和物理谱学的出现，利用交叉学科方法将声、光、电、磁等功能有机地结合到电化学界面，从而实现了在分子和原子水平上实时、现场和活体监测的目的。应用上，主要应用于生命科学领域中的有关问题研究，如生物、医学、药物、人口与健康等，已引起生物学界的关注（朱志强等，2013）。

15.1.1 电化学电池

将实现化学能与电能相互转变的装置或体系称为电化学电池。电化学电池分为原电池和电解池两种：如果实现电化学反应的能量是由外电源供给，则这种电化学电池称为电解池；如果电化学电池自发地将其内部化学能转化成电能，这样的电化学池称为原电池。这两类电池在改变条件时，可以相互转化。

1. 电化学电池组成

电化学电池主要由一对电极、电解质和外电路三部分组成。其中电解质多为液体溶液，也可用熔融盐或离子导体，电极通常为固体金属。电化学电池的两个电极与外电路相连形成电流通路。例如，将铜棒和锌棒插入 $CuSO_4$ 和 $ZnSO_4$ 的混合溶液中，便构成了一个电化学电池，简称电池（高向阳，2013）。若用导线将铜棒和锌棒连接起来或者连在一个外加电源上，则有以下过程同时发生。

1）在导线中电子定向移动产生电流。

2）在溶液中有离子的定向移动，也有电流流动。

3）在铜棒和铁棒表面，即电极表面发生氧化还原反应，如式（15.1）和式（15.2）所示

$$Cu^{2+}+2e^-===Cu \tag{15.1}$$

$$Zn===Zn^{2+}+2e^- \tag{15.2}$$

2. 电池的表示式

按国际纯粹与应用化学联合会（IUPAC）规定，电池组成用图解表示式表示，例如，

$$Zn \mid ZnSO_4 \ (\alpha_1) \parallel CuSO_4 \ (\alpha_2) \mid Cu$$

电池图解表达式的规定如下。

1）左边的电极上进行氧化反应，右边的电极上进行还原反应。

2）电极的两相界面和不相混的两种溶液之间的界面，都用单竖线"$\mid$"表示；当两种溶液通过盐桥连接，已消除液接电位时，则用双线"$\parallel$"表示；当同一相中同时存在多种组分时，用","隔开。

3）电解质位于两电极之间。

4）气体或均相的电极反应，反应物质本身不能直接作为电极，要用惰性材料（如铅、金或碳等）作电极，以传导电流。

5）写出电相的化学组成和物态，同时，电池中的溶液应注明浓（活）度；如果是气体，则应注明压力、温度。若不注明，则是指 250℃ 及 100 kPa（标准压力）。固体和纯溶液的活度认为是 1。

6）根据电极反应的性质来区分阳极和阴极。凡是在电极上发生氧化反应即失电子的电极称为阳极，凡是在电极上发生还原反应即得电子的电极称为阴极。根据原电池电极电位的正负程度来区分正极和负极，即比较两个电极的实际电位，凡是电位较正的电极为正极，电位较负的电极为负极。

3. 液体接界电位

液体接界电位简称液接电位，又称扩散电位。当两种不同组分的溶液或两种相同组分但浓度不同的溶液相接触时，离子因扩散而通过相界面的速率不同，相界面有微小的电位差产生，称为液体接界电位。

液接电位虽然一般只有几十毫伏，但在电化学分析中，特别是在电位分析法中存在不可忽视的影响。因此，在实验中必须尽可能使之减小或保持稳定。使用盐桥将两溶液相连，可以有效地使液接电位降低甚至基本消除。

4. 盐桥

盐桥是一个倒置的 U 形管或直管，在其中充满高浓度（或饱和）的 KCl（或 NH_4Cl）溶液，为防止盐桥中的溶液逸出，在管的两端装有细孔的玻璃塞或琼脂凝胶。用盐桥将两溶液连接后，盐桥两端有两个液/液界面，由于 KCl（或 NH_4Cl）溶液的浓度很高，因此 K^+ 和 Cl^- 的扩散成为液接界面上离子扩散的主要部分。由于 K^+ 和 Cl^- 扩散速率几近相等，因此液接电位很小，在整个电路上方向相反，所以液接电位可以相互抵消（李成平等，2013）。

15.1.2　电化学分析方法分类

1. 伏安法

1996 年，Locatelli 采用伏安法测定了实际样品中的微量锰、铁和铬（朱志强等，2013）。用纯水溶液建立了差分脉冲伏安法和基础谐波交流伏安法对所列的阳离子分析的最佳条件。伏安法是在 25℃悬汞滴电极、Ag/AgCl 参比电极和 Pt 辅助电极上进行的。两种方法相比，差分脉冲伏安法更为敏感。最好的电解质体系是 pH 为 9.6 的 $1\ mol \cdot L^{-1}\ NH_4Cl/NH_3 \cdot H_2O$ 缓冲液，脉冲条件为 50 mV、脉冲 0.065 s/0.25 s、扫描速率 $10\ mV \cdot s^{-1}$。Cr（III）、Fe（III）和 Mn（II）的峰电位分别是-1.42 V、-1.495 V 和-1.665 V。对于少量阳离子，首选标准加入法。该方法适用于不锈钢和高合金钢参比样品的分析，相对标准偏差和相对误差为 3%～5%。

1998 年，Tanaka 采用微分脉冲阳极溶出伏安法在酸溶液中使用旋转玻璃 C 片电极测定铁和钢中的铜。Fe（III）的干扰由 L-（+）-抗坏血酸消除，校准曲线图是线性的，铜 $0.016～32 mol \cdot L^{-1}$ 预电解时间 5～1200 s，预电解时间 1200 s 的检测限为 $0.78\ ng \cdot mL^{-1}$。该方法已用于铁和钢中 0.5～1000 $\mu g \cdot g^{-1}$ 铜的测定。10 $\mu g \cdot g^{-1}$ 铜的相对标准偏差约为 0.9%，分析时间 50 min。

2001 年，De-Andrade 利用吸附溶出伏安法（AdSV）提出了一种测定钢样中钼含量的新方法。在二甲亚砜、乙醇和水组成的均相三元溶剂系统（HTSS）中，以 α-安息香肟为配合剂，乙酸钠-乙酸缓冲液为支持电解质进行测定。常见的干扰中，只有当铁在 Fe/Mo（Ⅵ）比例超过 500、钒和钨在 M/Mo（Ⅵ）比例超过 100 时才明显影响分析响应信号。由于竞争性磷-钼化合物的形成，在 P/Mo（Ⅵ）比例超过 100 时，磷也可能降低分析信号。所提出的常规方法用于 4 个不锈钢样品的分析测试，由于该方法灵敏度较高，可以允许钢样中 Mo（Ⅵ）的直接测定。

2001 年，Tanaka 采用微分脉冲阳极溶出伏安法测定了钢铁中的砷和锑（朱志强等，2013）。钢样溶于混合酸溶液，并煮沸消化，冷却稀释。取部分溶液加入碘化钾，然后加入 L-（＋）-抗坏血酸溶液，取部分溶液至电化学池，采用微分脉冲阳极溶出伏安法进行分析，电极材料为旋转镀金电极。锑在-0.25 V（*vs.* SCE）沉积 180 s。以 40 mV·s^{-1}，从电位-0.25～0.2 V 进行扫描记录溶出伏安图。Sb（Ⅲ）和 As（Ⅲ）在-0.45V（*vs.* SCE）沉积 180 s，扫描记录溶出伏安图。该方法已用于测定钢材中 50～450 μg·g^{-1} 范围内的砷和锑含量（宋吉娜，2013）。

2. 极谱法

1990 年，Zezula 通过电化学的方法准确地测定了钢表面的硫夹杂物。含 MnS 或 FeS 夹杂物的钢样屑固定在钢或铜电极夹上，放入氩气或氮气气氛下的提取容器中，在银计数电极的电极系统中形成阴极。硫化物经不同电压提取 45 min，然后随惰性气流从溶液中脱离，吸附于电分析容器的吸收液中，采用溶出极谱法测定。该方法适用于含硫 0.01%～0.04% 的微合金钢的显微镜观察分析。

1992 年，Kurbatov 研究了钢和铸铁中铬的极谱法测定。合金用 50% 硫酸加热分解，溶液与 50% 磷酸和水混合至 100 mL，调节溶液 pH 为 2.5～3.0。该溶液用极谱法从+0.2～0.4 V 在 0.25～0.50 V·s^{-1} 进行分析。采用标准加入法定量，无需从其他基体成分中进行铬的预分离。

1998 年，Dibrov 采用示波极谱法测定了铸铁和钢中的钒含量。样品用 30% HNO$_3$ 消解，浓缩至 10 mL，滴加 2 mol·L^{-1} NaOH 至沉淀完全。沉淀物溶解于 1 mol·L^{-1} H$_2$SO$_4$，用水稀释溶液至 100 mL。加入邻苯三酚和 KClO$_3$ 至 1～5 mL 分析液和足够的水中以溶解盐类。滴加甲基橙至溶液中和，再加入 0.85 g 酒石酸氢钾。溶液用水稀释至 50 mL，采用微分伏安法测定钒含量。检测限为 20 nmol·L^{-1}，10 倍量的 Sb、Pb 和 Bi 及 20 倍量的 Cu、Si、Mo（Ⅵ）、Ti（Ⅳ）和 Cd 对测定有干扰（朱志强等，2013）。

3. 安培法

2005 年，Ferreira 基于过氧化氢-氧化碘的催化反应，提出了流动注射安培分析法测定钼含量。方法检测限为 6×10^{-9} mol·L^{-1}，动态浓度范围 1×10^{-7}～5×10^{-5} mol·L^{-1}，通过氟离子去除铁的干扰后，测定钢铁样中钼的含量，测试值与标准值一致（朱志强等，2013）。

15.1.3　电极电位

将金属插入相应的金属盐溶液中，会有电位在电极上出现，就是电极电位。例如，锌片浸入合适的电解质溶液（如 $ZnSO_4$）中，由于金属中 Zn^{2+} 的化学势大于溶液中 Zn^{2+} 的化学势，锌会不断溶解下来进入溶液中。Zn^{2+} 进入溶液中，电子被留在金属片上，其结果是在金属与溶液的界面上金属带负电，溶液带正电，两相间形成了双电层，建立了电位差。这种双电层排斥 Zn^{2+} 继续进入溶液，金属表面的负电荷对溶液中的 Zn^{2+} 又有吸引，形成了相间平衡电极电位。

所谓标准电位即标准电极电位，是指在一定温度（通常为 25℃）下，氧化还原半反应中各组分都处于标准状态，即离子或分子的活度等于 $1\ mol\cdot L^{-1}$ 或 $\alpha_{Ox}/\alpha_{Red}=1$ 时的电极电位。若反应中有气体参加，则其分压等于 101.325 kPa。

氧化还原电对可粗略地分为可逆电对和不可逆电对两大类。可逆电对，如 Fe^{3+}/Fe^{2+}、I_2/I^-、Ce^{4+}/Ce^{3+} 等，能迅速地建立起氧化还原平衡，其电极电位基本符合能斯特方程计算的理论电极电位。不可逆电对，如 $Cr_2O_7^{2-}/Cr^{3+}$、SO_4^{2-}/SO_3^{2-}、MnO_4^-/Mn^{2+} 等，不能在氧化还原反应的任意瞬间建立起氧化还原平衡，实际电极电位与理论电极电位相差较大。对于不可逆电对，一方面没有其他比较简便的理论公式计算其电极电位，另一方面按能斯特方程计算的电极电位虽与实际测得的电位有差距，但仍有参考价值（廖力夫等，2015）。

不同的氧化剂和还原剂其氧化还原能力是不同的，可用电对的电极电位来衡量其氧化还原能力的大小。电对的电极电位越高，其氧化态的氧化能力越强，还原态的还原能力越弱；相反电对的电极电位越低，其还原态的还原能力越强，氧化态的氧化能力越弱。所以电对的电极电位大的氧化态物质可以氧化电极电位小的还原态物质。例如，

$$2ClO_2+5Mn^{2+}+6H_2O{=\!=\!=\!=}5MnO_2+12H^++2Cl^- \tag{15.3}$$

已知 $\varphi^{\ominus}_{ClO_2/Cl^-}=1.95\ V$，$\varphi^{\ominus}_{MnO_2/Mn^{2+}}=1.23\ V$，可见，$ClO_2/Cl^-$ 电对的电极电位大，则 ClO_2 的氧化能力强。作为氧化剂 MnO_2/Mn^{2+} 电对的电极电位小，则 Mn^{2+} 的还原能力强，作还原剂，反应向右进行。

15.1.4　电极电位的测定

1. 影响电极电位的因素

（1）离子强度的影响

电解质浓度的变化可使溶液中离子强度发生变化，从而改变氧化态和还原态的活度系数。在常见的氧化还原体系中，通常电解质浓度较大，所以离子强度也

较大。活度系数远远小于1，活度与浓度的差别较大，若用浓度代替活度，用能斯特方程计算的结果与实际情况有差异。但由于各种副反应对电极电位的影响远比离子强度的影响大，同时，离子强度的影响又难以校正（廖力夫等，2015）。因此，一般都忽略离子强度的影响（翁德会等，2013）。

（2）生成沉淀的影响

如果溶液中有能与氧化态或还原态物质生成沉淀的沉淀剂存在时，或者溶液中某种氧化态或还原态物质水解而生成沉淀时，则由于氧化态或还原态浓度的改变，而使氧化还原电对的电极电位发生改变。氧化态生成沉淀时使电对的电极电位降低，而还原态生成沉淀时使电对的电极电位升高（黄君礼等，2008）。

（3）配位效应

当溶液中存在能与电对氧化型或还原型生成配合物的配位剂时，如果配位剂与电对氧化型发生配位反应，降低电对氧化型的游离浓度，使电对的电极电位降低；如果配位剂与电对还原型发生配位反应，降低电对还原型的游离浓度，使电对的电极电位升高；如果配位剂既与电对氧化型发生配位反应，又与电对还原型发生配位反应，那么，生成的氧化型配合物稳定性大于还原型配合物，条件电位下降。反之，条件电位增加。

2. 电极电位的测定方法

电池都是由至少两个电极组成的，根据它们的电极电位，可以计算出电池的电动势。但是目前还无法测量单个电极的绝对电位值，只能测量整个电池的电动势（金惠玉，2012）。于是统一以标准氢电极（NHE）作为标准，并人为地规定它的电极电位为零，然后把它与待测电极组成电池，测得的电池电动势规定为该电极的电极电位。因此，目前通用的标准电极电位值都是相对值，即相对标准氢电极的电位而言的，并不是绝对值。

测量时规定将标准氢电极作为负极与待测电极组成电池：

标准氢电极‖待测电极

这样测得此电池的电动势就是待测电极的电位。

对于给定的电极而言，电极电位是一个确定的常量，它与反应物质的活度有关，它们之间的关系可用能斯特方程来表示（金惠玉，2012）。在使用能斯特方程式计算相关电对的电极电位时，应考虑以下两个问题：一是只知道电对氧化型和还原型的浓度，不知道它们的活度，而用浓度代替活度进行计算将导致误差。因此，必须引入相应的活度系数 γ_{Ox} 和 γ_{Red}。二是当条件改变时，电对氧化型、还原型的存在形式可能会发生改变，从而使电对氧化型、还原型的浓度改变，进而使电对的电极电位改变。为此，必须引入相应的副反应系数 α_{Ox} 和 α_{Red}。

15.2　电化学分析基础

电位分析法是最重要的电化学分析方法之一，各种高选择性离子选择性电极、生物膜电极及微电极的研究一直是分析化学中活跃的研究领域。电位分析法分为直接电位法和电位滴定法两类。直接电位法是通过测量电池电动势来确定待测物质浓度的方法；电位滴定法是通过测量滴定过程中电池电动势的变化来确定终点的滴定分析法（韩立和段迎超，2014）。

15.2.1　电位分析法原理

电位分析法的测量依据是能斯特方程。通过测量零电流条件下的电池电动势，利用指示电极电位与溶液活度之间的关系（能斯特方程）来进行分析的方法。电动势的测量需要构成一个化学电池，即由两个电极（指示电极和参比电极）和被测试样构成的电解质溶液组成（李国欣，2007）。

1. 参比电极

常用的参比电极有甘汞电极和银-氯化银电极。

甘汞电极是以甘汞（Hg_2Cl_2）饱和的一定浓度的氯化钾溶液为电解液的甘汞电极，其电极反应为

$$Hg_2Cl_2 + 2e^- \Longrightarrow 2Hg + 2Cl^- \tag{15.4}$$

甘汞电极的电极电位随温度和氯化钾的浓度变化而变化，表 15.1 中列出了不同温度和不同氯化钾浓度下甘汞电极的电极电位（韩立和段迎超，2014）。银-氯化银电极也是浸在氯化钾中的涂有氯化银的银电极，其电极反应为

$$AgCl + e^- \Longrightarrow Ag + Cl^- \tag{15.5}$$

表 15.1　不同 KCl 浓度下的电极电位

KCl 溶液浓度/（mol·L^{-1}）	甘汞电极/V	Ag-AgCl 电极电位/V
0.1	0.3337	0.2880
1	0.2807	0.2223
饱和	0.2415	0.2000

2. 指示电极

指示电极的作用是指示与被测物质的浓度相关的电极电位。指示电极对被测

物质的指示是有选择性的，一种指示电极往往对特定离子显示出高选择性。所以通常将离子选择性电极作为指示电极，其特性决定了测定对象及其性能。

离子选择性电极也是一个电化学传感器，其关键是使用了选择膜的敏感元件，所以又称为膜电极。离子选择性电极的基本构造包括三部分：①敏感膜，这是最关键的部分；②内参比液，它含有与膜及内参比电极响应的离子；③内参比电极，通常用 Ag-AgCl 电极。离子选择性电极的膜电位与有关离子浓度的关系符合能斯特方程，但膜电位的产生机理与其他电极不同，膜电位的产生是由于离子交换或扩散的结果。在敏感膜上并不发生电子得失，只是在膜的两个表面上发生离子交换，形成膜电位。

各种类型的离子选择性电极的响应机理虽各有特点，但其电位产生的基本原理基本相同，关键都在于膜电位（金惠玉，2012）。在敏感膜与溶液两相间的界面上，由于离子扩散，产生了相间电位（道内电位）；在膜相内部，膜内外的表面和膜本体的两个界面上尚有扩散电位产生，其大小应该相同。

15.2.2　离子选择性电极分析法

20 世纪 90 年代以来，在电位分析法的领域内发展起来一个新兴而活跃的分支——离子选择性电极（ion selective electrode）分析法（冯玉杰，2002）。离子选择性电极是一种化学敏感器或膜电极，是以选择性膜对特定离子产生选择性响应，从而指示溶液中该待测离子的活度（浓度）的指示电极。在样品溶液中同时浸入电极电位稳定的参比电极和电极电位随待测离子活度改变而改变的指示电极组成电池，测定该电池电动势，从而求出待测离子含量。离子选择电极法是国家标准所规定的用于检测食品中氟（GB/T 5009.18—2003）等元素的方法。

1. 离子选择电极法的特点

该法具有灵敏度高（对于某些离子的测定灵敏度可达 10^{-6} 数量级）；选择性好；仪器设备简单，价格便宜，简便快速；样品用量少；适于现场测量，易于推广；能直接测定液体试样，而不受颜色和浊度的干扰；对复杂样品无需预处理，操作方便、有利于连续与自动分析等优点，因此发展极为迅速。但是也存在一些不足，如测量偏差较大、电极寿命短等（章家恩，2007；顾佳丽和赵刚，2013）。

2. 离子选择性电极的构造

各种离子选择性电极的构造随薄膜（敏感膜）不同而略有不同，但一般都由薄膜及其支持体，内参比溶液（含有与待测离子相同的离子），内参比电极（Ag/AgCl 电极）等组成。用离子选择性电极测定有关离子，一般都是基于内部溶液与外部溶液之间产生的电位差，即膜电位。

3. 离子选择性电极的种类

离子选择性电极的种类繁多，且与日俱增。1976 年 IUPAC 基于离子选择性电极绝大多数都是膜电极这一事实，依据膜特征，将离子选择性电极分为以下几类。

（1）晶体（膜）电极

这类电极的薄膜一般都是由难溶盐经过加压或拉制成单晶、多晶或混晶的活性膜。由于制备敏感膜的方法不同，晶体膜又可分为均相膜和非均相膜两类。均相膜电极的敏感膜由一种或几种化合物的均匀混合物的晶体构成，而非均相膜除了电活性物质外，还加入某种惰性材料，如硅橡胶、聚氯乙烯、聚苯乙烯、石蜡等。其中电活性物质对膜电极的功能起决定性作用（顾佳丽和赵刚，2013）。

氟离子选择性电极是这种电极的代表。将氟化镧单晶[掺入微量氟化铕（Ⅱ）以增加导电性]封在塑料管的一端，管内装 $0.1\ mol\cdot L^{-1}$ NaF-$0.1\ mol\cdot L^{-1}$ NaCl 溶液（内部溶液），以 Ag-AgCl 电极作内参比电极，即构成氟电极。氟化镧单晶可移动离子是 F^-（即由 F^- 传递电荷），所以电极电位反映试液中 F^- 的活度：

$$\Delta E = K - \frac{2.303RT}{F}\lg a_{F} \qquad (15.6)$$

一般在 $1 \sim 10^{-6}\ mol\cdot L^{-1}$ 范围内其电极电位符合能斯特公式。电极的检测下限实际由单晶的溶度积决定。LaF_3 饱和溶液中氟离子活度约为 $10^{-7}\ mol\cdot L^{-1}$ 数量级，因此氟电极在纯水体系中检测下限最低为 $10^{-7}\ mol\cdot L^{-1}$ 左右。

氟电极具有较好的选择性，主要干扰物质是 OH^-。产生干扰的原因，很可能是在膜表面发生如下反应：

$$LaF_3 + 3OH^- \longrightarrow La(OH)_3 + 3F^- \qquad (15.7)$$

反应产物 F^- 为电极本身的响应而造成正干扰。在较高酸度时由于形成 HF_2^- 而降低氟离子活度，因此测定时需控制试液 pH 为 $5 \sim 6$。镧的强络合剂会溶解 LaF_3，使 F^- 活度的响应范围缩短（高向阳，2013）。

（2）非晶体（膜）电极——刚性基质电极

玻璃电极属于刚性基质电极，它是出现最早，至今仍属应用最广的一类离子选择性电极。除此以外，钠玻璃电极（pNa 电极）也为较重要的一种。其结构与pH 玻璃电极相似，选择性主要取决于玻璃组成。

（3）活动载体电极（液膜电极）

此类电极是用浸有某种液体离子交换剂的惰性多孔膜作电极膜制成。Ca^{2+}选择性电极是这类电极的一个重要例子。电极内装有两种溶液，一种是内部溶液（ $0.1\ mol\cdot L^{-1}$ $CaCl_2$ 水溶液），其中插入内参比电极（Ag-AgCl 电极）；另一种是液体离子交换剂，它是一种水不溶的非水溶液，如 $0.1\ mol\cdot L^{-1}$ 二癸基膦酸钙的苯基膦酸二辛酯溶液，底部用多孔性膜材料如纤维素渗析膜与外部溶液隔开，这种多孔性膜是憎水性的，仅支持离子交换剂液体形成一薄膜。

（4）敏化电极

此类电极包括气敏电极、酶电极等。气敏电极是基于界面化学反应的敏化电极。实际上，它是一种化学电池，由一对电极，即离子选择性电极（指示电极）与参比电极组成（李志富和陈建平，2015）。这一对电极组装在一个套管内，管内盛电解质溶液，管的底部紧靠选择性电极敏感膜，装有透气膜，使电解液与外部试液隔开。试液中待测组分气体扩散通过透气膜，进入离子电极的敏感膜与透气膜之间的极薄液层内，使液层内某一能由离子电极测出的离子活度发生变化，从而使电池电动势发生变化而反映出试液中待测组分的量。由此可见，将气敏电极称为电极似不确切，故有的资料称为"探头"、"探测器"或"传感器"（郭明等，2013；顾佳丽和赵刚，2013）。

15.2.3 电位分析法的应用

电位分析法是一种经典而重要的电化学分析方法，包括直接电位分析法和电位滴定分析法。由于具有结构简单、响应快、选择性好、线性范围宽等特点尤其是各种微型电极的问世，使电位分析法在农林科学食品科学等实验中具有较好的应用前景。目前，利用选择性电极可以测定样品的 pH、K^+、Na^+、NH_4^+、Cu^{2+} 等项目。

1. 直接电位法

（1）pH 测定

在溶液 pH 测定时，常使用饱和甘汞电极与玻璃电极。因为玻璃电极电位中包含了无法确定的不对称电位，所以采用比较法来确定待测溶液的 pH，即采用 pH 已知的标准缓冲溶液 s 和 pH 待测的试液 x，测定各自的电动势。IUPAC 推荐作为 pH 的实用定义（金惠玉，2012）。使用时要尽量使温度保持恒定，并选用与待测溶液 pH 接近的标准缓冲溶液（白玲等，2013）。

（2）离子活（浓）度测定

与 pH 的测定相似，离子活度的测定是将离子选择电极浸入待测溶液中，与饱和甘汞电极组成电池，测得电池电动势为

$$E = K' \pm \frac{0.059}{n} \times \lg a_i = K' \pm \frac{0.059}{n} \times \lg \gamma_i C_i \qquad （15.8）$$

离子选择性电极测的是离子活度，而通常在分析时要求测定的一般是离子浓度。如果分析时能控制标准溶液和试液的总离子强度一致，那么标准溶液和待测试液中被测离子的活度系数 γ_i 也就相同，则 $0.059 \times \lg \gamma_i$ 视为常数，与常数项 K'

合并为 K，即得到如下关系

$$E = K' \pm \frac{0.059}{n} \times \lg C_i \qquad (15.9)$$

实际工作中，通常采用加入"总离子强度调节缓冲溶液"（TISAB）来控制溶液的总离子强度。TISAB 一般由中性电解质、掩蔽剂和缓冲溶液组成，它有着恒定溶液离子强度、控制溶液 pH 及掩蔽干扰离子的作用，直接影响测定结果的准确性（慕慧，2013）。

2. 电位滴定法

电位滴定法与直接电位法不同，它是以测量工作电池电动势的变化为基础，根据滴定过程中电位的变化确定理论终点。准确度和精密度较高，但分析时间较长，如能使用自动电位滴定仪和计算机工作站，则可达到简便、快速的目的。

电位滴定法适用于平衡常数较小、滴定突跃不明显、试液有色或浑浊的酸碱、沉淀、氧化还原和配位滴定反应等，还能用于混合物溶液的连续滴定及非水介质的滴定。

电位滴定法使用的基本仪器装置与直接电位法相似，也是由一支指示电极和一支参比电极插入待测试液组成工作电池，不同之处是有滴定管和搅拌器。滴定过程中，每滴入一定量的滴定剂，测量一次电动势，直到超过化学计量点为止。这样就得到一系列滴定剂的体积（V）和相应的电动势（E）数据。根据所得到的数据确定终点。应该注意，在化学计量点附近每加入 0.1~0.2 mL 等体积的滴定剂就测量一次电动势。

15.3　电极的分类

电极是将溶液的浓度信息转变成电信号的一种传感器或者是提供电子交换的场所。电极的种类很多，若按电极在测量过程中的作用，可分为参比电极和指示电极；若按工作性质可分为工作电极和辅助电极；若按电极特性可分为惰性电极、金属电极、膜电极（离子选择电极）、微电极、化学修饰电极等（金惠玉，2012）。电分析化学通常使用的电极可按电极反应的机理、电极作用及电极工作性质进行分类（谢德明等，2013）。

15.3.1　根据电极反应的机理分类

按电极电位形成的机理可将电极分为金属基电极和膜电极两大类。

1. 金属基电极

1）第一类电极是由金属浸入含有该金属离子的溶液组成，也称为金属电极，如 $Ag^+|Ag$ 组成的银电极，电极反应是

$$Ag^+ + e^- = Ag \qquad (15.10)$$

2）第二类电极由金属、该金属的难溶盐的阴离子溶液组成的电极，如银-氯化银电极：

$$AgCl + e^- = Ag + Cl^- \qquad (15.11)$$

3）第三类电极指金属与两种具有共同阴离子的难溶盐（或难解离的络离子）组成的电极体系，如汞-草酸亚汞-草酸钙-钙离子电极，该电极可用符号记为

$$Hg \mid Hg_2C_2O_4 \mid CaC_2O_4 \mid Ca^{2+}$$

因为存在如下化学平衡

$$Hg_2^{2+} + 2e^- = 2Hg \qquad (15.12)$$

$$Hg_2C_2O_4 = Hg_2^{2+} + C_2O_4^{2-} \qquad (15.13)$$

$$C_2O_4^{2-} + Ca^{2+} = CaC_2O_4 \qquad (15.14)$$

三式相加可得

$$Hg_2C_2O_4 + Ca^{2+} + 2e^- = 2Hg + CaC_2O_4 \qquad (15.15)$$

4）零类电极由惰性金属与含有可溶性的氧化和还原物质的溶液组成的电极，称为零类电极，如 $Pt|Fe^{2+}, Fe^{3+}$ 电极，电极反应为

$$Fe^{3+} + e^- = Fe^{2+} \qquad (15.16)$$

这类电极本身不参与电极反应，仅作为氧化态和还原态物质传递电子的场所。

2. 膜电极

离子选择性电极是通过电极上的敏感膜对某种特定离子具有选择性的电位响应而作为指示电极的。它所指示的电极电位值与相应离子活度的关系符合能斯特方程。离子选择性电极在基本原理上与金属基电极有本质的不同，在电极的薄膜处不发生电子转移，而是选择性地让某些特定离子渗透，由于离子迁移而发生离子交换。离子选择性电极是一类电化学传感器，由于其敏感膜对于特定离子有显著的交换作用，所以这类电极又称为膜电极。

根据离子选择电极敏感膜的组成和结构，原电极是指敏感膜直接与试液接触的离子选择性电极，根据膜材料性质的不同，可将其分为晶体膜电极和非晶体膜电极两类。敏化电极则是在原电极的基础上，对其敏感膜采取某些特殊措施，使之不仅能响应离子，而且能响应分子、霉素、微生物等物质。这里主要介绍玻璃膜电极（以 pH 玻璃电极作代表）及常用的离子选择性电极（万立骏，2011）。

玻璃电极包括对 H^+ 响应的 pH 玻璃电极和对 Na^+、K^+ 响应的 pNa、pK 玻璃电极等。最早也是最广泛被应用的膜电极是 pH 玻璃电极（田京城和苏永祥，2005）。它是电位法测定溶液 pH 的指示电极。玻璃电极的下端是由特殊成分的玻璃吹制而成的球状薄膜，膜的厚度为 0.1 mm。玻璃管内装一定 pH（如 pH=7）的缓冲溶液并插入 Ag/AgCl 电极作为内参比电极。

敏感的玻璃膜是电极对 H^+、Na^+、K^+ 等产生电位响应的关键。它的化学组成对电极的性质有很大的影响。石英是纯 SiO_2 结构，它没有可供离子交换的电荷点，所以没有响应离子的功能。当加入碱金属的氧化物后使部分硅-氧键断裂，生成固定的带负电荷的硅-氧骨架，正离子 Na^+ 就可能在骨架的网络中活动。电荷的传导也由 Na^+ 来担任。当玻璃电极与水溶液接触时，原来骨架中的 Na^+ 与水中 H^+ 发生交换反应，形成水化层。

$$G^-Na^+ + H^+ \rightleftharpoons G^-H^+ + Na^+ \qquad （15.17）$$

因此在水中浸泡后的玻璃膜可以由三部分组成：两个水化层和一个干玻璃层。

在水化层中，由于硅氧结构与 H^+ 的键合强度远远大于它与 Na^+ 的强度，在酸性和中性溶液中，水化层表面 Na^+ 点位基本上被 H^+ 所占有（田京城和苏永祥，2005）。H_2O 的存在，使 H^+ 大多以 H_3O^+ 的形式存在，在水化层中 H^+ 的扩散速度较快，电阻较小。由水化层到干玻璃层，氢离子的数目渐次减少，Na^+ 数目相应增加。在水化层和干玻璃层之间为过渡层，其中 H^+ 在未水化的玻璃中扩散系数很小，其电阻率较高，甚至高于以 Na^+ 为主的干玻璃层 1000 倍。这里的 Na^+ 被 H^+ 代替后，使玻璃的阻抗增加。

水化层中的 H^+ 与溶液中的 H^+ 能进行交换。在交换过程中，水化层得到或失去 H^+ 都会影响水化层和溶液界面的电位。这种 H^+ 的交换，在玻璃膜的内外相界面上形成了双电层结构，产生两个相界电位（田京城和苏永祥，2005）。在内外两个水化层与干玻璃层之间又形成两个扩散电位。若玻璃膜两侧的水化层性质完全相同，则其内部形成的两个扩散电位大小相等，但符号相反，结果互相抵消。因此玻璃膜的电位主要取决于内外两个水化层与溶液的相界电位。

除上述两大类电极外，按电极的反应机理分类还有修饰电极和超微电极等。

15.3.2　根据电极所起的作用分类

1. 工作电极

通常对于工作电极的基本要求是：所研究的电化学反应不会因电极自身所发生的反应而受到影响，并且能够在较大的电位区域中进行测定；电极不与溶剂或电解液组分发生反应；电极面积不宜太大，电极表面最好是均一平滑的，且能够通过简单的方法进行表面净化等。各式各样的能导电的材料均能用作电极，工作电极可以是固体，也可以是液体。最普通的"惰性"固体电极材料有玻碳、铂、金、银、铅和导电玻璃等。在液体电极中，汞和汞齐是最常用的工作电极，由于液体具有可重现的均相表面，制备和保持清洁都比较容易。采用固体电极时，为了保证实验的重现性，必须注意建立合适的电极预处理步骤，以保证电极表面氧化还原、表面形貌和不存在吸附杂质的可重现状态。

化学电源中电极材料可以参加成流反应，本身可溶解或化学组成发生改变。而在电解过程中，电极一般不参加化学或电化学反应，只是将电能传递至发生电化学反应的"电极//溶液"界面。制备在电解过程中能长时间保持本身性能的不溶性电极一直是电化学工业中最复杂也是最困难的问题之一。

在选定工作电极进行研究之前，必须先要对其表面进行处理，对多晶体电极的处理多采用抛光除锈、洗涤去污等方法。近几年来，随着固/液界面研究的发展，使单晶体电极得到了极大的重视和广泛应用，主要是由于单晶体的晶体结构及表面的原子排列已被逐渐了解，这对于定量研究电极表面电化学过程，以及确定不同条件下固/液界面的原子分子行为起到了极大的推进作用，明确认识吸附物与电极表面的位置与键接关系，对许多相关学科的发展具有重要意义。单晶电极的处理比多晶电极复杂，因为经过处理的单晶无论是用于电化学测量还是电化学 STM研究，都要求表面达到原子级规则和平整。通常将电极材料分为活泼金属类、贵金属类和半导体类，但通常实验中使用的电极材料为活泼金属类。下面对活泼金属（如 Cu、Fe、Ni、Co 等）的处理方法作简要介绍。

实验中所用的这类金属通常是商品化单晶，商品化单晶多是表面已经达到一定的抛光要求，但有的尚未达到要求或因使用后表面凹凸不平。在发现表面未达到要求时要先进行机械抛光，但经过机械抛光尚达不到原子级平整度的要求则还需进行电解抛光。电解抛光是将单晶在特殊的电解液中进行阳极溶解，从而达到表面平整化的表面处理方法。电解液的选择及温度、电压和电流的控制是决定电解抛光质量的技术关键。电解液因抛光材料不同而有很大区别，一般说来，钢铁、铝及不锈钢等多用高氯酸或磷酸，浓度可从 2%到 50%，有时加入少量乙酸或其他有机物，可在常温下或干冰温度下使用。金与银抛光时，除可用上述电解质溶液外，大多在氰化盐溶液中进行（万力骏，2011）。

2．参比电极

参比电极（reference electrode，RE）是与被测物质无关、电位已知且稳定，提供测量电位参考的电极。参比电极上基本没有电流通过，用于测定研究电极（相对于参比电极）的电极电势。在控制电位实验中，因为参比半电池保持固定的电势，因此加到电化学电池上的电势的任何变化值直接表现在"工作电极/电解质溶液"的界面上。与标准氢电极一致的是：当研究电极相对于参比电极为正极时，则 $\varphi=\varphi_{研}-\varphi_{参}$，$\varphi_{研}=\varphi_{参}+\varphi$，当研究电极为负极时，$\varphi=\varphi_{参}-\varphi_{研}$，$\varphi_{研}=\varphi_{参}-\varphi$。对参比电极的要求如下所述。

1）电极电势已知且稳定、重现性好的可逆电极。即电极过程的交换电流密度相当高，是不极化或难极化的电极体系，因此能迅速建立热力学平衡电位，其电极电势符合能斯特方程。流过微小电流（$i\ll i^0$）时的极化也较小，且电极电势能迅速恢复。由于现在恒电位仪的性能已有明显提高，电流测量的下限也扩展到 pA 级，$i\ll i^0$ 已变得很容易做到。

2）工作介质与参比电极内的电解液之间不能互相污染，基本上不产生液接电位，或通过计算易于修正。

3）电极电位的温度系数小。

4）电极结构坚固，材料稳定，抗介质腐蚀也不污染实验介质。参比电极插入介质不会扰乱待测体系（谢德明，2009）。在电化学测试时，需要注意的是，温度、光线、电解质浓度和沾污、电解质中的气泡等因素都可能影响到参比电极的电位，电解质中的气泡甚至可能导致参比电极断路。

15.3.3　根据电极工作性质分类

1．指示电极

电势法是通过测量原电池电动势来确定被测离子浓度的方法（阎芳和马丽英，2014）。通常是将两个不同电极插入被测溶液中组成电池，利用其电动势与溶液中离子浓度之间的定量关系测得离子浓度。在两个电极中，一个电极的电极电势是已知的，且不受试液组成变化影响，这个电极称为参比电极；另一个电极的电极电势与被测离子浓度有关，它们之间具有能斯特响应，该电极称为指示电极。

2．辅助电极

辅助电极也称为对电极（胡会利和李宁，2007）。辅助电极（counter electrode，CE）的作用比较简单，它和工作电极组成一个串联回路，使得工作电极上电流畅通。在电化学实验中通常选用性质比较稳定的材料作辅助电极，如铂或碳电极。为了减少辅助电极极化对工作电极的影响，辅助电极本身电阻要小，并且不容易极化，同时对其面积、形状和位置也有要求，其面积通常要较研究电极大。当研究电极的面积非常小时，$I_{极化}$引起的辅助电极的极化可以忽略不计，即辅助电极的电势在测量中始终保持为一个稳定值，此时辅助电极可以作为测量回路中的电势基准，即参比电极。

参 考 文 献

白玲，郭会时，刘文杰. 2013. 仪器分析. 北京: 化学工业出版社

冯玉杰等. 2002. 电化学技术在环境工程中的应用. 北京: 化学工业出版社

高向阳. 2013. 新编仪器分析. 4 版. 北京: 科学出版社

顾佳丽，赵刚. 2013. 食品中的元素与检测技术. 北京: 中国石化出版社

郭明，胡润淮，吴荣晖，等. 2013. 实用仪器分析教程. 杭州: 浙江大学出版社

韩立，段迎超. 2014. 仪器分析. 长春: 吉林大学出版社

胡会利，李宁. 2007. 电化学测量. 北京: 国防工业出版社

黄君礼. 2008. 水分析化学. 3 版. 北京: 中国建筑工业出版社

金惠玉. 2012. 现代仪器分析. 哈尔滨: 哈尔滨工业大学出版社

李成平，饶桂维，傅得锋. 2013. 现代仪器分析实验. 北京: 化学工业出版社

李国欣. 2007. 新型化学电源技术概论. 上海: 上海科学技术出版社

李志富，陈建平. 2015. 分析化学. 武汉: 华中科技大学出版社

廖力夫，刘晓庚，邱凤仙. 2015. 分析化学. 武汉: 华中科技大学出版社

刘长春，田京城，苏永祥. 2005. 精馏 PVC 残液的综合利用研究 (一)——低毒塑料专用胶粘剂的制备与应用. 包装工程，26(2): 21-23

慕慧主. 2013. 基础化学. 3 版. 北京: 科学出版社

宋吉娜. 2013. 水分析化学. 北京: 北京大学出版社

田京城，苏永祥. 2007. 仪器分析. 哈尔滨: 哈尔滨地图出版社

万立骏. 2005. 电化学扫描隧道显微术及其应用. 北京: 科学出版社

万立骏. 2011. 电化学扫描隧道显微术及其应用. 2 版. 北京: 科学出版社

翁德会，操燕明，许腊英. 2013. 分析化学. 北京: 北京大学出版社

谢德明，童少平，曹江林. 2013. 应用电化学基础. 北京: 化学工业出版社

谢德明. 2009. 工业电化学基础. 北京: 化学工业出版社

阎芳，马丽英. 2014. 基础化学. 济南: 山东人民出版社

章家恩. 2007. 生态学常用实验研究方法与技术. 北京: 化学工业出版社

朱志强，许玉宇，顾伟. 2013. 钢分析化学与物理检测. 北京: 冶金工业出版社

第16章 质谱分析法

16.1 质谱分析法的基本原理

质谱分析法（mass spectrometry，MS），是通过对样品离子的质电荷比及强度的测定来进行定性和定量的一种广泛应用的分析方法。利用质谱分析法进行分析的流程如下：先把试样气化成气态的原子或分子，再使其电离成带电离子，随后根据离子质荷比（离子质量同其所带电荷的比值，用 m/z 表示）的大小依次进行排序，测其强度，获得质谱图。横坐标代表质荷比（m/z），纵坐标表示的是离子的相对丰度（%）。根据质荷比能够确定离子质量，进而可以对试样进行结构分析及定性分析，即根据各离子的高峰值进行定量分析（应敏，2015）。

以离子流强度最大的质荷比作基峰，将该峰确定为100%，再将基峰高度分别除以其他峰高度，如此获得的百分数则为相对丰度。实验中记录仪所记录的真实质谱是一个个尖峰，称为峰形质谱图或原始质谱图，为便于解析，便把峰状图转化成棒状图的形式，分析起来更简明直观。离子的质量（m）通过质量单位（atomic mass unit，符号 amu 或 u）度量体现。

质谱分析技术具有诸多优点，使其能广泛应用于各个领域中，其特点如下所述。

1）质谱仪有很多种类且被广泛应用。它既可以对样品进行同位素分析，又可以进行化合物分析。在化合物分析中，被分析的样品可以是任何状态，不仅可以做无机成分分析，还可以做有机结构分析（郭旭明和韩建国，2014）。

2）其灵敏度高的特性可以减少样品的使用量，目前有机质谱仪的绝对灵敏度可以达到 $10\sim11$ g，用微克量级的样品即可得到分析结果。

3）质谱分析具有极快的分析速度，扫描 $1\sim100$ amu 一般仅需几秒，最快可达千分之一秒，因此，可以实现色谱/质谱的在线联用。

1913 年英国著名科学家汤姆逊（Thomson）采用了质谱技术对氖的同位素 20 Ne 与 22 Ne 进行测定分析。20 世纪中期，质谱技术有效地促进了石油业的发展。随后该项分析技术在石油、有机、地球、食品、药物、生物、环保及农业等领域都得到了广泛的应用，其主要用途可大致概括如下。

1）鉴定化合物：若可以预先估计出试样的构造，再使用同样的操作条件、相同的装置对标准试样及位置试样进行测定，则通过比较其图谱便能够进行鉴定。

2）测定相对分子质量：通过高分辨率质谱得到离子峰质量数，能够精确测出物质的相对分子质量。

3）测分子中氯、溴等原子数：对于同位素含量较多的元素（如 Cl、Br 等）而言，能够根据同位素的强度比及其分布特征推测出原子总个数（陈耀祖，1981）。

4）推测未知物构造：由离子、分子及碎片离子中获取的信息能够对分子构造进行推测。

5）质谱和色谱联用：该联用技术可用在对更多组成成分的定性及定量测定中，通过选择离子检测（selected ion monitoring, SIM）能得到极高的选择性及灵敏性，是迄今为止分析痕量最有效的手段之一。

质谱分析技术原理如下所述。

质谱分析就是把试样转化成运动的带电气态离子碎片，在磁场里根据质荷比（m/z）的大小进行分离并分析的方法。离子源中样品被气化、电离。于 10^{-5} Pa 的高真空条件下，使用电子轰击技术以具有 50～100 eV 能量的电子流对样品进行轰击，试样分子便会被击出一个电子，成为带有一个正电荷的离子（洪山海，1980）。

$$M + e^- \longrightarrow M^+ + 2e^- \tag{16.1}$$

其中，M 表示分子； M^+ 表示分子离子。

分子离子 M^+ 的化学键能够继续发生断裂，成为碎片离子。碎片离子同样能够继续断裂，变成质荷比各不相同的离子，为样品分子的构造分析提供信息（曾泳淮，2003）。

质谱分析仪内，正离子会被电位差在 800～8000 V 之间的负压电场加速，被加速后正离子的动能值就等于离子位能值 zU，即

$$\frac{1}{2}mv^2 = zU \tag{16.2}$$

其中，m 表示离子的质量；v 表示离子速度；z 表示离子所带电荷数；U 表示加速电场的电压。被加速的离子进入磁场后，受到磁力作用，离子便开始做弧形运动，这时离子受到的向心力 Bzv 与其离心力 mv^2/R 值相同，即

$$mv^2 / R = Bzv \tag{16.3}$$

离子的质荷比同离子运动时其轨道半径 R 的关系为

$$\frac{m}{z} = \frac{B^2 R^2}{2U} \tag{16.4}$$

$$R = (\frac{2U}{B^2} \frac{m}{z})^{1/2} \qquad (16.5)$$

其中，B 表示磁场的强度；U 表示电场强度；Z 表示离子的电荷数。质谱分析技术的基本公式称为质谱方程式，代表了离子质荷比同其运动轨道半径 R 之间的关系，也是质谱仪设计的主要依据来源。

由式（16.4）可知，离子位于磁场中的运动半径 R 与 m/z、H 及 U 密切相关。如果加速电压 U 与磁场强度 H 一定，由于离子的 m/z 值不同，其运动曲线的半径就不相同，便能够在质量分析仪中实现彼此的分离，同时记录了所有 m/z 离子的相对强度（刘约权，2006）。

16.2 质 谱 仪

16.2.1 质谱仪的基本组成

质谱仪共由六部分组成：真空系统、进样系统、离子源、质量分析器、离子检测器和计算机自控及数据处理系统。

16.2.2 质谱仪的技术指标

技术指标是衡量质谱仪性能的唯一标准，每位实验者必须掌握这些基础数据。

1. 分辨率

分辨率代表设备对离子质量的鉴识能力。分辨率的定义为：对两个强度相等已经分开的相邻峰，分辨率 R 的计算公式如下

$$R = \frac{m_2}{m_2 - m_1} = \frac{m_2}{\Delta m} \qquad (16.6)$$

其中，m_1、m_2 表示质量数（$m_1 < m_2$）。一般情况下，若相近两个峰的重叠部分小于峰高的 1/10，就认为它们"已经分开"。两峰间质量的差值越小，检测分析的质量越大，那么就要求设备分辨率 R 值越大。在实际的工作中也不是很容易能够找到"两个强度相等的相邻峰"。

一般把分辨率 R 用在分析能否分开的可能性中，所以"强度相等"可以取相近值。依照分辨率的不同，可将质谱仪分为低、中、高三个等级。低分辨率的质谱仪仅仅能够给出整数位的离子质量，中分辨率的质谱仪能够精确至离子质量的小数点后四位，而高分辨率的质谱仪可精确至小数点后五位，其 R 值能

够达到 100 000，可提供出有机化合物精细构造的准确信息。R 值约为 500 时，质谱仪便能够达到有机分析的要求。高分辨质谱仪价格要比低分辨质谱仪价格高出 3 倍以上（赵藻藩等，1990）。

2. 灵敏度

灵敏度的定义：在一定的操作条件下，质谱仪能给出定性信息（信噪比）时，所需样品的最小量（克）。在对灵敏度进行测试时，特别是在比较不同种质谱仪时，需要明确其操作的条件与信噪比标准。只有操作条件是相同的，彼此间才有可比性而言。某家企业的质谱仪标有：采用 EI 源，全扫描方式（SCAN），进 1 pg 八氟萘样品，其信噪比大于 10∶1。而另一企业生产的质谱仪标有：EI 源，SCAN 方式，进 10 pg 八氟萘样品，信噪比大于 40∶1。很明显，第一家企业生产的质谱仪具有更高的灵敏度（倪坤仪，2005）。

3. 质量范围

质量范围的定义：质谱仪所能测量的离子质荷比范围。若离子仅携带一个电荷，那么实际上测得的质荷比范围即为可测的原子或分子质量范围。HP5973 台式质谱仪其质谱范围在 3～800 u 之间。

16.2.3 质谱仪的主要部件

1. 真空系统

采用质谱技术进行分析时，需要削弱背景，并且降低离子之间或者离子同分子间碰撞的概率，因此规定检测器与离子源质量分析器一定要处在高真空状态中。一般采用分子泵及机械泵预抽成真空，随后再使用高效扩散泵抽成高真空。

2. 进样系统

目前，用在有机分析中的进样装置主要包括直接进样器、液相色谱仪及气相色谱仪三种。直接进样器，又名探针。将少许的试样（纯净的固、液试样）置入探针的小舟内，再直接上离子源，经过升温、气化、离子化等过程，便得到了质谱图。这种进样系统用于纯物质的分析，简洁、易操作、灵敏度较高。

（1）间歇式进样

通常检测气体及易挥发液体样品时多采取此进样方式。样品进到储样器后，调节温度到 150℃，令样品蒸发，存在的压力梯度使得样品蒸气通过漏孔扩散至离子源内。

（2）直接进样

一般地，高沸点液体及固体样品可通过探针杆或者直接进样的方式进入离子源，调节至一定温度后，则将样品气化。直接进样法能够把微克量级的样品送到电离室内。

（3）色谱进样

目前较多采用色谱、质谱联用对有机化合物进行分析，此时试样经色谱柱分离后，通过接口单元到达质谱仪离子源中。质谱、色谱的联用能够使仪器在分析时既具有色谱技术优良的分离性能，又兼有质谱技术极强的鉴定能力，二者联用成为至今为止应用在复杂混合物分析中最为有效的手段之一。

3. 离子源

离子源为产生离子的装置。离子源的作用是将试样内的中性分子转换成带电离子，同时将离子引出、聚焦并加速。离子源的性能直接影响了质谱仪的灵敏度及分辨率。离子源的类型主要包括电子轰击（EI）源、火花离子化（SI）源、化学离子化（CI）源、快速原子轰击（FAB）源、场致离子化（FI）源等。本节将着重介绍应用相对广泛的 EI 源、CI 源及 FAB 源。

（1）EI 源

EI 源的工作原理是试样的蒸气原子或分子在受到一定的能量电子轰击时，丧失电子，成为带正电离子。当试样分子较为复杂时，还会得到部分碎片离子。这个过程称为电子轰击离子化。

$$M + e^- \longrightarrow M^+ + 2e^- \tag{16.7}$$

其中，M 表示分子；M^+ 表示失去一个电子后的分子离子。通常而言，轰击电子所使用的能量在高于试样分子的离子化能时，就能使样品分子电离，不过此时离子化效率会很低。实验表明，要想形成比较稳定的离子流，电子加速电压应在 $50 \sim 100 \text{ V}$（一般为 70 V）之间，此时离子化效率较高；所以，普遍均使用 70 V 电压的质谱作标准谱，做成质谱数据库。

气化后的试样分子/原子从进孔处进到电离室中，被铼丝或钨丝所制成的灯丝发射出的电子束轰击，从而丧失电子，变成带正电的离子，并于加速电极（负电）及推斥极（正电）的作用下，通过狭缝聚焦后以离子束的形式进到质量分析仪中。灯丝发射后剩余的电子则被收集极（正电）所吸收。

EI 源同其他的离子源相较，具有构造简单、操作便捷、电离效率相对较高、离子能量分数较小等优点。EI 源的这些特质保证了质谱设备的高分辨率与高灵敏度，为质谱仪普遍使用的电离方式。EI 源的不足之处是试样只有气化成分子的状态后才可以进到电离室进行电离，它不适用不易于挥发与热稳定性较差的试样。使用 EI 源时偶尔还会有得不到分子离子峰的现象，对于确定分子的质量及结构分析十分不利。

（2）CI 源

CI 源的工作原理是利用试样蒸气分子与反应气体离子的相互作用，从而将试样分子实现离子化。现将 CH_4 作反应气，XH 作试样分子为例，阐释化学电离的详细过程。电离室内，要控制试样分子的含量是反应气分子总量的 0.1%。那么，在电子轰击的作用下，反应气甲烷（CH_4）发生了电离：

$$CH_4 + e^- \longrightarrow CH_4^+ + CH_3^+ + CH_2^+ + CH^+ + C^+ + H_2^+ + H^+ + ne^- \qquad （16.8）$$

根据质谱的测定能够得出，其中的 CH_4^+ 与 CH_3^+ 占到所有离子的 90%。这些离子能够继续同反应气甲烷作用，形成新离子。

$$CH_4^+ + CH_4 \longrightarrow CH_5^+ + CH_3 \qquad （16.9）$$

$$CH_3^+ + CH_4 \longrightarrow C_2H_5^+ + H_2 \qquad （16.10）$$

形成的 CH_5^+ 与 $C_2H_5^+$ 不会同中性的甲烷再进行反应，但能与试样分子 XH 进行卜续反应：

$$CH_5^+ + XH \longrightarrow XH_2^+ + CH_4 \qquad （16.11）$$

$$C_2H_5^+ + XH \longrightarrow X^+ + C_2H_6 \qquad （16.12）$$

$$C_2H_5^+ + HX \longrightarrow XH_2^+ \qquad （16.13）$$

由此，离子化的过程中形成了 XH_2^+ 与 X^+，相较于分子离子 XH^+ 多了或少了一个 H，称 XH_2^+ 及 H^+ 为准分子离子。确定分子质量时要注意 X^- 的数量。因 CI 源要求在试样气化之后才可以进到离子源，所以 CI 源不太适合用在对难于挥发、热稳定性较差与极性较大的有机物的分析中（曾泳淮，2003）。

（3）FAB 源

快速原子轰击源（FAB 源）是 1980 年左右发展起来的一种新型电离技术。（倪坤仪，2005）。FAB 源要求在室温下进行操作，电离时不需要加热气化。所以此源能适用于大相对分子质量、不易气化、热稳定性较差试样的分析，如肽类、低聚糖、天然抗生素、有机金属化合物等。使用试样的量少同时可回收。一般极性较大的物质有较高的灵敏度，有学者使用 FAB 源测定了多肽，检出限可达到 2 ng。

4. 质量分析器

质量分析器是为了使质荷比不同的离子相分开，主要包括磁分析器、四极滤质器、飞行时间分析器等类型。

（1）磁分析器

磁分析器是最普遍的类型之一，为一种扇形磁铁，离子束在被 800～8000 V 的电极电压 U 作用后，使得质量为 m、电荷为 z 的正离子获得速度 v 射入磁场中，该正离子的动能为

$$zU = \frac{1}{2}mv^2 \qquad （16.14）$$

在磁场的作用下，离子的飞行轨道产生变化，改做圆周运动。将离子运动的半径设为 R，则离心力 mv^2 与磁场所施加的向心力 B_{zv} 相等，所以

$$B_{zv} = mv^2 / R \qquad （16.15）$$

其中，B 表示磁感应强度。将式（16.13）与式（16.14）合并，得

$$m / z = B^2 R^2 / 2U \qquad （16.16）$$

其中，各个物理量的单位分别为：m 为 kg；z 为 C；B 为 T；R 为 m；U 为 V。

式（16.15）称为质谱方程。由此式可知，离子于磁场内的运动半径 R 同 m/z、B、U 密切相关。只有在 U 和 B 一定的前提下，一定质荷比的正离子才能够以半径 R 的轨道运动至检测器。

如果 B 与 R 固定，m/z 正比于 $1/U$，只需要连续变化加速电压 U（电压扫描）；或 U 及 R 固定，m/z 同 B^2 成正比，连续改变 B，就能够使具有不同质荷比 m/z 的离子顺利到达检测器，从而得以分离。

（2）四极滤质器

四极滤质器是由四个互相平行的金属电极所构成的。将四极处通以射频电压与直流电压，则会在极间形成射频场。当离子进到该射频场之后，会受电场力的强作用而进行横向摆动。射频电压和直流电压一定时，仅会有一种质荷比 m/z 的离子能保持稳定振荡地通过四极场进入检测器，而其他离子则在运动时因不稳定的振荡撞击到电极而被真空泵吸走。若在其他条件不变的情况下，进行电压扫描，便能够使质荷比不同的离子依次进行稳定振荡并通过四极场。四极滤质器采用四个电极取代笨重的电磁铁，因此拥有体积小、结构简洁等优点，近年来发展极快（魏宝文和赵红卫，2002）。

（3）飞行时间分析器

正离子离开离子源后通过栅极 G 的直流负电压 U 加速获取动能，以速度 v 在长为 L 的无磁场、无电场漂移空间中运动，离子运动速度 u 和离子的质荷比相关，质量越小的离子，速度越快，能够最先到达检测器。离子的能量为

$$mv^2 / 2 = zU \qquad (16.17)$$

那么，离子的速度为

$$v = \left(2zU / m\right)^{1/2} \qquad (16.18)$$

因离子飞跃长为 L 的空间所用时间 $t=L/v$。由此可知，

$$t = L\left(m / 2zU\right)^{1/2} \qquad (16.19)$$

其中，L 表示飞行长度单位（m）；T 表示飞行时间（s）；U 表示加速电压（V）。

在一定的 L、z 与 U 时，离子从离子源进入检测器的时间 t 正比于离子质量的平方根。

飞行时间分析器的原理十分简单，不需电场与磁场，只有直线的漂移空间即可。设备的构造也简洁易懂，通过增长漂移的路程 L 便能够提高设备分辨率。

（4）离子检测器

电子倍增器为现今质谱设备普遍使用的一种离子检测装置。电子倍增器通常有 15 个左右的电极，一般由铍铜合金或其他材质制成。由质量分析仪发射的携带能量的离子，打在第一极时便会形成较多的二次电子，二次电子继续打在第三极上则会形成更多的二次电子，每一极中均重复了这一过程。经过多极后电子不断地倍增，直至被检测出来。若一个拥有 16 级的电子倍增仪，其每个电极的效率均相同，经过每次的碰撞会形成 3 个二次电子。倍增仪的灵敏性较高，响应也快。电子倍增器具有一定寿命，随着使用时间的延长，电极的老化会使增益效果降低（李水军，2014）。

（5）质谱工作站

质谱设备通常会配置高性能的计算机及功能强大的软件，利于对工作参数的设定，同时采集并处理实验数据，打印报告。

（6）真空系统

质谱设备在离子形成及经过系统时均要求处在高真空状态中，通常压力在 $10^{-5}\sim10^{-6}$ Pa 范围内。要求高真空的原因如下：①真空度差，离子源中的灯丝会因过多的氧气损耗、直至烧毁；②质谱图形会受到高本底气压的干扰；③碎片谱图形会因电离空气压过高发生离子-分子反应而改变；④离子源内的高气压将干扰电子束的正常调解。

16.3　质谱及其离子峰的类型

质谱图中出现的离子峰，这些峰的位置和相对强度与分子的结构有关。通过

对大量质谱图的研究，对许多峰出产生已有所认识，总结出一些规律。一般可以把质谱峰归纳为以下几种类型：分子离子峰、同位素峰、碎片离子峰、重排离子峰、亚稳离子峰及多点和离子峰等（唐恢同，1992）。

16.3.1　分子离子峰

试样分子在电离后丧失一个电子转换成带正电荷的离子，这种离子称为"母离子"或"分子离子"，响应的分子峰则称为母峰或分子离子峰。

$$M + e^- \longrightarrow M^+ + 2e^- \tag{16.20}$$

其中，M 表示分子；M^+表示分子离子或母离子。该化合物的分子质量相当于分子离子的 m/z 值。母峰的特点如下所述。

1）分子离子峰通常出现在质荷比最高的位置，存在同位素峰时会有例外。分子结构决定分子离子峰的稳定性。芳香族、共轭烯烃及环状化合物等分子离子峰强；脂肪醇、胺、硝基化合物及多侧链等离子峰很弱，甚至不出现。

2）分离离子峰左边 3～14 u 范围内一般不可能出现峰，因为不可能使一个分子同时失去三个氢分子，通常甲基是能失去的最小集团（M—15）$^+$峰。在（M—3）至（M—14）（M—21），至（M—24）范围内出现的峰不是分子离子峰。

3）凡是分子离子峰应符合"氮规则"。氮规则：表面相对分子质量为偶数的有机化合物一定含有偶数个氮原子或不含氮原子；相对分子质量为奇数，则只含奇数个氮原子（曹成喜，2008）。

1. 分子离子峰形成的难易程度

有机化合物中，化合键是否易于失去电子决定了分子离子的形成次序。通常来讲，若有机分子中含有杂原子，则其杂原子中未成键的电子是最易失去的，其次为 π 键，再次为碳碳相连的 α 键，最后为碳氢相连的 δ 键，失电子的次序如下

$$杂原子 > C > C = C - C > C - H \tag{16.21}$$

2. 分子离子峰的增强方式

分子离子峰对于质谱分析是极为重要的。但是由于试样自身性质、仪器的干扰、实验环境不适等，有时不会产生分子离子峰，或离子峰强度太低，不易识别。所以常采用一些手段来增强分子离子峰。

（1）减小电子的轰击能量

通过降低分子离子的继续裂解概率，能够增强分子离子峰。质核比 m/z 为 60

时，强度明显提高，该峰为分子离子峰，而 $m/z=73$ 时，峰为杂质峰（方惠群和史坚，1994）。

（2）不同试样分子适宜的电离方式

对挥发性较低或者热稳定性较差的分子而言，能够改变离子源而获得分子离子峰，如更换为 FAB 源及 CI 源。

（3）化学衍生法稳定化合物性质

胺类、磺酸、多羟基化合物、有机羧酸及两性化合物（如氨基酸）等试样的蒸气压比较低。为了获得其质谱提高蒸发温度，结果又导致其分解，得不到分子离子峰。而其相对应的高蒸气压衍生物则能够于较低蒸发温度下观测到理想的质谱图。例如，将胺类乙酰化，磺酸转化为砜，多羟基化合物制备为乙酸酯，羧酸制成酯，特别是三甲基硅醚衍生物的挥发性极好、裂解规律显著，因此得到了广泛应用。

16.3.2 同位素离子峰

质谱图中，通常会观测到部分较分子离子峰或碎片离子峰更高的原子质量单位峰，称为同位素离子峰。同位素离子峰强度同离子内含有的同位素的类型及其相对丰度相关。表 16.1 中列出了部分有机物常见元素的天然同位素丰度。质谱中，m/z 为 M+1、M+2 等的同位素峰称为第一、第二同位素峰，依次类推（北京大学化学系仪器分析教学组，2010）。

表 16.1　常用元素的稳定同位素相对丰度

元素	质量数	相对丰度/%	峰类型	元素	质量数	相对丰度/%	峰类型
H	1	100.00	M	Li	6	8.11	M
	2	0.015	M+1		7	100.00	M+1
C	12	100.00	M	B	10	25.00	M
	13	1.08	M+1		11	100.00	M+1
N	14	100.00	M	Mg	24	100.00	M
	15	0.36	M+1		25	12.66	M+1
					26	13.94	M+2
O	16	100.00	M	K	39	100.00	M
	17	0.04	M+1		41	7.22	M+2
	18	0.20	M+2				
S	32	100.00	M	Ca	40	100.00	M
	33	0.8	M+1		44	2.15	M+4
	34	4.40	M+2				

续表

元素	质量数	相对丰度/%	峰类型	元素	质量数	相对丰度/%	峰类型
Cl	17	100.00	M	Fe	54	6.32	M
	8	32.5	M+2		56	100.00	M+2
					57	2.29	M+3
Br	79	100.00	M	Ag	107	100.00	M
	81	98.0	M+2		109	92.94	M+2

16.3.3　碎片离子峰

碎片离子峰是因为离子源能量过高（通常为 50～70 eV），分子内某些键发生进一步的断裂从而产生的离子便成了碎片离子。碎片离子会再被电子流进行轰击，更进一步地发生裂解形成更小的碎片离子（陈集和朱鹏飞，1997）。离子碎片形成的离子峰峰谱称为碎片离子峰。质谱中，碎片离子峰处在分子离子峰的左方：部分含偶数个电子，部分含奇数个电子。通过确定碎片所含奇偶电子的数量，能够明确在裂解时电子的去向，这对于图谱分析具有极大地帮助。根据离子碎片的离子所提供的信息，将有助于对分子的结构进行推测。形成碎片离子的裂解过程较复杂，现今只解析了裂解的部分机制，下面将对易发生裂解的类型进行介绍（Braun，1990）。

1）按照键断裂后的电子分配，将裂解分成均裂、异裂与半异裂三种。

均裂：键断裂后，共用电子均等地分配给成键的两个原子这一过程；

异裂：键断裂后，两个成键电子均转至一个碎片上的裂解过程；

半异裂：离子化键的断裂过程，称为半异裂。

2）根据键裂解的部位可将裂解划分成 α、β 与 γ 裂解。

α 裂解：有机化合物有含杂原子 C—X 或 C=X 基团，同这个基团相连接的键称为 α 键，α 键断裂称为 α 裂解。

β 裂解：β 键断裂的过程称为 β 裂解。容易发生裂解的化合物一般含有烯键或苯环。

上述介绍的各个裂解均称为单纯裂解。单纯裂解的特点是：断一个键，脱除自由基，可形成稳定的离子裂解，过程易进行。

16.3.4　重排离子峰

两个及以上键断裂的过程中，部分原子或基团会由某一位置自另一位置转移而形成的离子，称为重排离子，质谱图中所对应的峰则为重排离子峰。重排离子的途径有很多种，其中以麦氏（McLafferty）重排最为常见，醛酸、酮、腈、脂、烯、酰胺可以与其他羰基化合物进行重排。这类重排方式对结构特征的要求为：分子中要含有一个双键，同时 γ 位置上存在氢原子（孙毓庆和胡育筑，2006）。

16.3.5　亚稳离子峰

离子在离开电离室进入收集器前的飞行中，会因分解而产生低质量的离子，这些离子所产生的峰，称为亚稳峰或亚稳离子峰。

质量 m_1 的母离子，不仅能够在电离室中发生继续裂解而形成质量为 m_2 的子离子与中性碎片，还能够在离开电离室之后的自由场区域内裂解成质量为 m_2 的子离子。因为这时的离子除了具有 m_2 的质量，还同时拥有 m_1 的速度 v_1，故其动能为 $(1/2)\,m_2 v_1^2$。因此该类型的离子在质谱图中不会出现于 m_2 位，而是出现与低于 m_2 的 m^* 处，这三者间的关系可由式（16.22）表示：

$$m^* = m_2^2 / m_1 \qquad\qquad （16.22）$$

因为自由场内分解的离子不能聚焦在一点，所以质谱图中，亚稳离子峰更易于识别。

16.3.6　多电荷离子峰

分子丧失一个电子，转变为高激发态分子离子，成为单电荷的离子。部分极稳定的分子，会丧失两个及以上的电子，此时在质量数为 m/nz（n 为失去的电子数）位上，出现电荷离子峰。多电荷离子峰的质荷比不一定是整数，非整数电荷比更容易在质谱图上发现。若出现多电荷离子峰，则说明被分析的样品异常稳定（帕拉马尼克，2005）。

16.4　质谱法的应用

16.4.1　相对分子质量测定

严格来讲，单电荷分子离子峰的质荷比与其相对分子质量间是有差异的。例如，辛酮的精密质荷比是 128.1202，但其相对分子质量则是 128.216l。这是由于质荷比是根据丰度最大的同位素质量而计算得到的，但是相对分子质量是根据相对原子质量（为同位素质量的加权平均值）计算出来的。在相对分子质量比较大时，质荷比与相对分子质量会差出一个质量单位。例如，三油酸甘油酯，在低分辨设备测出的质荷比 m/z 是 884，但相对分子质量的实际值是 885.44。这个例子仅仅说明了 m/z 同相对分子质量的概念有差别而已，在大多数的情况下，m/z 同相对分子质量整数部分是相等的（武汉大学无机及分析化学编写组，2008）。

16.4.2　有机化合物结构鉴定

在实验条件恒定的情况下，分子都有各自特征的裂解模式。通过质谱图中所观测到的分子离子峰，碎片质量与同位素信息，能够鉴定出化合物结构。若仅从单一质谱图中所提供的信息无法准确地推断或有待进一步确证，那么可联合核磁共振波谱与红外光谱等技术获得最后的证实（刘娟丽等，2015）。

由质谱图对未知化合物进行推断，步骤如下所述。

1）分子离子峰的确证。对分子离子峰进行确认后，便会得到相关信息：①由峰强度能够大致了解该物质属于某类化合物；②由相对分子质量来查阅"质量与同位素丰度表"（Beynon 表）；③将峰强度和同位素峰的强度进行对比，确定可能存在其中的同位素。

2）利用同位素峰信息。利用同位素丰度的信息来确定物质化学式，可以查阅Beynon 表。此表列出了元素 C、H、O 与 N 等的各种组合。查阅该表时要注意：此表只适用于含 C、H、O 与 N 的化合物；同位素相对丰度以分子离子峰为 100。

3）根据化学式确定化合物的不饱和度。

4）利用碎片离子信息，推测未知物的构造。

5）综合上述信息，也可联合其他技术最后确定物质结构式。

对于观测到的质谱图，可通过文献中给出的图谱进行对比与检索。由测出的质谱图中，可提取出一些（通常为 8 个）最重要峰的信息，再同标准图谱做比较，最终由操作者给出鉴定。因为不同电离源所获得的同一化合物图谱也会不同，所以所谓的"通用"图谱并不存在（陆维敏和陈芳，2005）。电子电离源质谱图重现性比较好，同时电子电离源的图谱库内存也十分丰富，所以采用在线计算机检索便成了结构阐述的有效工具。普遍采用的谱库仅含 2 万～5 万个质谱图，但目前已知化合物已超过 1000 万种，所以不能认为此检测技术的结果毫无问题。计算机仅是能从图谱库内迅速检测出与准实验得到的谱图相配的质谱图而已，但最终还得依靠操作者对谱图进行判断（郭兴杰，2015）。

16.4.3　相对分子质量与分子式的测定

质谱法能够快速精确地测量出化合物的相对分子质量，而使用双聚焦质谱仪可将测定结果精确至原子质量的万分之一。高分辨率的质谱仪能够区分出标称相对分子质量相同、但非整数部分的质量不同的化合物，如苯甲脒 $C_7H_8N_2$（120.069）、四氮杂茚 $C_5H_4N_4$（120.044）、乙酰苯 C_8H_8O（120.157）与乙基甲苯 C_9H_{12}（120.094）。若测出化合物的分子离子峰质量是 120.069，很显然该化合物为苯甲脒。在利用质谱技术测定化合物质量时，必须对质荷比轴进行校正。校正时要利用一种参比物，其 m/z 值是已知的，同时需在所测定质量的范围内。针对化学电离源与电子电离源，普遍使用的参比化合物为全氟三丁基［PFTBA，$(C_4F_9)_3N$］与全氟煤（PFK，$CF_3+CF_2\frac{}{n}-CF_3$）。这种校准化合物，在电离的条件下及要测量的质荷比 m/z 范围内可以获得一系列拥有足够强度的质谱峰。进行高分辨率测量时，要更仔细地校准质量标尺（孙建军，2002）。

16.4.4　定量分析

使用电子倍增仪进行离子检测是十分灵敏的，即使 20 个离子仍能获得有效信号。为增加灵敏度，可仅对丰度最高的一种或几种离子进行检测以改进信噪比。前者称为单离子检测，后者称为多离子检测。单离子检测的特点是能够通过重复性地扫描改进信噪比，但信息量会减少（曾楚杰和罗志辉，2015）。多离子检测则能够提供各个组分中几个丰度比较高的特征离子的信息，并记录于多通道记录仪中的各自通道内。该类检测手段专一性强、灵敏度高，可检测到 10^{12} 数量级。定量分析通常使用内标法，来消除试样预处理与操作条件的变化而造成离子化产率的波动。内标的物化性质需要与待测物相似，而且不能在试样内存在，仅有同位素标记的化合物才可以满足这种需求。色谱-质谱联合使用时，如果化合物内含甲基，那么内标物可变为氘代甲基，这类氘代内标物的保存时间相对较短。根据它们相对信号的大小能够进行化合物的定量分析（郭明等，2013）。

参 考 文 献

北京大学化学系仪器分析教学组. 2010. 仪器分析教程. 北京: 北京大学出版社

曹成喜. 2008. 生物化学仪器分析基础. 北京: 化学工业出版社

陈集, 朱鹏飞. 1997. 仪器分析教程. 北京: 化学工业出版社

陈耀祖. 1981. 有机分析. 北京: 高等教育出版社

方惠群, 史坚. 1994. 仪器分析原理. 南京: 南京大学出版社

郭明, 胡润淮, 吴荣晖. 2013. 实用仪器分析教程. 杭州: 浙江大学出版社

郭兴杰. 2015. 分析化学. 北京: 中国医药科技出版社

郭旭明, 韩建国. 2014. 仪器分析. 北京: 化学工业出版社

洪山海. 1980. 光谱解析法在有机化学中的应用. 北京: 科学出版社

李水军. 2014. 液相色谱-质谱联用技术临床应用. 上海: 上海科学技术出版社

刘娟丽, 王丽君, 刘艳凤. 2015. 化学分析原理与应用研究. 北京: 中国水利水电出版社

刘约权. 2006. 现代仪器分析. 2 版. 北京: 高等教育出版社

陆维敏, 陈芳. 2005. 高等学校教材谱学基础与结构分析. 杭州: 浙江大学出版社

倪坤仪. 2005. 仪器分析. 南京: 东南大学出版社

帕拉马尼克. 2005. 电喷雾质谱应用技术. 北京: 化学工业出版社

孙建军. 2002. 定量分析方法. 南京: 南京大学出版社

孙毓庆, 胡育筑. 2006. 分析化学. 北京: 科学出版社

唐恢同. 1992. 有机化合物的光谱鉴定. 北京: 北京大学出版社

魏宝文. 赵红卫. 2002. 离子的喷泉(电子回旋共振离子源). 北京: 清华大学出版社

武汉大学无机及分析化学编写组. 2008. 无机及分析化学. 武汉: 武汉大学出版社

应敏. 2015. 分析化学实验. 杭州: 浙江大学出版社

曾楚杰, 罗志辉. 2015. 仪器分析实验. 成都: 西南交通大学出版社

曾泳淮. 2003. 仪器分析. 北京: 高等教育出版社

赵藻藩, 周性尧, 张悟铭, 等. 1990. 仪器分析. 北京: 高等教育出版社

Braun R D. 1990. 分析技术全书. 北京大学化学系, 清华大学分析中心, 南开大学测试中心译.
　北京: 化学工业出版社

第17章 电位分析及离子选择性电极分析方法

17.1 概　述

电位分析法（potentiometry）是利用电极电位和溶液中某种离子的活度（或浓度）之间的关系来测定待测物质活度（或浓度）的电化学分析法。它是以待测试液作为化学电池的电解质溶液，并将两支电极插入其中，其中一支是指示电极，它的电位与待测试液的活度（或浓度）有定量函数关系；另一支是参比电极，它的电位是稳定不变的。所谓的电位分析法就是通过测量电池电动势，从而确定待测物质含量。

根据电位分析法原理的不同可分为直接电位法和电位滴定法两大类。直接电位法是通过测量电池电动势来确定指示电极的电位，再根据能斯特方程由所测电极电位值计算出待测物质的含量。而电位滴定法是通过测量滴定过程中指示电极电位的变化来确定滴定终点，再由滴定过程中消耗的标准溶液的体积和浓度来计算待测物质的含量（俞汝勤，1980）。

电位分析法是一种以溶液理论作为先导的基本经典分析方法。1889年能斯特（W. Nernst）在一些溶液理论的基础上，提出了一种假设：电极电位的产生是因为两种方向相反的作用力，其中一种力产生的原因是在原电池金属中的"溶解压力"，这种压力的作用可使金属从晶格跑到溶液中去；另一种力的产生是因为溶液中的金属离子有"渗透压"，可使金属离子回到金属表面，当二力达到平衡时就会产生电极电位。他根据这一概念推导出了电极电位与溶液离子活度（或浓度）的关系式，这就是著名的能斯特公式，它给电位分析奠定了理论和实践的基础。

20世纪60年代以前，可用于定量分析的电极并不多，且直接电位法只能用于测定pH及少数离子。但电位滴定法的应用较广，有关的论文约三千多篇，多数发表在三四十年代。到60年代后期由于膜电极技术的出现，相继研制出了多种具有良好选择性的指示电极，即离子选择性电极（ionselectiveelectrode，ISE），以离子选择性电极作指示电极的电位分析，又称为离子选择性电极分析法。离子选择性电极分析法的出现不仅使直接电位法有了很大发展，也使电位滴定得到更广泛的应用。现在电位分析可以测定出许多其他方法难以测定的离子，如碱离子、碱土金属离子、阳离子、有机离子等，除此之外，电位分析法在研究溶液平衡方面也成为一种不可缺少的手段。

电位分析法及离子选择性电极分析法具有如下特点：选择性好，在多数情况下对共存离子干扰小，所以组成复杂的试样通常不需分离处理就可直接测定；灵敏度高，直接电位法的检出限一般为 $10^{-8} \sim 10^{-5}\,\mathrm{mol \cdot L^{-1}}$，特别适用于微量组分的测定，电位滴定法则适用于常量分析；电位分析法所用仪器设备简单，操作方便，分析快速，测定范围宽，不破坏试液，易于实现分析自动化。因此电位分析法应用范围很广，尤其是离子选择性电极分析法，目前已成为重要的测试手段之一，广泛应用于农、林、渔、牧、地质、冶金、石油化工、医药卫生、环境保护、海洋探测等各个领域（许国镇，1991）。

17.2 离子选择性电极及其主要功能参数

IUPAC 推荐："离子选择性电极是一类电化学传感体，它的电位与溶液中给定离子活度的对数呈线性关系，这些装置不同于包含氧化还原反应体系"。因此，离子选择性电极与氧化还原反应而产生电位的金属电极有着本质的不同，它是电位分析中应用最广泛的指示电极（易洪潮，2015）。

17.2.1 电极的基本构造离子

选择性电极的类型和品种有很多。无论何种离子选择性电极，其都是由对特定离子有选择性响应的薄膜（敏感膜或传感膜）及其内侧的参比溶液与参比电极构成的，因此离子选择性电极又称为膜电极。传感膜能够将内侧参比溶液与外侧的待测离子溶液分开，是电极的关键部件之一（吴守国，2012）。

17.2.2 膜电位

离子选择性电极的电位为内参比电极的电位 $\varphi_{内参}$ 与膜电位 φ_m 之和，

$$\varphi_{\mathrm{ISE}} = \varphi_{内参} + \varphi_\mathrm{m} \qquad (17.1)$$

即不同类型的离子选择性电极，其响应机理虽然各有其特点，但其膜电位产生的基本原理是基本相同的。当敏感膜两侧分别与两个浓度不同的电解质溶液接触时，在膜与溶液两相间的界面上，由于离子的选择性和强制性的扩散，破坏了界面附近电荷分布的均匀性，而形成双电层结构，在膜的两侧形成两个界相电位 $\varphi_{界相}$。同时，在膜相内部与内外两个膜表面的界面上，由于离子的自由（非选择性和强制性）扩散而产生扩散电位，但其大小相等，方向相反，互相抵消。因此，横跨敏感膜两侧产生的电位差（膜电位）为敏感膜外侧和内侧表面与溶液间的两相界电位之差（许兴友和王济奎，2014）：

$$\varphi_{\mathrm{m}} = \varphi_{\text{外}} - \varphi_{\text{内}} \tag{17.2}$$

当敏感膜对阳离子 M^{n+} 有选择性响应时，将电极浸入含有该离子的溶液中，在敏感膜的内外两侧的界面上均产生相界电位，并符合能斯特方程。

$$\varphi_{\text{内}} = k_1 + \frac{RT}{nF} \ln \frac{a(M)_{\text{内}}}{a'(M)_{\text{内}}} \tag{17.3}$$

$$\varphi_{\text{外}} = k_2 + \frac{RT}{nF} \ln \frac{a(M)_{\text{外}}}{a'(M)_{\text{外}}} \tag{17.4}$$

其中，k_1、k_2 表示与膜表面有关的常数；$a(M)$ 表示液相中 M 氧化态物质浓度幂次方的乘积；$a'(M)$ 表示膜相中 M 还原态物质浓度幂次方的乘积（张永忠，2014）。

通常，敏感膜的内外表面性质可看作是相同的，故 $k_1 = k_2$，$a'(M)_{\text{外}} = a'(M)_{\text{内}}$。即：当 $a(M)_{\text{外}} = a(M)_{\text{内}}$ 时，φ_{m} 应为零，而实际上敏感膜两侧仍有一定的电位差，称为不对称电位，它是由于膜内外两个表面状况不完全相同引起的。对于一定的电极，不对称电位为一常数。

膜内溶液 M^{n+} 活度 $a(M)_{\text{内}}$ 为常数，则

$$\varphi_{\mathrm{m}} = 常数 + \frac{RT}{nF} \ln a(M)_{\text{外}} \tag{17.5}$$

其中，k 为常数项，包括产比电极电位和膜内相界电位及不对称电位。

如果离子选择性电极具有对阴离子 R^{n-} 有响应的敏感膜，膜电位应为

$$\varphi_{\mathrm{m}} = \frac{RT}{nF} \ln \frac{a(M)_{\text{内}}}{a(M)_{\text{外}}} = 常数 - \frac{RT}{nF} \ln a(R)_{\text{外}} \tag{17.6}$$

阴离子选择性电极的电位为

$$\varphi_{\mathrm{ISE}} = k - \frac{RT}{nF} \ln a(R)_{\text{外}} \tag{17.7}$$

17.2.3 离子选择性电极的主要类型

1. 晶体膜电极

敏感膜直接与试液接触的离子选择性电极称为原电极，其又分为晶体膜和非晶体膜电极。晶体膜电极的敏感膜一般是由在水中溶解度很小，且能导电的金属难溶盐经加压或拉制而成的单晶、多晶或混晶活性膜。晶体膜电极一般有普通型

和全固态型两种形式。普通型的内参比电极大多为 Ag-AgCl 丝，内参比溶液一般为既含有内参比电极响应的离子，又含有晶体膜响应的离子，常用两种电解质的混合液。按照膜的组成和制备方法的不同，可将晶体膜电极分为均相膜和非均相膜电极。没有其他惰性材料，仅用两种以上晶体盐混合压片制成的膜，为均相膜电极，如氟电极、硫化银电极等（李晶，2007）。

若将晶体粉末均匀地混合在惰性材料（硅橡胶、聚苯乙烯等）中制成的膜，为非均相膜电极。这种方法制成的电极，可以改善晶体的导电性和机械性能，使膜具有弹性，不易破裂。尽管这两类电极的制备方法不同，机械性能也不尽相同，但它们的电极响应机理是相同的，并且都是借助晶格缺陷进行导电的。膜片晶格中的缺陷（空穴）引起离子的传导作用，靠近缺陷空隙的可移动离子进入空穴。不同的敏感膜，其空穴的大小、形状及电荷的分布不同，只允许特定的离子进入空穴导电，这就使其有一定的选择性（吴守国，2012）。

（1）均相膜电极

这类电极又可分为单晶和多晶或混晶膜电极。氟离子选择性电极是目前最成功的单晶膜电极，敏感膜是由掺有 EuF_2 的 LaF_3 单晶切片制成 2 mm 左右厚的薄片。敏感膜可以造成晶格空穴，增加其导电性。这是因为敏感膜代替晶格中的点阵，使晶体中增加了空的点阵，使更多的沿着这些空点阵扩散而引起导电现象。F^- 的导电情况可描述为

$$LAF_3 + 空穴 \rlap{=\!=\!=} LaF_2^+ + F^- \tag{17.8}$$

氟电极的内参比电极为 Ag-AgCl 丝，内参比溶液为 0.1 mol·L^{-1} NaF 与 0.1 mol·L^{-1} NaCl 混合液，电极可表示为

$$Ag, AgCl \mid NaCl(0.1\ mol·L^{-1}), NaF(0.1\ mol·L^{-1}) \mid LaF_3 膜 \mid F^- 试液 \tag{17.9}$$

单晶对带电物质具有高度的选择性，允许体积小、带电荷少的带电物质在其表面进行交换。将电极插入试液，如果试液中活度较高，则能够进入晶体的空穴中；反之，晶体表面的进入试液，晶格中的又进入空穴，从而产生膜电位。当试液的 pH 较高时，由于离子的半径与相近，能透过晶格产生干扰。当试液的 pH 较低时，溶液中会形成难以解离的 HF，降低了活度而产生干扰。pH 一般为 5～6。若溶液中存在能与配位的其他离子，也会产生不同程度的干扰（林新花，2014）。

（2）非均相膜电极

此类电极与均相膜电极的电化学性质完全一样，其敏感膜是由各种电活性物质（如难溶盐、螯合物或缔合物）与惰性基质（如硅橡胶、聚乙烯、聚丙烯、石蜡等）混合制成的（李志富和陈建平，2015）。

2. 非晶体膜电极

非晶体膜电极是出现最早、应用最广泛的一类离子选择性电极。由电活性物质与电中性支持体物质构成电极的敏感膜。根据电活性物质性质的不同,可将其分为刚性基质和流动载体电极(吴守国,2012)。

(1)刚性基质电极

这类电极也称玻璃电极,其敏感膜是由离子交换型的刚性基质玻璃熔融烧制而成的。其中使用最早的是 pH 玻璃电极,它是由内参比电极(Ag-AgCl)、内参比溶液($0.1\ mol \cdot L^{-1}$ 的 HCl)及玻璃敏感膜所组成的。

玻璃膜是电极的最重要组成部分,决定着电极的性能,其厚度为 0.03～0.1 mm。此玻璃膜为三维立体结构,网格由带有负电性的硅酸根骨架构成,Na^+ 在网格中移动或被其他离子交换,而硅酸根骨架对 H^+ 有较强的选择性。当这种玻璃膜与水分子接触时,水分子会渗透到膜中,使之形成约 0.1 μm 溶液厚度的溶胀层(水化凝胶层)。这种溶胀层允许直径很小、活动能力较强的 H^+ 进入玻璃结构空隙中与 Na^+ 交换。

(2)流动载体电极(液膜电极)

这类电极的敏感膜是由带电荷的离子交换剂或中性有机分子载体渗透在憎水性的惰性多孔材料孔隙内制成的,惰性材料用来支持电活性物质溶液形成一层薄膜。流动载体有两类:一类是带电荷(正、负电荷的大有机离子)的离子交换剂;另一类是大的有机物中性分子。

带负电荷的流动载体可用来制作对阳离子有选择性响应的流动载体电极。常用的有烷基磷酸盐和四苯硼盐等。如将二癸基磷酸钙溶于二正辛基苯基膦酸酯中,与 5%聚氯乙烯(支持物,PVC)的四氢呋喃溶液以一定比例混合后将其倒在一平板玻璃上,待溶剂自然挥发,得一透明的敏感膜,即制得对 Ca^{2+} 有选择性响应的钙离子电极(廖立夫等,2015)。表达式为

$$\varphi_{m} = K + \frac{2.303RT}{2F} \lg a_{Ca^{2+}} \tag{17.10}$$

带正电荷的流动载体可用来制作对阴离子响应的电极,常用的有季铵盐、邻二氮杂菲与过渡金属的配离子等。例如,将季铵硝酸盐溶于硝基苯十二烷醚中,将此溶液与 5% PVC 的四氢呋喃溶液混合(1∶5),即在平板玻璃上制成薄膜,构成对 NO_3^- 有选择性响应的硝酸根离子电极。表达式为

$$\varphi_{m} = K - \frac{2.303RT}{F} \lg a_{NO_3^-} \tag{17.11}$$

中性载体是中性大分子多齿螯合剂,如大环抗生素、冠醚化合物等,钾离子

选择性电极即属此类。例如，将二甲基二苯-30-冠醚-10（K^+可被螯合在中间）溶解在邻苯二甲酸二戊酯中，再与 5% PVC 的环己酮混合后，倒在一平板玻璃上，自然蒸发得一薄膜，将此膜粘在聚四氟乙烯管的一端，管内装 0.001 mol·L^{-1} KCl 溶液及 Ag-AgCl 内参比电极即得钾离子选择性电极（刘宇，2010）。

3. 气敏电极

气敏电极是对气体敏感的电极，它是一种气体传感器，用来测定溶液中能转化成气态的离子，但在测定时必须是与被测定气体产生相应的离子。气敏电极是基于界面化学反应的敏化电极。实际上，它是一种化学电池，是由离子选择性电极（指示电极）和参比电极组成的复合电极。这一电极组装在一个套管内，管中盛有电解质溶液，管底部紧靠选择性电极敏感膜处，装有透气膜使电解液与外部试液隔开。试液中待测组分气体扩散通过透气膜，进入离子电极的敏感膜与透气膜之间的极薄液层内，使液层内某一能由离子电极测出的离子活度发生变化，从而使电池电动势发生变化而反映出试液中待测组分的含量（陈盼，2014）。

4. 酶电极

酶电极与气敏电极相似，也是一种敏化电极，即具有将离子选择性电极不能响应的物质转变成能响应的物质的功能。酶电极是将一半电极的敏感膜上覆盖一层固定在胶态物质中的生物酶而制成的，在酶的作用下，使待测物质产生能在该离子电极上具有响应的离子，间接测定该物质。此外的界面反应是酶催化反应。酶是具有特殊生物活性的催化剂，它的催化反应选择性强，催化效率高，而且大多数催化反应可在常温下进行。催化反应的产物，如大多数离子，可被现有的离子选择性电极所响应（赵寿经，2008）。

17.3 离子选择性电极分析仪器

在离子选择性电极的分析中，关键是要准确地测量电极电位，由电极电位值求出待测物的含量。一般所说的电位都是与标准氢电极做比较得到的相对值（也可以用甘汞电极或 Ag-AgCl 电极作二级标准）。所以，测量电极电位实际上是测量参比电极和指示电极组成的电池电动势（罗国安，2006）。

17.3.1 电池电动势的测量原理

测量电池电动势不能直接用万用表或伏特计测定。这是因为测定时，电池内进行化学反应，电流流出，电极液浓度变化，电动势随之变化，不易测准；且伏特计测出的电动势，只是外线路两极间的电位差（V），没有包括电池内阻引起的电位差，比电池电动势（正）低，用伏特计测定：

$$V = IR_0 \quad I = V / R_0 \tag{17.12}$$

电路中的电流强度 I 与电池电动势的关系为

$$I = \frac{E}{R_i + R_0} \tag{17.13}$$

其中，R_0 表示外线路电阻；R_i 表示电池电阻。同一电路中，电流 I 相等，则

$$\frac{V}{R_0} = \frac{E}{R_i + R_0} \tag{17.14}$$

为达此目的，可在外电路上加一个与待测电池电动势大小相等、方向相反的电位差，抵消待测电池电动势，外线路电流接近于零，保持了电池能量变化的可逆性（朱明霞等，2011）。

17.3.2　测量仪器

离子选择性电极分析仪器是用电极将溶液中离子活度变成的电信号直接显示出来的装置。常用的仪器有专门为测定酸度设计的酸度计和离子计，这两类仪器的原理和功能基本相同，但在某些具体结构和性能上各有特点（彭图治和杨丽菊，1999）。

1. 对测量仪器的要求

1）输入阻抗离子选择性电极的内阻可高达 $10^2 \, \Omega$，仪器的输入阻抗必须与之相匹配。输入阻抗越大，越接近零电流的测试条件，测量的准确度越高，一般要求仪器的输入阻抗在 $10^{11} \, \Omega$ 以上。

2）测量精度和量程仪器的精度是以仪器所能读出的最小量来衡量的。仪器精度直接关系到测量的误差，所以，它是仪器性能的主要指标。为了保证测量的精度，仪器的最小分格不能太大，离子计的电位测量精度比酸度计要高。每 0.1pH 单位的测量误差相当于 6 mV 的变化。为了保证离子选择性电极测定活度的相对误差在 1%以内，仪器的最小读数应达 0.1 mV。

仪器的量程即测量范围，与仪器的精度往往相互矛盾，由于受读数表头的限制，精度高，量程就会小。故一般仪器都设有量程选择电路，既保证高精度性又保证足够的量程。仪器直接显示 pX 值时，测量范围一般在 0～14pX。离子选择性电极输出电动势的变幅在±1000 mV 之间，所以离子计的测量范围不应大于±1000 mV。

3）定位 $E=K\pm Slga$，为了使测量标准化，必须校正公式中的 K，通过定位器的调节，使能斯特公式简化为：$E=K\pm Slga_i=\pm Spa_i$ 校正了外参比电极电位、内参比电极电位、液接电位等因素的影响，使测得的电池电动势与待测离子活度的对数呈简单的线性关系。

4）温度和电极斜率补偿为了使电池电动势 A 与对应离子的活度对数 lga_i 的关系不受温度的影响，必须有温度补偿装置。由于电极的老化或其他方面的原因，使其实际斜率与理论斜率不符；另外，在不同体系的溶液中，电极的斜率也不尽相同，所以必须对电极的斜率进行补偿后，才能使测量标准化。温度和斜率的补偿都是为了校正电极斜率的变化。温度补偿是补偿因溶液温度引起电极斜率的变化，斜率补偿是补偿电极本身斜率与理论值的差异。有的仪器将二者合并成一个，称为"斜率"或"电极系数"或"灵敏度"旋钮。

2. 酸度计

酸度计的品种和型号有很多，主要用于测量溶液的 pH，也可以测量电池电动势。按其内部线路的不同，可分为电子管式和晶体管式；按其精密度的不同，可分为 0.1pH、0.02pH、0.01pH 等不同的等级；按显示方式不同，可分为表头指针和数字显示等。现介绍应用较为广泛的 pHS-2 型酸度计（严拯宇，2015）。

pHS-2 型酸度计可较为精确地测量溶液 pH，也可以用于电池电动势的测量。它的测量范围为 pH 0～14，（0±1400）mV；基本误差为 pH±0.02，±2 mV；输入阻抗大于 10^{12} Ω，温度范围为 0～60℃。该仪器采用参量振荡放大电路，零点漂移小，稳定性好。电极的直流电信号由参量振荡放大器转变成交流电压信号，由交流放大器将信号放大，再经整流由直流放大器放大，以 pH 或电位值在表头上显示。定位调节器抵消 pH 玻璃电极的不对称电位，电位差计用于量程扩展。

3. 离子计

离子计是专为离子选择性电极分析设计的仪器，具有测量标准化功能的电路，以 pX、浓度或电动势显示结果，使用方便。pXD-2 型通用离子计是全晶体管化集成电路，由定位装置先抵消电极信号的 K 值，后进入阻抗转换器，将高阻信号转换成低阻信号，将其输入到放大与斜率校正装置进行处理；然后，信号经温度补偿达到在任何温度下，均以一定的电位值代表 1pX（本仪器为 100 mV·pX^{-1}）。经温度补偿后的信号输入到量程扩展装置中，将大于 100 mV 的信号都抵消掉，抵消掉的数值由量程旋钮的位置指示出来，剩余的尾数信号（<100 mV 或<1pX）由读数电表读出，则量程读数与表头读数之和即为测量结果。该仪器的测量范围为：0～pX，±1100mV，精度<0.02pX（pX1，pX11），输入阻抗>10^{11} Ω（赵艳霞，2011）。

17.4 选择性电极分析的方法及应用

将离子选择性电极作为正极，参比电极作为负极组成测量电池，该电池的电动势为

$$E = K \pm \frac{2.303RT}{nF} \lg a_i = K \pm S \lg r_i c_i \qquad (17.15)$$

其中，离子 i 为阳离子时，取 "+" 号；为阴离子时，取 "–" 号。如果参比电极作正极，离子选择性电极作负极，则正好相反（i 为阳离子时取 "–" 号，为阴离子时取 "+" 号）。一定条件下，电池电动势与离子浓度呈直线关系，这是定量分析的基础。若使活度系数 r_i 固定不变（即固定离子强度），即可将其合并到常数项中，式（17.15）可变为

$$E = K' \, S \lg c_i \qquad (17.16)$$

此时，可由电位值求得待测离子的浓度。由于活度系数是离子强度的函数，因此，只要固定离子强度，便可固定活度系数。为达此目的，我们向溶液中加入大量的、并且对测定离子不干扰的惰性电解质溶液，称为 "离子强度调节剂"（ISA）。使待测溶液和标准溶液具有相同的离子强度，使其基本相同。有时为了消除试液中某些干扰离子的影响及控制溶液的 pH，在离子强度调节剂中还要加入适量 pH 缓冲剂和一定的掩蔽剂，构成总离子强度调节缓冲液（TISAB）。所以，TISAB 有着恒定离子强度、控制溶液 pH、消除干扰离子影响、稳定液接电位等方面的作用，直接影响分析结果的准确度（方丽琪和刘瑞麟，1985）。

电位分析及离子选择性电极分析的定量分析方法可以分为直接电位法和电位滴定法两大类。

17.4.1 直接电位法

直接电位法是通过测量电池电动势直接求出待测物质含量。

1. 直接比较法

首先测出浓度为 C_s 标准溶液的电池电动势 E_s，然后在同样的条件下，测得浓度为 C_x 待测液的电动势，则

$$\Delta E = E_x - E_s = S \lg \frac{C_s}{C_x} \qquad (17.17)$$

为使结果有较高的准确度，必须使标准溶液和试液的测定条件完全一致，其中 C_s 与 C_x 值也要尽量接近。

2. 标准曲线法

标准曲线法是最常用的定量方法之一。具体做法是：配制一系列标准溶液，并加入与试液相同量、大量的 TISAB 溶液，分别测定其电动势，绘制 E-lg$c$ 关系曲线，即标准曲线。再在同样的条件下，测出待测液的电动势，从标准曲线上求出待测离子的浓度。

3. 标准加入法

标准曲线法要求标准系列和试液的离子强度保持一致，否则会因活度系数不同而引入误差。标准加入法在一定程度上可以减小这一误差。

17.4.2　电位滴定法

利用滴定过程中电位的变化确定滴定终点的滴定分析法，称为电位滴定法。实验时，随着滴定剂的加入、滴定反应的进行，待测离子浓度不断地变化，在理论终点附近，待测离子浓度发生突变，从而导致电位的突变。因此，测量电池电动势的变化，就可确定滴定终点。

与普通的滴定分析相比，电位滴定一般比较麻烦，需要离子计、搅拌器等。但它可用于浑浊、有色溶液及缺乏合适指示剂的滴定，可用于浓度较稀、反应不完全（如很弱的酸、碱）的滴定，还可用于混合物溶液的连续滴定及非水介质中的电位滴定装置等，并易于实现自动滴定。电位滴定中确定终点的方法有很多，下面仅介绍几种常用的方法（周萃文，2013）。

1. E-V 曲线法

以加入滴定剂的体积 V 为横坐标，以测得的电动势 E 为纵坐标，绘制曲线即得 E-V 曲线。

2. $\Delta E/\Delta V$-V 曲线法

$\Delta E/\Delta V$-V 曲线法又称一阶微商法。$\Delta E/\Delta V$ 表示在 E-V 曲线上，体积改变一小份引起 E 改变的大小，远离滴定终点处，V 改变一小份 E 改变很小，$\Delta E/\Delta V$ 较小；靠近滴定终点处，V 改变一小份，E 的改变逐渐增大，$\Delta E/\Delta V$ 逐渐增大；滴定终点处，V 改变一小份，E 改变最大，达最大值；滴定终点以后，又逐渐减小。因此，曲线最高点所对应的体积 V 即为滴定终点时所消耗滴定剂的体积。曲线最高点是用外延法绘出的。

3. $\Delta^2 E/\Delta V^2$-V 曲线法

$\Delta^2 E/\Delta V^2$-V 曲线法又称二阶微商法。$\Delta^2 E/\Delta V^2$ 表示在 $\Delta E/\Delta V$-V 曲线上，体积改变一小份引起 $\Delta E/\Delta V$ 改变的大小。滴定终点前，改变一小份引起的 $\Delta E/\Delta V$ 变化逐渐增大，即 $\Delta^2 E/\Delta V^2$ 逐渐增大；滴定终点后，V 一小份的变化引起的 $\Delta E/\Delta V$ 变化为负值，并随滴定的进行，V 的变化引起 $\Delta E/\Delta V$ 变化越来越小；滴定终点左右，$\Delta E/\Delta V$ 的变化是从正的最大到负的最大；滴定终点时，将 $\Delta E/\Delta V$-V 图的横坐标放大，曲线是一个圆顶形，滴定终点正是其平顶部分，即 V 的变化引起的 $\Delta E/\Delta V$ 改变为零，$\Delta^2 E/\Delta V^2=0$。此时所对应的体积 V 就是滴定终点时所消耗的滴定剂体积。

4. 示波电位法

传统的电位滴定用的电位仪、pH 计等只能记录平衡电位，而示波器可灵敏地反映指示电极上电极电位的瞬时变化，可以准确地确定滴定终点。按指示电极的多少，可分为一个指示电极（简称示波电位法）和两个指示电极（简称示波双电位法）的示波电位法。前者荧光点的位置反映的是指示电极电位（相对于参比电极）的大小；后者荧光点的位置反映的是两个指示电极间的电位差。按控制电流情况可分为零电流、直流电流、交流电流的示波电位法。零电流示波电位滴定法适用于滴定反应速率快、电位突跃大的反应；控制直流电流、控制交流电流示波电位滴定法适用于滴定反应速率慢、电位突跃小的反应（谢声洛，1980）。

与经典的电位滴定法相比，示波电位滴定法有它突出的优点：①仪器装置非常简单；②除了能进行氧化还原滴定外，还能用于中和、配位和沉淀滴定，扩大了电位滴定的应用范围；③示波电位滴定法用示波器观察到指示电极瞬时电位或电位差变化一般都在 100 mV 左右，比常规电位滴定法的平衡电位或电位差大得多，所以，示波电位滴定法的灵敏度、准确度好；④它把通常的作图式电位滴定法变为目视电位滴定（赵常志和陈连山，1993）。

17.4.3 电位分析法的应用

随着科学技术的发展，高灵敏性、高选择性、高准确度等性能完备、优良的仪器及离子选择性电极不断问世，使得电位分析的应用越来越广泛。在环境保护、医药卫生、食品、工业生产、农业、地质勘探等领域中都有非常重要的作用。用直接电位法可测定的离子有几十种（张剑荣和余晓冬，2009）。

滴定分析中的各类滴定都可采用电位滴定法，如酸碱滴定、沉淀滴定、配位滴定、氧化还原滴定、非水滴定等。不同的滴定，选用不同的指示电极，控制合适的条件，即可得到较为理想的分析结果。

参 考 文 献

柴树松. 2014. 铅酸蓄电池制造技术. 北京: 机械工业出版社

陈盼. 2014. 基于掺硼金刚石膜电极的典型难降解有机污染物电化学氧化机理研究. 北京: 北京大学硕士学位论文

方丽琪, 刘瑞麟. 1985. 氯化钠、氯化钾在水和水与丁醇混合溶剂间的转移自由能和转移熵——双电池体系电动势测定法. 化学学报, 43(5): 415-424

李晶. 2007. 高比容活性炭与聚苯胺电极材料的研究及有机系超级电容器的工程化制造. 长沙: 中南大学出版社

李志富, 陈建平. 2015. 分析化学. 武汉: 华中科技大学出版社

廖力夫, 刘晓庚, 邱凤仙. 2015. 分析化学. 武汉: 华中科技大学出版社

林新花. 2014. 仪器分析. 广州: 华南理工大学出版社

刘宇. 2010. 仪器分析. 天津: 天津大学出版社

刘约权. 2006. 现代仪器分析. 2 版. 北京: 高等教育出版社

罗国安. 2006. 生物廉容性电极构置及应用(精). 北京: 科学出版社

彭图治, 杨丽菊. 1999. 生命科学中的电分析化学. 杭州: 杭州大学出版社

吴守国. 2012. 电分析化学原理. 合肥: 中国科学技术大学出版社

谢声洛. 1980. 离子选择性电极分析方法指南. 南京: 江苏科学技术出版社

许国镇. 1991. 电化学分析实验. 北京: 地质出版社

许兴友, 王济奎. 2014. 无机及分析化学. 南京: 南京大学出版社

严拯宇. 2015. 分析化学. 北京: 中国医药科技出版社

易洪潮. 2015. 无机及分析化学. 北京: 石油工业出版社

俞汝勤. 1980. 离子选择性电极分析法. 北京: 人民教育出版社

张剑荣, 余晓冬. 2009. 仪器分析实验. 2 版. 北京: 科学出版社

张永忠. 2014. 仪器分析. 北京: 中国农业出版社

赵常志, 陈连山. 1993. 光化学催化——示波电位法测定维生素 B_2. 分析化学, (11): 1327-1329

赵寿经. 2008. 生物反应过程检测与调控. 长春: 吉林大学出版社

赵艳霞. 2011. 仪器分析应用技术. 北京: 中国轻工业出版社

周萃文. 2013. 物理化学实验技术. 北京: 化学工业出版社

朱明霞, 杨北平, 郝文博. 2011. 物理化学实验. 哈尔滨: 哈尔滨工程大学出版社

第四部分　显　微　镜　学

第18章 显微镜学

随着科学技术的发展，人们渐渐需要了解微观世界，因此，显微镜便出现在人们的视野中。人们第一次看到了数不清的"新奇"微小动物和植物，同时，人们也观察到从人体到各种植物纤维等各种物质的内部结构。显微镜也有利于帮助科学家发现新事物，协助医生治疗疾病。

显微镜是一种借助物理方法产生物体放大影像的仪器。它已经成为一种不可缺少的科学仪器，在生物、化学、物理、冶金、酿造、医学等领域被广泛应用，对人类的发展做出了巨大而卓越的贡献。

显微镜主要是由物镜和目镜组成，物镜的焦距较短，目镜的焦距较长。物镜主要起放大物体实像的作用，目镜主要是将物镜所成的实像作为物体进一步放大为虚像。显微镜成像原理即首先通过聚光镜照亮标本，再通过物镜成像，之后经过目镜将标本放大，最后通过眼睛的晶状体投影到视网膜。

18.1 显微镜基本原理

18.1.1 折射和折射率

不同光线在均匀各向同性介质中，两点之间以直线形式传播，当通过不同密度的透明介质物体时，由于光在不同介质的传播速度，就会出现折射现象。当与透明物面不垂直的光线由空气射入透明物体（如玻璃）时，光线就会在其界面改变方向，同时与法线形成折射角（王伯沄，2000）。

1. 透镜的性能

透镜是组成显微镜光学系统的最基本光学元件，单个或多个透镜组成了物镜、目镜及聚光镜等部件。根据外形的不同，透镜分为凸透镜（正透镜）和凹透镜（负透镜）。当一束平行于光轴的光线通过凸透镜后相交于一点，这个点称"焦点"，通过交点并垂直光轴的平面，称"焦平面"。焦点有两个，在物方空间的焦点，称"物方焦点"，该处的焦平面，称"物方焦平面"；反之，在像方空间的焦点，称"像方焦点"，该处的焦平面，称"像方焦平面"。光线通过凹透镜后，形成正立虚像，光线通过凸透镜后形成正立实像。实像可以在屏幕上显现出来，虚像不能。

2. 影响成像的关键因素——像差

由于各种客观条件，任何光学系统都不能得到理论上想要的像，各种像差都会影响成像质量。下面分别简单介绍各种像差。

（1）色差

色差（chromatic aberration）是透镜成像的一个严重缺陷，多色光为光源的时候出现较多，单色光不会产生各种色差。白光由红、橙、黄、绿、青、蓝、紫七种组成，由于各种光的波长不同，因此，通过透镜时的折射率也不同，这样物方一个点，在像方可能会形成一个色斑。

色差一般分为位置色差、放大率色差。位置色差会使像在任何位置观察都带有色斑或晕环，造成形成的像模糊不清。放大率色差使像形成彩色边缘。

（2）球差

球差（spherical aberration）是轴上点的单色相差，由于透镜表面是球形的。球差形成的后果即一个点成像后，是一个中间亮边缘逐渐模糊不清的亮斑，而不再是个亮点，因此会降低成像质量。一般利用透镜组合来消除球差，根据凹、凸透镜的球差是相反的这一原理，可挑选不同材质的凸凹透镜组合消除球差。一般旧型显微镜，物镜的球差不能完全矫正，因此应该与对应的目镜组合，方可实现纠正效果。新型显微镜的球差则可完全由物镜来消除。

（3）彗差

彗差（coma）属轴外点的单色像差。轴外物点以较大孔径的光束成像时，发出的光束通过透镜后，不会相交于一点，一光点的像会形成一个形如彗星逗点状，因此称"彗差"。

3. 像散

像散（astigmatism）也是影响清晰度的轴外点单色像差的一个因素。当视场较大时，边缘上的物点离光轴远，光束倾斜严重，这时光经透镜后造成像散。像散使原来的物点在成像后变成两个分离并且相互垂直的短线，在理想像平面上综合后，形成一个椭圆形的斑点。像散是通过复杂的透镜组合来消除的。

4. 场曲

场曲（curvature of field）又称为"像场弯曲"。当透镜存在场曲时，整个光束的交点不与理想像点重合，虽然在每个特定点都能得到清晰的像点，但整个像平面是一个曲面。这样在镜检时不能同时看清整个像面，给观察和照相造成困难。因此研究用显微镜的物镜一般都是平场物镜，这种物镜已经矫正了场曲。

5. 畸变

前面所说的各种像差除场曲外，都影响像的清晰度。畸变（distortion）是另一种性质的像差，光束的同心性不受到破坏。因此，不影响像的清晰度，但使像与原物体比，在形状上造成失真。

18.1.2 显微镜的成像（几何成像）原理

显微镜通过透镜将被检物体进行放大。单透镜成像具有像差，较严重地影响了成像质量。透镜组合是显微镜的主要光学部件。根据透镜的性质，凸透镜起放大作用，凹透镜没有。显微镜的物镜与目镜虽都由透镜组合而成，但是相当于一个凸透镜。为便于了解显微镜的放大原理，下面简要说明一下凸透镜的 5 种成像规律：①当物体位于透镜物方二倍焦距以外时，则在像方二倍焦距以内、焦点以外形成缩小的倒立实像；②当物体位于透镜物方二倍焦距上时，则在像方二倍焦距上形成同样大小的倒立实像；③当物体位于透镜物方二倍焦距以内，焦点以外时，则在像方二倍焦距以外形成放大的倒立实像；④当物体位于透镜物方焦点上时，则像都不能成像；⑤当物体位于透镜物方焦点以内时，则像方也无像的形成，而在透镜物方的同侧比物体远的位置形成放大的直立虚像，如图 18.1 所示。

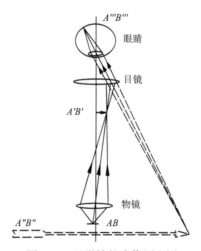

图 18.1 显微镜的成像原理图

显微镜的成像原理就是利用上述规律③和⑤来实现放大物体。当物体处在物镜前 $F \sim 2F$（F 为物方焦距）之间时，在物镜像方的二倍焦距以外形成放大的倒立实像。在设计显微镜时，将此像落在目镜的一倍焦距之内，使物镜第一次所放大形成的像（中间像），接着又被目镜再一次放大，最后在目镜的物方（中间像的同侧）、人眼的明视距离（250 mm）处形成放大的直立（相对中间像而言）的虚像。因此，在镜检时，通过目镜（不另加转换棱镜）看到的像是与原物体方向相反的像（张学舒，2012）。

18.1.3　光学显微镜

光学显微镜是在 1590 年由荷兰的詹森父子发明的。现在的光学显微镜能把物体放大 1600 倍,分辨的最小极限达 0.1 μm,国内显微镜机械筒长度一般是 160 mm。列文虎克在微生物学显微镜研制中有较大的贡献。

光学显微镜的工作原理与折射望远镜相似,只有一些细小的差别,首先我们对望远镜的工作原理先简单了解一下。由于望远镜需要从昏暗、遥远的物体上收集大量光线,所以必须具备一个较大的物镜,尽可能多地采集一些光线来照亮物体。物镜很大,因此物体的图像一般会出现在较远处的焦点位置。

显微镜与望远镜不同的是,显微镜需要从距离很近、范围较小、厚度较薄且明亮清晰的待测样本上采集光线,不需要较大的物镜。另外,显微镜的物镜很小,呈球形,也就是说显微镜两侧的焦距很短。物镜是将物体的图像放在距离显微镜镜筒内较近的距离。之后,第二个透镜将图像放大,这个透镜称为接目镜或目镜。望远镜和显微镜另一个不同之处是显微镜有光源和聚光器。聚光器是一种透镜系统,主要作用是将光源的光线聚焦到样本上微小、明亮的点上。

18.1.4　荧光显微镜

在短波长光波(紫外光或紫蓝色光,波长 250～400 nm)照射下,某些物质吸收光能,受到激发并释放出一种能量降级的较长光波(蓝光、绿光、黄光或红光,波长 400～800 nm),这种光称为荧光。某种物质在短光波照射下就可以发生荧光,例如,组织内大部分脂质和蛋白质经照射均可发出淡蓝色荧光,称为自发性荧光。但大部分物质需要用荧光染料(如吖啶橙、异硫氰酸荧光素等)染色后,在短光波照射下才能发出荧光。荧光显微镜的光源都为高压汞灯,发出的紫外光源经过激发滤光片(此滤光片可通过对标本中荧光物质合宜的激发光)过滤后再射向普勒姆氏分色镜(中国大百科全书总编辑委员会,1992)。

18.1.5　偏光显微镜

光的波动性原理即从光源发出的光线通过空气和普通玻璃时,在与光线垂直的平面内的各个方向以同一振幅振动并同时向前方迅速传递。空气与普通玻璃为各向同性体,又称单折射体。如果该光源的光通过一种各向异性体(又称双折射体)时,会将一束光线分为两束光线,这两束光线各只有一个振动平面,同时振动方向又互相垂直。这两束光线的振动方向、速度、折光率和波长都不相同。这样只有一个振动平面的光线称偏振光。偏光显微镜即为根据这一现象原理设计出来的。在偏光显微镜内,物镜与目镜中间插入一个检偏镜片,由于光源与聚光器间镶有起偏镜片,圆形载物台可以实现360°旋转。起偏与检偏镜片处于正交检偏位时，视野完全变黑。将待检物体放在显微镜台上，旋转镜台，视野始终黑暗，则说明待检物为单折射体。如果将镜台旋转一周，视野内的待检物四明四暗，说明待检物是双折射体。

18.1.6　电子显微镜

由于所用光波的波长，光学显微镜的分辨能力受到限制。小于光波波长的物体由于衍射不能成像。最高级的光学显微镜的分辨能力的限度大约为 200 nm。可利用电子射线来代替光波的方法降低这一限度。电子微粒高速运动与光波的传播过程相似。运动电子的波长随速度的变化而变化，在增压为 50 万伏时，其波长为 0.001 nm，即电子射线的波长约为可见光的十万分之一，其放大倍数比最高级的光学显微镜还要高很多级。以电子射线为电子光源的显微镜称为电子显微镜。现代医学和生物学使用的电子显微镜的放大率一般为 10 万～20 万倍。

18.1.7　扫描电子显微镜

当标本较厚且表面会产生一个电子光学图像时采用电子扫描法。扫描电子显微镜（scanning electron microscope，SEM）的电磁透镜和电子枪的结构原理与透射电子显微镜相似。电子枪产生的大量电子通过三组电磁透镜的连续会聚时形成一条很细的电子射线（电子探针）。形成的电子射线在电子显微镜镜筒内两对偏转线圈的作用下，在标本表面依次扫描。在标本上射出的电子经探测器收集，被视频放大器放大，同时控制显示管亮度。标本表面相应点所产生的电子数量控制光屏上扫描的亮度，因此，在荧光屏上显示出的是标本的高倍放大像。可通过控制两套偏转线圈的电流实现对可放大率倍数的控制。另外，同步扫描显示管安装一个同样的照相机（中国大百科全书总编辑委员会，1992）。

18.1.8　透射电子显微镜

透射电子显微镜（transmission electron microscope，TEM）是目前最常用的电子显微镜。其主要组成为电磁透镜系统、电子枪、荧光屏（或照相机）、镜座、稳压装置、变压器、镜筒、高压电缆、真空泵系统、操纵台等。电子枪相当于光学显微镜中的光源，使从阴极热钨丝发射出来的电子束加速。电子显微镜所用的电压一般为 20 万～30 万 V，这样才能使电子枪里的电子获得足够的速度。电子通过聚光透镜，达到标本上，由于标本较薄，高速电子可以很容易穿过，同时由于标本各部分的厚度或密度不同，穿过的电子也有疏密之分。电压需要严格稳定才能使成像稳定，很小的电压改变就会引起较大波动。通过电子枪来实现像亮度的控制（中国大百科全书总编辑委员会，1992）。

18.2 显微镜的分类

显微镜按工作原理和结构可分为光学显微镜和电子显微镜。

18.2.1 光学显微镜

光学显微镜是最古老的光学仪器之一，也是在现代工农业生产中广泛应用的光学仪器之一。它的组成主要有光学部分、照明部分和机械部分。光学部分是最主要的，由目镜和物镜组成。光学显微镜分为暗视野显微镜、体视显微镜、荧光显微镜、金相显微镜、偏光显微镜等。

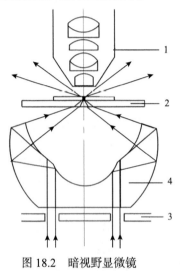

图 18.2　暗视野显微镜
1. 物镜；2. 样品；3. 环状缝隙；4. 暗视场聚光镜

1. 暗视野显微镜

暗视野显微镜不能观察物体内部的细微结构，但可以分辨 0.004 μm 以上的微粒。因此一般用于观察活细胞的结构和细胞内微粒的运动等。暗视野显微镜的基本原理是丁铎尔效应。当一束光线透过黑暗的空间，在空气里从垂直于入射光的方向可以观察到一条光亮的灰尘"通路"，这种现象就是丁铎尔效应。暗视野显微镜在普通的光学显微镜上换为暗视野聚光镜后，照射在待检物体表面的光线由于被该聚光器内部抛物面结构遮盖，不能直接进入物镜和目镜，只有散射光能顺利通过，因此我们观察到的视野是黑暗的。操作者通过目镜观察到的，是检物体的衍射光图像（图 18.2）（常福辰等，2007）。

2. 体视显微镜

体视显微镜又称为实体显微镜或解剖镜。其成像是正立三维的空间，该影像立体感强、成像清晰宽阔、长工作距离（通常为 110 mm）并可以连续放大观看。一般用于观察生物学上的解剖过程。

由于普通光学显微镜的光源为平行光，因此可得到二维平面影像；体视显微镜采用双通道光路，双目镜筒中的左右两光束具有一定的夹角体视角（一般为 12°~15°），因此可以得到三维的立体图像。体视显微镜与普通光学显微镜的操作方法相似，甚至更简单。

3. 荧光显微镜

荧光显微镜是利用细胞内自身物质发射的荧光强度实现定性和定量研究的一种光学工具。细胞内的荧光物质主要有两类，一类是直接经紫外线照射后就可以发出荧光，如叶绿素等；也有一些物质在紫外线照射下本身不能发出荧光，需要用特定的荧光染料或荧光抗体对其染色，经照射后才可发出荧光。

荧光显微镜的原理即利用一个高发光效率的点光源（如超高压汞灯），经过滤色系统可以发出具有一定波长的光作为激发光，待测物质体内的荧光物质发射出各色的荧光后，经过物镜后面的阻断（或压制）滤光片的过滤作用，最后被目镜放大后观察。阻断滤光片的作用主要由以下两方面：一是吸收和阻挡激发光进入目镜减少荧光对眼睛的损伤；二是有选择性地让特定的荧光穿过，显示出某种特定的荧光色彩（常福辰等，2007）。

4. 金相显微镜

金相显微镜可用来鉴定和分析金属内部结构组织，是研究金属的重要仪器，也是工业部门鉴定产品质量的重要设备。该仪器带有摄像装置，用来摄取金相图谱，同时对图谱进行测量分析，对图像进行编辑、输出、存储、管理等（庞国星，2011）。

5. 偏光显微镜

偏光显微镜主要用来检测具有双折射性的物质，如染色体、胶原、纤维丝等（张君胜和羊建平，2003）。

18.2.2　电子显微镜

电子显微镜与光学显微镜的结构特征相似，它的放大和分辨能力比光学显微镜高得多，它将电子流作为一种新的光源，使物体成像。自 1938 年 Ruska 发明第一台透射电子显微镜以来，显微成像技术发展迅速，透射电子显微镜性能也随之提高。同时，其他多种类型的电子显微镜也得到迅速发展，如扫描电子显微镜、分析电子显微镜、超高压电子显微镜等。根据各种电子显微镜样品制备技术，可实现对待测样品的结构或结构与功能关系等多方面的研究。显微镜常被用来观察微小物体的图像，并且一般用于观测生物、医药及微小粒子。电子显微镜可放大待测物体到 200 万倍。

1. 透射电子显微镜

透射电子显微镜，可以看到在光学显微镜下无法看清的小于 0.2 μm 的亚显微结构或超微结构。如果想看清这些结构，光源的要求是波长必须较短，以提高显微镜的分辨率。1932 年 Ruska 发明了透射电子显微镜，它是以电子束为光源的，其中电子束的波长要比可见光和紫外光短很多，同时，电子束的波长与发射电子束的电压平方根成反比。目前，TEM 的分辨力可达 0.2 nm（中国医学百科全书编辑委员会，1998）。

2. 扫描电子显微镜

扫描电子显微镜是在 20 世纪出现的，目前分辨力可达 6～10 nm。其工作原理是电子枪发出的精细聚焦电子束经两级聚光镜、偏转线圈和物镜射到待测样品上，扫描样品表面并激发出次级电子，其中次级电子的产生量与电子束入射角有关。次级电子经探测体富集后，经闪烁器转换为光信号，再由光电倍增管和放大器转变为电信号来实现对荧光屏上电子束强度的控制，得到电子束同步的可反应表面结构的立体扫描图像。需要强调的是待检验标本在用扫描电子显微镜扫描之前，需进行固定、脱水处理等操作，然后再喷涂上一层重金属微粒，重金属在电子束的攻击下发出次级电子信号（常福辰等，2007）。

18.2.3　便携式显微镜

数码液晶显微镜，不仅具备光学显微镜清晰的优点，同时还具有数码显微镜的强大拓展、视频显微镜的直观显示和便携式显微镜的便携等优点。

便携式显微镜，是数码显微镜与视频显微镜系列的延伸，近几年才得到发展。它与传统光学有很大区别，手持式显微镜要求一般是小巧而精致，便于携带;且有的手持式显微镜有自己的屏幕，在脱离电脑主机的情况下也可以独立成像，同时还具备一些支持拍照、录像、图像对比、测量等数码功能。

18.3　显微镜仪器简介

18.3.1　光学显微镜

光学显微镜是一种精密的光学仪器。当前使用的显微镜一般配有一套透镜，因此可选择不同的放大倍数实现对物体的细微结构观察。普通光学显微镜通常能将物体放大 1500～2000 倍（最大的分辨力为 0.2 μm）（潘春梅和张晓静，2010）。

1. 光学显微镜的基本结构

光学部分包括目镜、物镜、聚光器和光源等。

1）目镜：一般由两组透镜组成，上端的一组为"接目镜"，下端为"场镜"。两者之间或在场镜的下方装有视场光阑（金属环状装置），经物镜放大后的中间像就落在视场光阑平面上,所以其上可加置目镜测微尺。一般在目镜上方刻有"10×"、

"20×"等放大倍数字样。按照视场的大小，目镜分为普通目镜和广角目镜。有些显微镜的目镜上还附有视度调节旋钮，可分别调整左右眼的视度。另外还有可用于拍摄的照相目镜（NFK）。

2）物镜：由数组透镜组成，一般出现在转换器上，又称接物镜。通常每台显微镜配备一套不同倍数的物镜，包括：①低倍物镜：1×～6×；②中倍物镜：6×～25×；③高倍物镜：25×～63×；④油浸物镜：90×～100×。

其中，在使用油浸物镜时需在其下表面和盖玻片的上表面之间填充折射率为 1.5 左右的液体（如香柏油等），它能显著地提高显微观察的分辨率。在观察过程中对物镜的选择一般遵循由低到高的顺序，由于低倍镜的视野大，方便查找待检的具体部位。

3）聚光器：由聚光透镜和虹彩光圈组成，位于载物台下方。聚光透镜的主要作用是将光线聚焦于视场范围内；可通过将透镜组下方的虹彩光圈适当放大缩小来控制聚光器的通光范围。使用时应考虑观察目的，同时调节光源强度实现最佳成像效果。

4）光源：较早的普通光学显微镜根据镜座上的反光镜，将自然光或灯光反射到聚光器透镜的中央作为镜检光源。反光镜由一平面和另一凹面的镜子组成。聚光器或光线较强时如果使用凹面镜来会聚光线；聚光器或光较弱时，一般都用平面镜。最近的显微镜在镜座上有现成光源，并有调节光照强度的电流调节螺旋。光源类型有卤素灯、钨丝灯、汞灯、荧光灯、金属卤化物灯等。

显微镜的光源照明方法主要有两种：透射型与反射（落射）型。前者是指光源由下而上通过透明的待检样品；反射型显微镜是以物镜上方照射到（落射照明）不透明的物体上（常福辰等，2007）。

2. 机械部分

机械部分包括镜座、镜柱、镜臂、镜筒、物镜转换器、载物台和准焦螺旋等。

1）镜座：基座部分，用于维持显微镜整体的平稳。

2）镜柱：镜座与镜臂之间的直立短柱，主要起到连接和支持的作用。

3）镜臂：显微镜后方的弓形部分，是移动显微镜时手持的部位。有的显微镜在镜臂与镜柱之间有一可活动的倾斜关节，可调节镜筒向后倾斜的角度，便于观察。

4）镜筒：安装在镜臂前端的圆筒状结构，上连目镜，下连物镜转换器。在物镜的外壳上显示显微镜 160 mm 国际标准筒长。

5）物镜转换器：镜筒下端用于安装物镜圆盘。观察时需要转动转换器来调换不同倍数的物镜。

6）载物台：镜筒下方放置载玻片的平台，中央有一圆形的通光孔。载物台上一般都有固定标本的弹簧夹，其一方有用于移动标本的位置推进器。

7）准焦螺旋：装在镜臂或镜柱上的大小两种螺旋，转动时可使镜筒或载物台上下移动，实现成像系统焦距的调节。较大的为粗准焦螺旋，每转动一圈，镜筒会升降 10 mm；较小的为细准焦螺旋，转动一圈可使镜筒升降 0.1 mm。在观察物体的过程中，一般以粗准焦螺旋调节物像，先在低倍镜下观察。然后再使用高倍镜，用细准焦螺旋微调。

3. 普通光学显微镜的基本成像原理

光线→（反光镜）→遮光器→通光孔→镜检样品（透明）→物镜的透镜（第一次放大呈倒立实像）→镜筒→目镜（再次放大呈虚像）→眼。

4. 普通光学显微镜的使用过程

1）镜检前的准备：室内干净，实验台水平，稳固不存在振动。同时，显微镜附近不应有腐蚀性的试剂。从显微镜柜或镜箱内取出显微镜时，右手需紧握镜臂，左手托住镜座，慢慢地取出，放置在操作者左前方的实验台桌面上，镜臂朝向自己，镜筒朝前。在实验台右侧放置绘图用具。

2）调节光源：如需外置光源，由于直射的太阳光会对观察者的眼睛造成伤害，散射的自然光或柔和的灯光比较合适。转动转换器，来使低倍镜正对通光孔，为了获得使光照达到最明亮最均匀的光线，需要将聚光器上的虹彩光圈开到最大，一边观察目镜中的视野亮度，一边调节反光镜角度。如果显微镜自带光源，可通过调节电流旋钮来实现光照强弱的调节。

3）将待检样品制作成临时或永久装片，放在载物台上，同时用弹簧夹固定，有盖玻片的一面朝上。移动推进器，将待检样品移至通光孔的中心。

4）在用低倍镜观察时，需要将低倍镜对准通光孔，并慢慢转动粗准焦螺旋，将物镜与载片调节至几乎靠近的距离。注意不要压碎盖玻片。用目镜观察，同时用粗准焦螺旋缓慢调节，直至物像出现，再一边微调细准焦螺旋，一边调节光源亮度与虹彩光圈的大小，使物像达到最清晰的程度，并利用推进器把想要进一步观察的部分移至视野中央（常福辰等，2007）。

5）转动转换器用高倍镜观察，选择较高倍数的物镜，用细准焦螺旋调节焦距，直到得到清晰物像。

6）油镜观察油浸物镜的工作距离（指物镜前透镜的表面到被检物体之间的距离）一般在 0.2 mm 以内，由于光学显微镜的油浸物镜没有"弹簧装置"，所以使用油浸物镜时，必须放慢调焦速度，避免物镜受损。

7）还原显微镜：观察完毕后，需要关闭内置光源并拔下电源插头。旋转物镜转换器，使物镜头呈八字形位置与通光孔相对。再将镜筒与载物台距离调至最近，降下聚光器。最后带上防尘罩，将显微镜放回柜内或镜箱中（常福辰等，2007）。

其主要操作步骤为：先在低倍镜下找到待观察部位，中、高倍镜下逐步放大，一边移动待观察部位置于视野中央，一边调节光源和虹彩光圈，使通过聚光器的光亮达到最大。转动粗准焦螺旋，将镜筒上旋（或将载物台下降）约 2 cm，在玻片的镜检部位上滴一小滴香柏油。缓慢转回粗准焦螺旋，同时注意从侧面观察，直至油镜浸入油滴，镜头与标本距离达到最小但不要接触。利用目镜观察，同时用细准焦螺旋微调，直至获得清晰物像。镜检结束后，旋转镜头离开玻片，清洁镜头。一般先用擦镜纸擦去镜头上的香柏油滴，再用乙醚-乙醇混合液（2∶3）擦镜头，擦去残留油迹，最后用干净的擦镜纸擦净（注意向一个方向擦拭）（诸君汉和夏有为，1994）。

18.3.2　电子显微镜

电子显微镜是利用高速运动的电子束来代替光波的一种显微镜。光学显微镜下只能清楚地观察大于 0.2 μm 的结构。而小于 0.2 μm 的结构称为亚显微结构（submicroscopic structures）或超微结构（ultramicroscopic structures；ultrastructures）。如果想看清细微的结构，需要选择波长更短的光源，提高显微镜的分辨率。由于电子束的波长比可见光和紫外光短很多，并且电子束的波长与发射电子束的电压平方根成反比。因此电子显微镜的分辨率远高于光学显微镜，目前可达 0.2 nm，放大倍数可达 80 万倍。电子显微镜主要由三部分组成：镜筒、真空系统和电源柜。镜筒组成部件主要是电子枪、电子透镜、样品架、荧光屏和照相机构等。电子透镜是电子显微镜镜筒中的重要部件。现代电子显微镜一般利用电磁透镜，由带极靴的线圈产生的强磁场来聚焦电子。电子枪是发射并形成速度均匀的电子束，主要由灯丝（阴极）、栅极和阳极（加速极）构成。阴极管发射的电子通过栅极上的小孔形成射线束，经阳极电压加速后射向聚光镜，起到对电子束加速、加压的作用。电子显微镜按结构和用途可分为透射式电子显微镜、扫描式电子显微镜、反射式电子显微镜和发射式电子显微镜等。透射式和扫描式电子显微镜可以说是现代生物学研究领域中使用最为广泛的。前者一般用来观察普通显微镜不能分辨的细微物质结构；后者一般用来观察固体表面的形貌（常福辰等，2007）。

1. 透射电子显微镜

透射电子显微镜（transmission electron microscope，TEM）可以看到在光子显微镜下无法看清小于 0.2 nm 的细微结构的电镜，最早由 E·Ruska 等发明。电子显微镜与光学显微镜的成像原理基本一样，所不同的是前者用电子束作光源，用电磁场作透镜。另外，由于电子光束的穿透力很弱，因此用于电镜的标本须制成厚度 50 nm 左右的超薄切片。

透射电子显微镜的组件包括以下部分。

1）电子枪发射电子，由阴极、栅极、阳极组成。

2）聚光透镜即电子透镜，将电子束聚集，用于控制照明强度和孔径角。

3）样品室放置待观察的样品，并装有改变试样角度的旋转台，同时还装配加热、冷却等设备。

4）物镜为放大电子像的短距透镜。物镜决定着透射电子显微镜分辨能力和成像质量。

5）中间镜为可变倍的弱透镜，作用是对电子像进行二次放大。通过中间镜电流的调节，来放大可选择物体的像或电子衍射图。

6）透射镜为高倍的强透镜，用二次放大后的中间像进一步放大后在荧光屏上成像。

7）二级真空泵对待检样品室抽真空。

8）照相装置用以记录影像。由于电子易散射或被物体吸收，所以穿透力低，待验品的密度、厚度等都会影响成像效果，因此，必须制备 50～100 nm 的超薄切片。因此待检样品需要制备成超薄切片。通常用薄切片法或冷冻蚀刻法制备：①薄切片法通常用锇酸和戊二醛来固定待检样品，用环氧树脂包埋，以热膨胀或螺旋推进的方式将待检样品切成厚度为 20～50 nm 的切片，为增大反差效果一般利用重金属盐对其进行染色处理；②冷冻蚀刻法也称为冰冻断裂法，将待检样品放于 100℃的干冰或 196℃的液氮中冰冻，用冷刀快速断开待检样品，断裂的待检样品升温后，真空条件下，冰立刻升华，断面结构暴露，该过程即为蚀刻，蚀刻完成后，在 45°方向处，向断面喷涂一层蒸气铂，为了加强反差和强度需要从 90°方向喷涂一层碳，再用次氯酸钠溶液消化样品，使碳和铂的膜脱落，该过程即为复膜，能清晰显现标本蚀刻面的形态。在电子显微镜下观察得到的影像就是待检样品断裂面处的结构。

2. 扫描电子显微镜

扫描电子显微镜的制造依据是电子与物质的相互作用。其工作原理是电子枪发出的精细聚焦电子束经两级聚光镜，偏转线圈和物镜射到待测样品上。扫描电子显微镜由三大部分组成：真空系统、电子束系统以及成像系统。电子显微镜采用不同的信息检测器，使选择检测得以实现。如对二次电子、有散射电子的聚集，可得到有关物质微观形貌信息；对 X 射线的采集，可得到有关物质化学成分的信息。正因如此，根据不同需求，可制造出功能配置不同的扫描电子显微镜（常福辰等，2007）。

18.4　显微镜的应用

18.4.1　光学显微镜在医学领域的应用

1. 荧光显微镜在医学领域的应用

荧光显微镜是以紫外线为光源来激发生物标本中的荧光物质，产生能观察到的各种颜色荧光的一种光学显微镜（刁勇和许瑞安，2009）。荧光显微镜组成部件：光源、滤色系统和光学系统等。光源和滤光是荧光显微镜与普通光学显微镜主要不同之处。一般用高压汞灯作为光源，可发出紫外线和短波长的可见光；滤光片有两组，第一组为激发滤片，位于光源和标本之间，只有激发标本产生荧光的光可以通过（如紫外线）；第二组为阻断滤片，位于标本和目镜之间，能吸收掉残留的紫外线，只让激发出的荧光通过，既可以增强反差，又能保护眼睛免受紫外线的损伤。光学系统部件主要有反光镜、聚光镜、目镜、物镜、照明系统等（刘向东和李亚娟，2012）。

荧光显微镜可用来观察检测细胞中能与荧光染料特异结合的特殊蛋白、核酸等，同时操作简单，如染色简便、荧光图像色彩鲜亮，具有较高的敏感度。

2. 激光扫描共聚焦显微镜在医学领域的应用

激光共聚焦显微镜是在荧光显微镜成像的基础上加装了激光扫描装置，利用计算机对图像处理，利用紫外或可见光激发荧光探针，获得细胞或组织内部微细结构的荧光图像。为了使载物台可以沿着 Z 轴上下移动，需要在载物台上加一个微量步进电机，将待检样品各个层面移到照明针孔和检测针孔的共焦面上，能将待检样品的不同层面较为清晰的图像显示出来，得到连续的光切图像。

激光扫描共聚焦显微镜（laser scanning confocal microscope，LSCM）具有高灵敏度、高分辨率、高放大率等特点。在医学领域主要用于细胞三维重建、细胞定量荧光测定、细胞内钙离子、pH 和其他离子的动态分析、细胞间通讯和膜的流动性等过程的研究（赵宗江，2003）。

18.4.2 电子显微镜在农业领域的应用及进展

随着现代科学技术的迅速发展，电子显微镜的应用技术日渐成熟，作为观察微观世界的"科学之眼"——电子显微镜所具有的高分辨、直观性的特点是其他科学仪器无法取代的。在医学、生物学、物理学、化学、冶金学及材料等领域电子显微镜发挥着举足轻重的作用，电子显微镜的应用范围已经扩展到许多学科领域。

农业科技工作者利用农业电子显微镜在动、植物的疾病诊断、植物保护、良种繁育、品种分类和鉴定、性状鉴别、成分分析、土壤改良等领域已经做了大量工作，大大提高了我国农业电子显微镜的应用。

1. 扫描电子显微镜在农业领域的应用

由于图像立体感强、分辨率高、图像范围大及样品制备过程比较简单等优点，扫描电子显微镜已引起农业科研人员的较高兴趣。扫描电子显微镜在农业科研中主要是研究动植物、微生物、昆虫等生物体的不同组织和微小器官的表面形态及内部结构，从而有助于理解它们在生理机能上的机理，探寻生物体的生活规律。如提高昆虫对微小器官的辨别能力、提高分类水平，有助于理解器官的作用，通过昆虫的外部形态描述和比较，研究其形状变化及其规律和结构的特征以便有更深的了解。对于植物而言，可以利用扫描电子显微镜研究农作物的花粉、果皮、种皮表面花纹及种子内部结构等。在微生物如真菌、放线菌、细菌的分类、辨别科属、判断病源等方面用扫描电子显微镜观察均能获得满意的效果。特别是对病菌的活动、孢子发芽、侵入寄主等（显微分析编辑组，1978）。

2. 透射电子显微镜在农业领域的应用

透射电子显微镜主要由电子光学系统、真空系统、供电系统和辅助系统组成。在农业待测生物样品观察中，随着电子显微镜分辨率的不断提高，但是电子显微镜的分辨率不能决定电子显微镜图像的清晰度，样品的制作技术发挥着很大作用。透射电子显微镜在农业生物方面一般的制备技术有超薄切片技术、免疫电镜技术、负染色技术、生物大分子电镜技术等（徐承水和党本元，1995）。植物病毒是一种重要的植物体病源物，尤其是被子植物、裸子植物和蕨类植物，在全世界范围内引起农作物、果树、花卉、牧草、药用植物等病害，造成了产量和品质的下降，严重影响着人类的生产生活。利用电子显微镜技术可以确定病毒的形态结构、基因组织结构及功能、病毒复制过程、病毒与寄主之间的相互关系，进一步观察细胞超微观结构，为逐步揭示病毒的本质，并最终解决植物病毒、病害问题做好准备（王建林等，2010）。

18.4.3 电子显微镜在肿瘤诊断中的应用

利用电子显微镜能够清楚地观察细胞和细胞间质中的超微结构，如细胞膜及其特有的化学结构；细胞质中的细胞器包含物、分泌颗粒、细胞核膜、核仁、染色质；间质中的外板、基板、纤维结合点、肌丝、肌原纤维等。不同组织类型的细胞存在不同的超微结构，即使是低分化肿瘤细胞仍会保留同源细胞的许多超微结构，电子显微镜根据这个特点来判断肿瘤细胞的组织类型和分化程度。如鳞状细胞的张力原纤维、桥粒；腺上皮细胞的连接复合体、微绒毛；横纹肌细胞内的肌原纤维；平滑肌细胞的肌丝等。肿瘤细胞与正常细胞在超微结构上存在很大差异，主要有细胞器和超微结构的不同步分化，如鳞状细胞癌的细胞质中虽然有明显的张力原纤维，但细胞间桥极少且发育较低；同时还存在细胞外形和超微结构的不同步分化，如一些肿瘤细胞形状各异、大小不一，如果仅根据外形无法判断其组织类型，组织分化可以在超微结构下显示出来，如类似卵巢性腺肿瘤的宫颈腺癌；细胞的多向性分化，正常体细胞分化时只对特定方向的基因开放表达，由于细胞分化呈单一性，肿瘤细胞可出现两个以上分化方向，肿瘤细胞的多个分化方向可以显示在超微结构上；异位性分化，每种组织类型的细胞在机体内都有自己特定分布，除了肿瘤细胞，一般宫颈、胸腺等组织中看不到神经内分泌细胞，但在这些部位神经内分泌小细胞仍有可能发生癌变。

在肿瘤的诊断方面，电子显微镜也存在缺点，不能判断出肿瘤的良恶性，由于还没有哪一种细胞结构足以判断出肿瘤的良恶，特别是高分化的肿瘤。要想使电子显微镜在肿瘤诊断方面发挥更大的作用，提高诊断水平，需要提高以下几方面。第一，改善和简化待测标本的制备过程，研发新的固定包埋材料。在不改变特异性和敏感性的条件下，降低对待测标本的要求，扩展待测标本的检查范围（新鲜组织、甲醛固定组织、石蜡包埋组织、实体组织、液体标本、细胞标本）。第二，观察者需要具备丰富的光镜诊断经验，同时还要了解组织超微结构及病理，善于总结电子显微镜下各种肿瘤的诊断标准和操作要点。第三，积极扩大常规电子显微镜在临床肿瘤诊断中的应用，同时尽快实现新型电子显微镜在人体肿瘤的研究和诊断，拓展病理诊断的新领域。随着电子显微镜在医学领域的快速发展，相信不远的未来电子显微镜诊断技术必会有较大的改善（贺国丽等，2011）。

18.4.4 扫描电子显微镜在刑事案件技术检验中的应用

目前，随着社会和经济的快速发展，犯罪分子反侦查手段的科技含量得到不断提高，作案手段越来越多样化、智能化，伪装、伪造现场、毁灭物证等问题日益严重。由于许多刑事犯罪现场被人为掩盖或破坏，因此造成侦查与反侦查的较量日趋激烈。因此，刑事技术发挥着举足轻重的作用。由于放大倍数率、分辨率和灵敏度高，同时快速、简便、检材用量少且不破坏检材等优点，扫描电子显微镜已经成为刑事技术检验不可缺少的工具，大大提高了刑事案件侦破的效率（显微分析编辑组，1978）。

对于爆炸案件的侦破，现场与犯罪相关的物证是很关键的，它可以破案提供信息。但是，由于爆炸会对现场造成巨大破坏，现场一旦遭到破坏，其他刑事案件中常见的指纹、足迹等与人相关的物证就会被淹没。因此，在爆炸案件侦破中爆炸残留物的提取和检验发挥很大作用。利用扫描电子显微镜结合 X 射线衍射仪方法，对爆炸残留物进行形态观察和元素分析，可以有效地确定炸药的成分、种类、特点，确定侦查提供方向，为破案提供证据。

例如，在刑事案件和交通案件中，经常会发现被撞碎的灯泡残片，可以确定涉案中灯泡是在开灯或者闭灯状态时被撞碎。利用扫描电子显微镜对残存灯丝状态进行观察和检验，确定热断或者冷断，从而判断灯泡的开闭。

在枪弹发射过程中，射击残留物是枪击案件中一种重要的物证，射击残留物分析的结果有利于枪击案件性质的判断、案件现场的重建、案件的侦查和法庭审判。射击残留物是指射击时从枪口或枪支机件缝隙中喷射出的火药燃烧生成的烟垢、未完全燃烧的火药颗粒、微量金属屑和枪油等。气体燃烧形成的残留物一部分沉积在目标上，一部分沉积在射击者的手、臂和前胸等部位，以手上居多。射击残留物的无机成分来源于枪弹的底火，具有独特的化学成分，如 Sn、Pb、Sb、Ba 等，粒径一般为 0.1～30 μm。射击残留物的发现、提取和检验，协助侦查人员获取枪击案件的相关信息，为侦破枪击案件提供相应线索，也为犯罪证据的证实和案件性质的判断（自射、他射）提供重要依据（李胜林等，2011）。

18.4.5　利用透射电子显微镜鉴定爽身粉中的石棉

滑石、金云母、黏土、白云石、淡斜绿泥石等矿物是化妆品中常用的辅料，这些矿物形成过程中会有石棉，如闪石石棉是滑石中最常见的矿物之一。一旦石棉进入人体或与皮肤直接接触，必会严重危害人们的身体健康。

石棉属于硅酸盐类，是一种可剥分为柔韧细长纤维的硅酸盐矿物，按其成分和内部结构，通常分为蛇纹石石棉和角闪石石棉两大类。蛇纹石石棉称为温石棉；根据角闪石石棉成分不同，分为青石棉、铁石棉、直闪石石棉、透闪石石棉、阳起石石棉等。根据透射电子显微镜较高的分辨率，可快速精确鉴定粉状化妆品中石棉的形貌和存在类型，是目前国外石棉鉴定标准中最常用的方法。特别是大气粉尘、水体中的石棉检测。

石棉属于纤维状矿物，纤维状即指纵横径之比大于 3∶1 的粉尘，在透射电子显微镜中，不同种类的石棉具有一定的选区电子衍射图谱。闪石类石棉结构类型和衍射图谱差异较大，由特定区电子衍射图谱轻易判断出差异，但由于不同矿区闪石类石棉晶胞容易畸变，因此会产生衍射图谱的位移和仪器测量误差，因此应该适当扩展判断范围。蛇纹石和角闪石矿物本身有纤维结构和非纤维两种结构，有纤维结构的蛇纹石和角闪石才称为石棉，且纤维状蛇纹石石棉与绿泥石成分十分相近。因此，一般采用偏光显微镜和 X 射线衍射相结合的方法，测定待测样品中是否含有石棉，对于极为微小的石棉偏光显微镜不能准确鉴定。透射电子显微镜可以解决这些问题，根据石棉的形貌、电子衍射图谱和能谱结果，精确确定石棉的结构类型和晶格常数，从而判断爽身粉中是否含有石棉（李德辉和陈永康，2011）。

参 考 文 献

常福辰，陆长梅，沙莎. 2007. 植物生物学实验. 南京：南京师范大学出版社
刁勇，许瑞安. 2009. 细胞生物技术实验指南. 北京：化学工业出版社

贺国丽, 谢瑶云, 杨舒盈. 2011. 电子显微镜在肿瘤诊断中的应用. 海南医学, (20): 125-127

李德辉, 陈永康. 2011. 利用 TEM 鉴定爽身粉中石棉方法的研究. 化学工程师, (4): 4-6

李胜林, 邢政, 李映辉. 2011. 扫描电子显微镜/能谱仪在刑事案件技术检验中的应用. 分析仪器, (4): 85-91

刘向东, 李亚娟. 2012. 植物生殖生物学研究法. 广州: 华南理工大学出版社

潘春梅, 张晓静. 2010. 微生物技术. 北京: 化学工业出版社

庞国星. 2011. 材料加工质量控制. 北京: 机械工业出版社

裴世鑫, 崔芬萍. 2015. 光电信息科学与技术实验. 北京: 清华大学出版社

王伯沄. 2000. 病理学技术. 北京: 人民卫生出版社

王建林, 陆翠珍, 陈玎玎, 等. 2010. 电子显微镜在农业上的应用及进展. 农技服务, (12): 1659-1660

显微分析编辑组. 1978. 显微分析技术资料汇编. 北京: 科学出版社

徐承水, 党本元. 1995. 现代细胞生物学技术. 青岛: 青岛海洋大学出版社

张君胜, 羊建平. 2013. 动物病原体检测技术. 北京: 中国农业大学出版社

张学舒. 2012. 显微观察与生物制片技术. 北京: 中国水利水电出版社

赵宗江. 2003. 组织细胞分子学实验原理与方法. 北京: 中国中医药出版社

中国大百科全书总编辑委员会. 1992. 中国大百科全书现代医学(第二册). 北京: 中国大百科全书出版社

中国医学百科全书编辑委员会. 1998. 中国医学百科全书基础医学. 上海: 上海科学技术出版社

诸君汉, 夏有为. 1994. 实验室实用手册. 北京: 机械工业出版社